教育部高等学校电子信息类专业教学指导委员会规划教材
高等学校电子信息类专业系列教材·新形态教材

人工智能概论
基础理论、编程语言及应用技术
第2版·微课视频版

赵克玲 瞿新吉 任燕 编著

清华大学出版社
北京

内容简介

本书从应用出发，系统介绍人工智能的基本理论、方法和技术，以及传统行业 AI 化改造的解决方案。全书共 8 章，内容涵盖人工智能概述、Python 语言基础、机器学习、计算机视觉及应用、语音识别及应用、自然语言处理、知识图谱及应用和人工智能行业解决方案。

本书理论和实践相结合，每章使用思维导图梳理知识点，并配有案例及实现，内容重点突出、结构清晰；案例代码都是基于 Python 3.13.0 版本、Anaconda 3-2024.06 版本下调试运行的，同时还在附录中提供了人工智能平台环境搭建的操作手册，便于初学者学习和查阅。

本书适用面广，可作为高等院校人工智能、智能科学与技术、计算机、信息处理、自动化和电信等理工科相关专业的教材，也可作为其他专业的拓展、通识课程的教材，还可作为培训机构"人工智能"课程的教材。

版权所有，侵权必究。举报：010-62782989，beiqinquan@tup.tsinghua.edu.cn。

图书在版编目（CIP）数据

人工智能概论：基础理论、编程语言及应用技术：微课视频版 / 赵克玲，瞿新吉，任燕编著. -- 2 版. -- 北京：清华大学出版社，2025.4. -- （高等学校电子信息类专业系列教材）. -- ISBN 978-7-302-68630-9

Ⅰ．TP18

中国国家版本馆 CIP 数据核字第 20250CE841 号

责任编辑：刘　星
封面设计：李召霞
责任校对：申晓焕
责任印制：刘海龙

出版发行：清华大学出版社
　　网　　址：https://www.tup.com.cn，https://www.wqxuetang.com
　　地　　址：北京清华大学学研大厦 A 座　　邮　编：100084
　　社 总 机：010-83470000　　邮　购：010-62786544
　　投稿与读者服务：010-62776969，c-service@tup.tsinghua.edu.cn
　　质量反馈：010-62772015，zhiliang@tup.tsinghua.edu.cn
　　课件下载：https://www.tup.com.cn，010-83470236

印 装 者：三河市龙大印装有限公司
经　　销：全国新华书店
开　　本：185mm×260mm　　印　张：16.5　　字　数：408 千字
版　　次：2021 年 1 月第 1 版　　2025 年 5 月第 2 版　　印　次：2025 年 5 月第 1 次印刷
印　　数：8701～10200
定　　价：59.00 元

产品编号：110823-01

序
FOREWORD

2022年,我国规模以上计算机通信和其他电子设备制造业实现营业收入15.4万亿元,占工业营业收入比重达11.2%。电子信息产业在工业经济中的支撑作用凸显,更加促进了信息化和工业化的高层次深度融合。随着移动互联网、云计算、物联网、大数据和石墨烯等新兴产业的爆发式增长,电子信息产业的发展呈现了新的特点,电子信息产业的人才培养面临着新的挑战。

(1) 随着控制、通信、人机交互和网络互联等新兴电子信息技术的不断发展,传统工业设备融合了大量最新的电子信息技术,它们一起构成了庞大而复杂的系统,派生出大量新兴的电子信息技术应用需求。这些"系统级"的应用需求,迫切要求具有系统级设计能力的电子信息技术人才。

(2) 电子信息系统设备的功能越来越复杂,系统的集成度越来越高。因此,要求未来的设计者应该具备更扎实的理论基础知识和更宽广的专业视野。未来电子信息系统的设计越来越要求软件和硬件的协同规划、协同设计和协同调试。

(3) 新兴电子信息技术的发展依赖半导体产业的不断推动,半导体厂商为设计者提供了越来越丰富的生态资源,系统集成厂商的全方位配合又加速了这种生态资源的进一步完善。半导体厂商和系统集成厂商所建立的这种生态系统,为未来的设计者提供了更加便捷却又必须依赖的设计资源。

教育部2020年颁布了新版《普通高等学校本科专业目录》,将电子信息类专业进行了扩充,为各高校建立系统化的人才培养体系,培养具有扎实理论基础和宽广专业技能的、兼顾"基础"和"系统"的高层次电子信息人才给出了指引。

传统的电子信息学科专业课程体系呈现"自底向上"的特点,这种课程体系偏重对底层元器件的分析与设计,较少涉及系统级的集成与设计。近年来,国内很多高校对电子信息类专业课程体系进行了大力度的改革,这些改革顺应时代潮流,从系统集成的角度,更加科学合理地构建了课程体系。

为了进一步提高普通高校电子信息类专业教育与教学质量,推动教育与教学高质量发展,教育部高等学校电子信息类专业教学指导委员会开展了"高等学校电子信息类专业课程体系"的立项研究工作,并启动了"高等学校电子信息类专业系列教材"(教育部高等学校电子信息类专业教学指导委员会规划教材)的建设工作。其目的是推进高等教育内涵式发展,提高教学水平,满足高等学校对电子信息类专业人才培养、教学改革与课程改革的需要。

本系列教材定位于高等学校电子信息类专业的专业课程,适用于电子信息类的电子信息工程、电子科学与技术、通信工程、微电子科学与工程、光电信息科学与工程、信息工程及其相近专业。经过编审委员会与众多高校多次沟通,初步拟定分批次建设约100门核心课程教材。本系列教材将力求在保证基础的前提下,突出技术的先进性和科学的前沿性,体现创新教学和工程实践教学;重视系统集成思想在教学中的体现,鼓励推陈出新,采用"自顶向下"的方法编写教材;注重反映优秀的教学改革成果,推广优秀的教学经验与理念。

  为了保证本系列教材的科学性、系统性及编写质量,本系列教材设立顾问委员会及编审委员会。顾问委员会由教指委高级顾问、特约高级顾问和国家级教学名师担任,编审委员会由教育部高等学校电子信息类专业教学指导委员会委员和一线教学名师组成。同时,清华大学出版社为本系列教材配置优秀的编辑团队,力求高水准出版。本系列教材的建设,不仅有众多高校教师参与,也有大量知名的电子信息类企业支持。在此,谨向参与本系列教材策划、组织、编写与出版的广大教师、企业代表及出版人员致以诚挚的感谢,并殷切希望本系列教材在我国高等学校电子信息类专业人才培养与课程体系建设中发挥切实的作用。

吕志伟 教授

前言
PREFACE

人工智能(Artificial Intelligence, AI)是以机器为载体所展示出来的人类智能。人类一直不懈努力,让机器模拟人类在视觉、听觉、语言和行为等方面的某些功能,以提升生产能力,帮助人类完成更为复杂或危险的工作,造福人类社会。

由数据、算力、算法"三位一体"共同驱动的人工智能作为当前数字技术发展的最前沿,将有力驱动新一轮工业革命和信息革命,引领科技、经济和社会的巨大变革,开启数字经济新时代。人工智能是引领未来的战略性技术,当前世界各国都意识到,人工智能是开启未来智能世界的密钥,是未来科技发展的战略制高点,是推动人类社会变革第四次工业革命的主导技术,谁掌握人工智能,谁就将成为未来核心技术的掌控者。世界主要发达国家都把发展人工智能作为提升国家竞争力、维护国家安全的重大战略之一。

本书不是一本简单的人工智能基础入门教材,不是知识点的铺陈,而是致力于将知识点融入案例中,深入浅出地对知识点进行全面系统的讲解。全书内容涵盖人工智能概述、Python语言基础、机器学习、计算机视觉及应用、语音识别及应用、自然语言处理、知识图谱及应用和人工智能行业解决方案,并精心设计大量的应用案例,强化学生的动手和实践能力。

一、本书特色

(1) 采用思维导图对课程和章节重要知识点进行梳理,便于理解和记忆。其中,本书总体"思维导图"在前言之后,"本章思维导图"参见每章开头部分。内容依据认知曲线,深入浅出,系统讲解。

(2) 每章配有目标、正文、总结和习题,使教学内容和过程形成闭环。

(3) 理论联系实践,注重应用,并提供微课视频,能够帮助初学者快速学习和掌握知识点。

二、配套资源及服务

- **程序代码等资源**：扫描目录上方的二维码下载。
- **教学课件**、**教学大纲**、**实验大纲等资源**：到清华大学出版社官方网站本书页面下载，或者扫描封底的"书圈"二维码在公众号下载。
- **微课视频**（**540 分钟**，**77 集**）：扫描书中相应章节中的二维码在线学习。
- **在线作业**：扫描封底刮刮卡中的"作业系统二维码"，登录网站在线做题及查看答案。

注：请先扫描封底刮刮卡中的文泉云盘防盗码进行绑定后再获取配套资源。

三、致谢

本书由赵克玲、瞿新吉和任燕共同编写完成，其中赵克玲担任全书审核及统稿工作。全部作者都具有多年的行业经验及教学经验，并在编写过程中多次开会讨论，共同协商，达成共识，进而明确了本书的设计思路、编写理念、应用特色和预定目标，付出了辛勤的劳动。在本书出版之际，特别感谢给予我们大力支持的家人和朋友们，感谢清华大学出版社和本书编辑刘星所给予的帮助、支持及提供的宝贵意见！

四、意见反馈

由于时间、水平有限，尽管我们已经付出最大的努力，但书中难免会有疏漏之处，欢迎各界专家和读者朋友们批评指正，提出宝贵意见，我们将不胜感激，真心希望能与读者共同交流、共同成长，待再版时日臻完善，是所至盼。

编 者

2025 年 1 月

本书思维导图

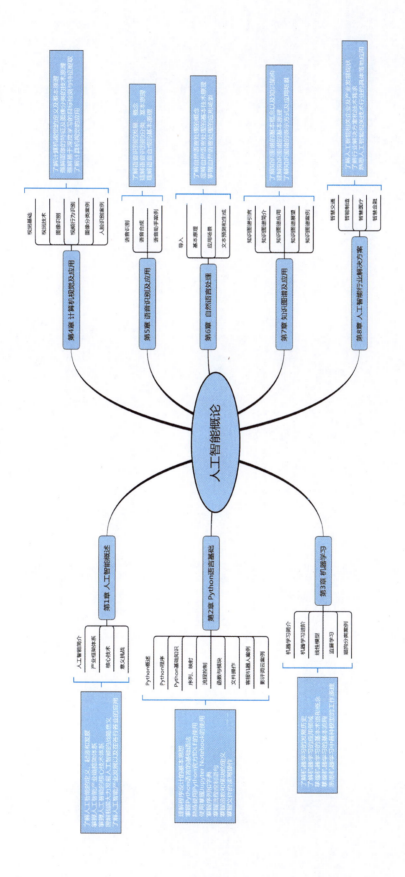

目录
CONTENTS

配套资源

第1章 人工智能概述 ………………………………………………………………… 1

▶ 视频讲解：60分钟，8集

1.1 人工智能简介 ………………………………………………………………… 2
    1.1.1 人工智能的定义 …………………………………………………… 2
    1.1.2 人工智能的起源和发展 …………………………………………… 4

1.2 人工智能产业框架体系 ……………………………………………………… 6
    1.2.1 基础层 ……………………………………………………………… 7
    1.2.2 技术层 ……………………………………………………………… 8
    1.2.3 应用层 ……………………………………………………………… 9

1.3 人工智能核心技术 …………………………………………………………… 10
    1.3.1 基础技术 …………………………………………………………… 10
    1.3.2 通用技术 …………………………………………………………… 11
    1.3.3 应用技术 …………………………………………………………… 13

1.4 人工智能的意义及挑战 ……………………………………………………… 14
    1.4.1 发展人工智能的战略意义 ………………………………………… 14
    1.4.2 人工智能发展趋势 ………………………………………………… 17
    1.4.3 人工智能的冲击与挑战 …………………………………………… 18

本章总结 …………………………………………………………………………… 21
本章习题 …………………………………………………………………………… 21

第2章 Python语言基础 ……………………………………………………………… 23

▶ 视频讲解：287分钟，29集

2.1 Python概述 …………………………………………………………………… 24
    2.1.1 Python简介 ………………………………………………………… 24
    2.1.2 Python版本 ………………………………………………………… 25
    2.1.3 Python语言特色 …………………………………………………… 25
    2.1.4 Python应用领域 …………………………………………………… 26

2.2 Python程序 …………………………………………………………………… 27
    2.2.1 什么是程序 ………………………………………………………… 27

2.2.2　编写并运行 Python 程序 …………………………………………………… 27
　　2.2.3　使用 Jupyter Notebook …………………………………………………… 28
　　2.2.4　调试程序 ……………………………………………………………………… 32
2.3　Python 基础知识 ……………………………………………………………………… 33
　　2.3.1　Python 基础语法 ……………………………………………………………… 33
　　2.3.2　变量 …………………………………………………………………………… 35
　　2.3.3　基础数据类型 ………………………………………………………………… 35
　　2.3.4　运算符 ………………………………………………………………………… 38
　　2.3.5　表达式 ………………………………………………………………………… 40
2.4　序列、映射 ……………………………………………………………………………… 41
　　2.4.1　序列及其通用操作 …………………………………………………………… 41
　　2.4.2　列表的基本操作 ……………………………………………………………… 43
　　2.4.3　列表和元组的相互转换 ……………………………………………………… 46
　　2.4.4　字典 …………………………………………………………………………… 46
2.5　流程控制语句 …………………………………………………………………………… 48
　　2.5.1　条件语句 ……………………………………………………………………… 48
　　2.5.2　循环语句 ……………………………………………………………………… 50
2.6　函数与模块 ……………………………………………………………………………… 52
　　2.6.1　抽象 …………………………………………………………………………… 52
　　2.6.2　函数 …………………………………………………………………………… 53
　　2.6.3　模块 …………………………………………………………………………… 55
2.7　文件操作 ………………………………………………………………………………… 56
　　2.7.1　文件 …………………………………………………………………………… 56
　　2.7.2　打开文件 ……………………………………………………………………… 57
　　2.7.3　关闭文件 ……………………………………………………………………… 58
　　2.7.4　读取文件内容 ………………………………………………………………… 58
　　2.7.5　读取全部内容 ………………………………………………………………… 59
　　2.7.6　向文件写入数据 ……………………………………………………………… 59
2.8　客服机器人案例分析 …………………………………………………………………… 59
　　2.8.1　谋定而后动 …………………………………………………………………… 60
　　2.8.2　拆解复杂问题 ………………………………………………………………… 60
　　2.8.3　整合在一起 …………………………………………………………………… 63
2.9　影评词云数据分析案例 ………………………………………………………………… 63
　　2.9.1　安装 jieba 库 ………………………………………………………………… 64
　　2.9.2　安装 WordCloud 库 …………………………………………………………… 64
　　2.9.3　编码实现 ……………………………………………………………………… 65
本章总结 ………………………………………………………………………………………… 70
本章习题 ………………………………………………………………………………………… 71
第 3 章　机器学习 …………………………………………………………………………… 72
　　▶ 视频讲解：54 分钟，10 集
3.1　机器学习简介 …………………………………………………………………………… 73
　　3.1.1　什么是机器学习 ……………………………………………………………… 73

| 3.1.2 机器学习发展历史 ………………………………………………… 73
| 3.1.3 机器学习应用领域 ………………………………………………… 79
| 3.2 机器学习进阶 ………………………………………………………………… 80
| 3.2.1 机器学习种类 …………………………………………………… 80
| 3.2.2 基本术语 ………………………………………………………… 82
| 3.2.3 机器学习的流程 ………………………………………………… 84
| 3.3 线性模型 ……………………………………………………………………… 85
| 3.3.1 预测工资——线性回归 ………………………………………… 85
| 3.3.2 泰坦尼克号生存预测——逻辑回归 …………………………… 93
| 3.4 监督学习 ……………………………………………………………………… 97
| 3.4.1 支持向量机 ……………………………………………………… 97
| 3.4.2 贝叶斯分类器 …………………………………………………… 100
| 3.4.3 决策树 …………………………………………………………… 102
| 3.4.4 神经网络 ………………………………………………………… 105
| 3.5 机器学习案例——猫狗分类 ………………………………………………… 110
| 3.5.1 安装 TensorFlow 和 Keras 库 ………………………………… 111
| 3.5.2 案例实现 ………………………………………………………… 113
| 本章总结 …………………………………………………………………………… 119
| 本章习题 …………………………………………………………………………… 120

第4章 计算机视觉及应用 ……………………………………………………… 121

▶ 视频讲解：38分钟,7集

4.1 计算机视觉基础 ……………………………………………………………… 122
    4.1.1 计算机视觉的基本概念 ………………………………………… 122
    4.1.2 计算机视觉的作用 ……………………………………………… 123
    4.1.3 计算机视觉的基本原理 ………………………………………… 124
4.2 计算机视觉技术 ……………………………………………………………… 125
    4.2.1 图像处理 ………………………………………………………… 126
    4.2.2 图像分类 ………………………………………………………… 129
    4.2.3 特征提取 ………………………………………………………… 130
4.3 基于深度学习的图像识别 …………………………………………………… 132
    4.3.1 卷积运算 ………………………………………………………… 132
    4.3.2 利用卷积提取图像特征 ………………………………………… 134
    4.3.3 基于深度神经网络的图像分类 ………………………………… 134
    4.3.4 目标检测 ………………………………………………………… 138
4.4 视频行为识别 ………………………………………………………………… 138
4.5 计算机视觉应用 ……………………………………………………………… 139
    4.5.1 图像分类的应用 ………………………………………………… 139
    4.5.2 人脸识别 ………………………………………………………… 145
本章总结 …………………………………………………………………………… 150
本章习题 …………………………………………………………………………… 150

第5章 语音识别及应用 ………………………………………………………… 152

▶ 视频讲解：21分钟,5集

5.1 语音识别 ……………………………………………………………………… 152

	5.1.1 语音识别的定义	153
	5.1.2 语音识别发展历程	153
	5.1.3 语音识别的分类	155
	5.1.4 语音识别的流程	156

5.2 语音合成 … 165
5.3 语音识别的应用案例——语音助手 … 166
本章总结 … 169
本章习题 … 169

第 6 章 自然语言处理 … **170**

▶ 视频讲解：30 分钟，6 集

6.1 自然语言处理导入 … 170
6.2 自然语言处理的基本原理 … 171
  6.2.1 自然语言处理的定义 … 171
  6.2.2 自然语言处理的基本技术原理 … 171
  6.2.3 自然语言处理的技术发展 … 174
6.3 自然语言处理的应用场景 … 176
  6.3.1 从文本中挖掘主题 … 176
  6.3.2 自然语言处理的应用领域和应用场景 … 179
  6.3.3 自然语言处理的未来应用——人机交互系统 … 180
6.4 自然语言处理案例——文本预测和生成 … 181
本章总结 … 189
本章习题 … 189

第 7 章 知识图谱及应用 … **191**

▶ 视频讲解：31 分钟，8 集

7.1 知识图谱引言 … 192
7.2 知识图谱简介 … 194
  7.2.1 知识图谱的定义 … 194
  7.2.2 知识图谱的架构 … 196
7.3 知识图谱应用 … 197
  7.3.1 问答系统 … 197
  7.3.2 行业应用 … 199
7.4 知识图谱展望 … 201
7.5 知识图谱案例 … 201
本章总结 … 206
本章习题 … 206

第 8 章 人工智能行业解决方案 … **207**

▶ 视频讲解：19 分钟，4 集

8.1 智慧交通 … 208
  8.1.1 无人驾驶汽车 … 208
  8.1.2 共享单车 … 210
  8.1.3 公安交通指挥系统 … 211
8.2 智能制造 … 212
  8.2.1 工业 3D 分拣机器人 … 214

8.2.2　智能工厂 ……………………………………………………………… 214
　　　8.2.3　智能设备 ……………………………………………………………… 219
　8.3　智慧医疗 ……………………………………………………………………… 221
　　　8.3.1　达·芬奇机器人 ………………………………………………………… 222
　　　8.3.2　医疗影像诊断 …………………………………………………………… 223
　　　8.3.3　陪伴机器人 ……………………………………………………………… 224
　8.4　智慧金融 ……………………………………………………………………… 225
　　　8.4.1　智能客服 ……………………………………………………………… 226
　　　8.4.2　数字员工 ……………………………………………………………… 227
　　　8.4.3　定损宝 ………………………………………………………………… 227
　本章总结 ……………………………………………………………………………… 228
　本章习题 ……………………………………………………………………………… 229
附录 A　搜索算法 …………………………………………………………………… **230**
附录 B　人工智能平台环境搭建 …………………………………………………… **232**
参考文献 ……………………………………………………………………………… **250**

第 1 章 人工智能概述

CHAPTER 1

本章思维导图

视频讲解

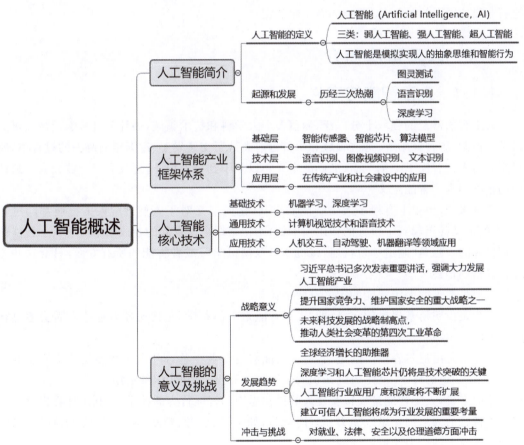

本章目标

- 了解人工智能的定义、起源和发展。
- 掌握人工智能产业链框架体系。

- 掌握人工智能的核心技术体系。
- 理解我国大力发展人工智能的战略意义。
- 了解人工智能产业发展及其在各行各业的应用。

从 1946 年第一台计算机"埃尼阿克"(Electronic Numerical Integrator and Calculator, ENIAC)诞生,人们就一直希望计算机能够具有更强大的功能。随着云计算、大数据、物联网等技术的发展,进入 21 世纪后,基于计算能力的提高和大数据的积累,人们发现人工智能(Artificial Intelligence,AI)技术可以使计算机更加智能。最近几年,人工智能更是大出风头:无人驾驶汽车,阿尔法狗战胜人类最强棋手,人脸识别协助警方抓捕逃犯,手机多国语言在线翻译,这一切无不给人们带来深深的震撼。

在社会经济需求以及提升生产力的双重驱动下,人工智能的发展迎来了新纪元。可以说人工智能将在不久的未来实现爆发式增长,对每个人的生活带来深刻的影响。人工智能不仅可以创造一些新行业,也可以给传统行业赋能,国内外高科技公司纷纷在人工智能领域进行布局,从而导致了人工智能的新一轮热潮。

1.1 人工智能简介

1.1.1 人工智能的定义

视频讲解

人工智能涉及的领域十分广泛,涵盖多个大学科和技术领域,如计算机科学、数学、机械自动化控制、脑神经学等,这些领域和学科目前尚处于交叉发展、逐渐走向统一的过程中,所以很难给人工智能下一个全面、准确的定义。以至于到今天为止,还没有一个被大家一致认同的精确的人工智能定义。

严格来说,历史上有很多人工智能的定义,这些定义对于人们理解人工智能都起过作用,有的定义甚至起到了很大的作用。例如,达特茅斯会议发起的建议书中对于人工智能的预期目标的设想是"制造一台机器,该机器可以模拟学习或者智能的所有方面,只要这些方面可以精确描述"。

目前最常见的人工智能的定义有两个:

一个是由明斯基提出的定义,即"人工智能是一门科学,是使机器做那些人需要通过智能来做的事情"。

另一个是由尼尔森提出的定义,看上去能够更专业一些,即"人工智能是关于知识的科学",所谓"知识的科学"就是研究知识的表示、知识的获取和知识的运用。

总的来说,人工智能是模拟实现人的抽象思维和智能行为的技术,即利用计算机软件模拟人类特有的大脑抽象思维能力和智能行为,如学习、思考、判断、推理、证明、求解等,以完成原本需要人的智力才可胜任的工作。

一般来说,将人工智能的知识应用于某一特定领域,即所谓的"AI+某一学科",就可以形成一个新的学科,如生物信息学、计算历史学、计算广告学、计算社会学等。因此,掌握人工智能知识不仅是对人工智能研究者的要求,也是时代的要求。

人工智能是以机器为载体所展示出来的人类智能,人类一直不懈努力,让机器模拟人类在视觉、听觉、语言和行为等方面的某些功能以提升生产能力,帮助人类完成更为复杂或有危险的工作，造福人类社会。

目前，产业界认为人工智能发展可以分为 3 个层次（见图 1-1）：第一层次是弱人工智能，第二层次是强人工智能，第三层次是超人工智能。

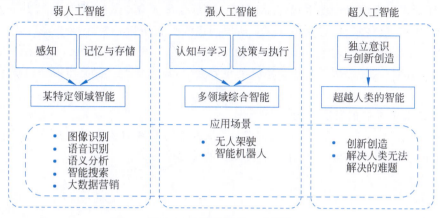

图 1-1　人工智能的 3 个层次

1. 弱人工智能

弱人工智能是指低于人类智力水平的人工智能，只专注某个特定领域或完成某个特定的任务，例如语音识别、图像识别和翻译，擅长于单个方面的人工智能，发展程度并没有达到模拟人脑思维的程度，仅属于"工具"范畴。例如，IBM 公司的人工智能系统 Watson、Google 公司的人工智能围棋机器人 AlphaGo，以及手机导航系统、无人驾驶系统、无人超市管理系统等都属于弱人工智能。弱人工智能的主要特点是人类可以很好地控制其发展和运行。目前人工智能的发展还处于弱人工智能层次，所提到的大部分人工智能技术也都是弱人工智能。

2. 强人工智能

强人工智能是指和人类智力旗鼓相当的人工智能，涉及多个领域综合，属于人类级别的人工智能，能够进行思考、计划、解决问题、抽象思维、理解复杂理念、快速学习和从经验中学习等操作，并且和人类一样得心应手。目前强人工智能的案例只能在一些科幻影片中看到。某些电影中反映的人类对人工智能的过度焦虑其实并不必要，因为强人工智能仍会在人类设置的规则和轨道上发展，最终目的是把人类从繁重的体力和脑力劳动中解放出来，从而为人的自由全面发展造福。

3. 超人工智能

超人工智能是指超出人类智力水平的人工智能。牛津知名人工智能思想家尼克·波斯特洛姆（Nick Bostrom）把超级智能定义为"在几乎所有领域都比最聪明的人类大脑都聪明很多，包括科学创新、通识和社交技能"。届时，人工智能将打破人脑受到的维度限制，在道德、伦理、人类自身安全等方面或许会出现许多无法预测的问题，但即使在这个阶段，"人类为人工智能确立规则"这个前提依然不会被推翻，人工智能会成为人类的"超级助手"而不是"超级敌人"。届时，个人的各种能力、企业的竞争力、国家的竞争力，都将高度取决于对人工智能技术和应用的驾驭能力。

视频讲解

1.1.2 人工智能的起源和发展

现代人工智能的起源公认是1956年的达特茅斯会议,由当时达特茅斯学院的年轻数学助教、现任斯坦福大学教授麦卡锡(J. McCarthy)联合明斯基、香农、罗切斯特共同发起,邀请纽厄尔、西蒙、萨缪尔、伯恩斯坦、摩尔、所罗门诺夫等在美国达特茅斯学院召开了一次为时两个月的学术研讨会,讨论关于机器智能的问题。会上经麦卡锡提议,正式采用了"人工智能"这一术语。这是一次具有历史意义的重要会议,标志着人工智能作为一门新兴学科正式诞生。

1. 人工智能发展的三次热潮

从20世纪50年代到今天,人工智能在70多年的发展历程中共经历了3次热潮,如图1-2所示,人工智能三起三落,在一次又一次的震荡中往复。

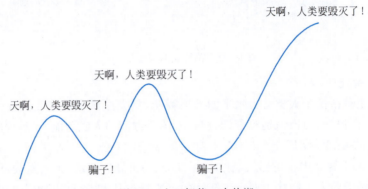

图1-2 人工智能3次热潮

1) 第一次热潮:图灵测试

第一次人工智能的热潮产生于电子计算机刚刚诞生的时代,当时的计算机更多地被视为运算速度特别快的数学计算工具,而艾伦·麦席森·图灵在思想上走在其他所有研究者的前面,他思索计算机是否能像人一样思考,即在理论高度思考人工智能的存在。

1950年10月,图灵发表了一篇名为"计算机和智能"的论文,提出了著名的"图灵测试",这篇论文影响深远,使图灵赢得了"人工智能之父"的称号。

图灵测试指的是测试者(人)与被测试者(一个人和一台机器)分别处在3个不同房间的情况下,测试者通过一些装置(如键盘)向被测试者随意提问,被测试者进行回答。测试者根据被测试者的回答来确定"谁是机器,谁是人"。如图1-3所示,进行多次测试后,如果有超过30%的测试者出现误判,不能确认出被测试者是人还是机器,那么这台机器就通过了测试,并被认为具有人类智能。

图灵为此还特地设计了被称为"图灵梦想"的对话。在这段对话中,"询问者"代表人,"智者"代表机器,并且假定他们都读过狄更斯的著名小说《匹克威克

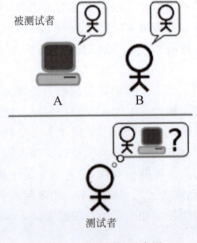

图1-3 图灵测试示意图

外传》,对话内容如下:

询问者:14 行诗的首行是"你如同夏日",你不觉得"春日"更好吗?

智者:它不合韵。

询问者:"冬日"如何?它可是完全合韵的。

智者:它确是合韵的,但没有人愿意被比作"冬日"。

询问者:你不是说过匹克威克先生让你想起圣诞节吗?

智者:是的。

询问者:圣诞节是冬天的一个日子,我想匹克威克先生对这个比喻不会介意吧。

智者:我认为您不够严谨,"冬日"指的是一般冬天的日子,而不是某个特别的日子,如圣诞节。

从上面的对话可以看出,机器要满足这样的要求,就需要模拟、延伸和扩展人的智能,达到甚至超过人类智力水平,这在目前是很难达到的。如果机器具有智能,其目标就是要使得测试者认为与自己说话的是人而非计算机。因此有时候机器要故意伪装一下,例如,测试者问:"34957 加 70764 等于多少?"机器应该等 30 秒后回答一个有点错误的答案,这样才更显得像人在计算。因此,一台机器要想通过图灵测试,主要取决于所具有的知识总量和大量的人类常识。

当时大多数人对人工智能持有过分乐观的态度,以为在今后的几年内计算机就可以通过图灵测试。然而,在这个计算机科学发展的初级阶段,图灵展示的这一愿景高于计算机算法和硬件能够达到的水平,技术和理论的研究都很难在短期内有所突破,因而关于人工智能的第一次热潮在 20 世纪 60 年代末便逐渐消退。

2) 第二次热潮:语音识别

20 世纪 80 年代至 90 年代,人工智能发展迎来了第二次热潮。在第二次人工智能热潮中,语音识别是最具代表性的突破性进展之一,而这个突破依赖的是思维的转变。

过去的语音识别更多地采用专家系统,即根据语言学的知识总结出语音和英文音素,再把每个字分解成音节与音素,总结出大量规则,让计算机按照人类的方式来学习语言,才能实现对语音的识别。这种方式过分依赖于语言学知识。在研发过程中,计算机工程师与科学家围绕着语言学家尽心工作,无法进行有效扩展,而且识别率较低,很难通用到不同口音的人身上。

而新的方法则以数据的统计建模为基础,不再沿袭模仿人类思维方式、总结思维规则的老路,研发过程不再重视语言学家的参与,而是让计算机科学家和数学家开展合作。这其中的转变看似容易,其实面临着人类既有观念和经验的极大阻力。最终,专家系统正式退出,基于数据统计模型的思想开始广泛传播。

3) 第三次热潮:深度学习

计算机的计算成本快速下降,以及运算速度大幅增长,使得深度学习算法得到持续发展;另外,移动互联网高速发展所带来的海量数据,共同推动人工智能技术在多个领域取得突破,因此,人工智能掀起了第三次发展热潮。2006 年,加拿大神经网络专家杰弗里·辛顿(Geoffrey Hinton)提出了深度学习的概念,他与其团队发表论文"一种深度置信网络的快速学习算法"(*A fast Learning Algorithm for Deep Belief Nets*),引发了广泛的关注,吸引了更多学术机构对此展开研究,也宣告了深度学习时代的到来。2012年,辛顿课题组在ImageNet图像识别比赛中夺冠,证实了深度学习方法的有效性。

从根本上说,深度学习是一种用数学模型对真实世界中的特定问题进行建模,以解决该领域内相似问题的过程。但很多人不知道的是,深度学习的历史几乎和人工智能一样长,只是一直默默无闻,直到迎来了时代的机遇。

人工智能的第三次热潮较前两次热潮有本质区别。以大数据和强大算力为支撑的机器学习算法已在计算机视觉、语音识别、自然语言处理等诸多领域取得突破性进展,基于人工智能技术应用已经成熟。这一轮人工智能的发展主要得益于深度学习算法的突破和发展、计算能力的极大增强、数据量的爆炸式增长三大驱动因素,其影响范围不再局限于学术界,人工智能技术开始广泛融入生活场景,从实验室走向日常。可以说,在第三次热潮中,深度学习+大规模计算+大数据=人工智能。

2. 人工智能发展的三个阶段

在人工智能的不同发展阶段,驱动力各有不同。根据驱动力不同,可以将人工智能的发展划分为技术驱动、数据驱动和场景驱动3个阶段。

1)技术驱动阶段

技术驱动阶段集中诞生了基础理论、基本规则和基本开发工具。在此阶段,算法和算力对人工智能的发展发挥着主要的推动作用。现在属于主流应用的基于多层网络神经的深度算法,一方面不断加强了人工智能从海量数据库中自行归纳物体特征的能力;另一方面不断加强了人工智能对新事物多层特征进行提取、描述和还原的能力。

对于算法来说,归纳和演绎同样重要,其最终目的是提高识别效率。最新的ImageNet测试结果显示,人工智能的识别错误率低至3.5%,而人类对同一数据库的识别错误率在5.1%,在理想情况下,人工智能的图像识别能力已超越人类。在每年的ImageNet测试中,错误率最低的算法模型都不尽相同,这也反映了算法不断迭代的过程。

2)数据驱动阶段

在人工智能发展的第二个阶段,在算法和算力上已基本不存在壁垒,数据成为主要驱动力,推动人工智能发展。在此阶段,大量结构化、可靠的数据被采集、清洗和积累,甚至变现。例如,在大量数据的基础上,可以精确地描绘用户画像,制定个性化的营销方案,提高成单率,缩短达到预设目标的时间,提升社会运行效率。

3)场景驱动阶段

在人工智能发展的第三个阶段,场景变成了主要驱动力,不仅可以针对不同用户提供个性化服务,而且可以在不同的场景下执行不同的决策。在此阶段,对数据收集的维度和质量的要求更高,并且可以根据不同的场景实时制定不同的决策方案,推动事件向良好的态势发展,帮助决策者更敏锐地洞悉事件的本质,做出更精准、更智慧的决策。

视频讲解

1.2 人工智能产业框架体系

在人工智能新时代,新一代人工智能相关学科的发展以及理论建模、技术创新、软硬件升级等正在整体推进,引发了链式突破,推动了经济社会各领域从数字化、网络化向智能化加速跃升。

人工智能产业体系主要包含硬件、软件和应用。硬件为人工智能技术提供计算能力和数据信息；软件包含开放平台和工具技术，为机器学习提供核心算法应用技术的通用平台与服务接口等，目前软件开发的主导者就是大家熟知的互联网公司和垂直领域的技术公司，如Google、百度等；应用层主要包括行业应用，利用人工智能技术引领传统行业向智能化升级。

人工智能产业链框架可以分为基础层、技术层、应用层和保障层，如图1-4所示。每层又能够结合应用场景和产业上下游关系，再划分为既相对独立又相互依存的若干中间产品及服务。其中，基础层侧重计算能力和数据资源平台的搭建，技术层侧重核心技术的研发，应用层更注重应用发展。而保障层涵盖创新法律法规、伦理、安全标准制定，护航人工智能产业生态的健康发展。

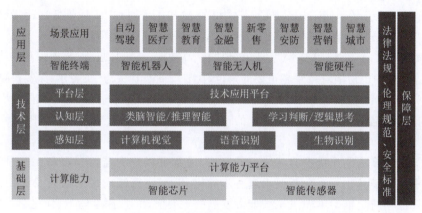

图1-4 人工智能产业链框架体系

基础层和技术层主要包括计算能力等相关的基础设施搭配。计算机视觉、语音识别、生物识别等感知技术，类脑智能/推理智能、学习判断/逻辑思考等认知技术，以及人工智能开源软硬件平台、自主无人系统支撑平台等技术应用平台，是人工智能向产业转化的技术支撑，降低人工智能的应用门槛。

应用层主要涵盖人工智能在各类场景中的应用。其中，智能终端产品，包括智能机器人、智能无人机、智能硬件等。重点场景应用包括自动驾驶、智慧医疗、智慧教育、智慧金融、新零售、智慧安防、智慧营销、智慧城市等，基于现有的传统产业，利用人工智能软硬件及集成服务对传统产业进行升级改造，提高智能化程度。

保障层包含人工智能产业发展过程中需要遵守的法律法规、伦理规范及安全标准，或在发展过程中需要修订、规范的相关法规和标准等，以保障人工智能产业生态有序可持续发展。

下面重点分析人工智能产业链的基础层、技术层和应用层。

1.2.1 基础层

基础层主要包括智能传感器、智能芯片、算法模型，其中，智能传感器和智能芯片属于基础硬件，算法模型属于核心软件。随着应用场景的快速铺开，既有的人工智能产业规模和技术水平方面均与持续增长的市场需求尚有差距，这促使相关企业及科研院所进一步加强对智能传感器、智能芯片及算法模型的研发和产业化力度。

1. 智能传感器

智能传感器属于人工智能的神经末梢，是实现人工智能的核心组件，是用于全面感知外

视频讲解

界环境的最核心元件，各类传感器的大规模部署和应用是实现人工智能不可或缺的基本条件。随着传统产业智能化改造的逐步推进，以及相关新型智能应用和解决方案的兴起，对智能传感器的需求将进一步提升。

2. 智能芯片

人工智能芯片主要包括 GPU（图形处理器）、FPGA（现场可编程门阵列）、ASIC（专用集成电路）3 类。

第一类是利用 GPU 等传统通用类芯片，通过搭建人工智能神经网络模型，从功能层面模仿大脑的能力。近十年，人工智能的通用计算 GPU 完全由英伟达引领。除了传统的CPU（中央处理器）、GPU 大厂，移动领域的众巨头在 GPU 方面的产业布局也非常值得关注。ARM 公司也开始重视 GPU 市场，其推出的 MALI 系列 GPU 凭借低功耗、低价等优势逐渐崛起。苹果公司也在搜罗 GPU 开发人才，以进军人工智能市场。

第二类是 FPGA 芯片。FPGA 凭借其低功耗、高效率、高可扩展性、灵活编程的优点，在人工智能计算环节中也扮演着越来越重要的角色，代表厂商有赛灵思、英特尔、深鉴科技等。

第三类是 ASIC 类专用计算芯片。通过改变硬件结构层来适应人工智能算法，在硬件结构层进行功能定制化开发，如 Google 的 TPU、百度的"昆仑"、寒武纪的 NPU 等。

3. 算法模型

人工智能的算法是让机器自我学习的算法，通常可以分为监督学习和无监督学习。随着行业需求进一步具化及对分析要求进一步的提升，围绕算法模型的研究及优化活动将越发频繁。算法创新是推动本轮人工智能大发展的重要驱动力，深度学习、强化学习等技术的出现使得机器智能的水平大为提升。全球科技巨头纷纷以深度学习为核心在算法领域展开布局，Google、微软、IBM、Facebook、百度等相继在图片识别、机器翻译、语音识别、决策助手、生物特征识别等领域实现了创新突破。

基础层国内新兴企业有望实现技术突破。目前，基础层产业的核心技术大部分仍掌握在国外的企业手中，为我国企业自主开展研发带来了不利的壁垒封锁，限制了产业整体发展。但是，国内企业及科研机构进一步加强了对传感器、底层芯片及算法等基础层技术的研发力度，持续加大研究投入，以寒武纪、深鉴科技、云知声为代表的一批国内初创企业在智能芯片和算法模型方面已展开相关研发工作，并取得了一定的技术积累，形成了较为完整的技术和产品体系，有望在未来引领产业创新发展。

1.2.2 技术层

技术层主要包括语音识别、图像视频识别、文本识别等产业，其中语音识别已经延展到了语义识别层面，图像视频识别包括人脸识别、手势识别、指纹识别等领域，文本识别主要针对印刷、手写及图像拍摄等各种字符进行辨识。随着全球人工智能基础技术的持续发展与应用领域的不断丰富，人工智能技术层各产业未来将保持快速增长态势。

1. 计算机视觉

计算机视觉是指利用计算机对图像进行处理、分析和理解，以识别各种不同模式状态下的目标和对象，包括人脸、手势、指纹等生物特征。视频从工程技术角度可以理解成静态图像的集合，所以视频识别与图像识别的定义和基本原理一致，在识别量和计算量上得到明显提高。随着人类社会环境感知要求的不断提升和社会安全问题的日益复杂，人脸识别和视频监控作用更加突出,图像视频识别产业未来将迎来爆发式增长。

2. 自然语言处理

自然语言处理是指让计算机能够理解、分析和生成人类语言。自然语言处理技术基于深度学习算法,经由语音资料的训练获取,将自然语言转换为计算机可读的形式,然后利用各种算法和模型进行语义理解、信息提取和文本生成等工作。自然语言处理的应用非常广泛,根据 Global Insights 的数据,到 2024 年底,自然语言处理的市场规模将达到 139 亿美元。目前自然语言处理的主要应用是智能语音助手,例如,Google 的 GoogleAssistant、亚马逊的 Alexa、苹果的 Siri、华为的小艺、小米的小爱同学、阿里的天猫精灵、百度的小度等。这些智能语音助手产品的出现,一方面反映了自然语言处理技术的不断进步和成熟,无论是语音交互技术还是内容服务生态都非常完善;另一方面,也反映出智能语音产业链的成熟,终端设备积极接受语音能力、厂商提供解决方案、落地能力非常强。智能语音助手产品通过高效的人机交互方式,极大地提升了用户的生活和工作效率。同时,这些产品也推动了智能家居、智能办公等领域的快速发展,为我们的生活带来了更多的便利和乐趣。

3. 语音识别

语音识别是指将人类语音中的词汇内容转换为计算机可读的输入,例如按键、二进制编码或者字符序列。语音识别技术与其他自然语言处理技术,如机器翻译及语音合成技术相结合,可以构建出更加复杂的应用及产品。在大数据、移动互联网、云计算及其他技术的推动下,全球的语音识别产业已经步入应用快速增长期,未来将代入更多实际场景。

4. 软件平台

软件平台可细分为开放平台、应用软件等,开放平台层主要指面向开发者的机器学习开发及基础功能框架,如 Google 的 TensorFlow 开源开发框架、百度的飞桨 PaddlePaddle 开源深度学习平台以及科大讯飞、腾讯、阿里等公司的技术开放平台;应用软件主要包括计算机视觉、自然语言处理、人机交互等软件工具以及应用这些工具开发的相关应用软件。

在技术层中,计算机视觉已经成为国内热点领域。计算机视觉是目前最为成熟的人工智能领域之一,具体技术为人脸识别、车辆识别、图像识别等,在产品检测、安防、商业中都有广泛的应用前景。特别是在安防领域,中国拥有世界最多的摄像头,对图像的分析处理需求巨大,巨大的需求必然推动行业的快速发展。手机的普及也为图像采集奠定了基础,未来基于手机的计算机视觉应用也会日益丰富,成为新的发展热点。

1.2.3 应用层

应用层指人工智能技术在传统产业和社会建设中的应用。一方面,人工智能作为新一轮产业变革的核心驱动力,将更加广泛地应用于制造、农业、物流、金融、商务、家居等重点行业和领域,成为经济发展新引擎;另一方面,人工智能将在教育、医疗、养老、环境保护、城市运行、司法服务等领域广泛应用,全面提升人民生活品质。

应用领域主要包括利用人工智能相关技术开发的各种软硬件产品。人工智能产品形式多样,涵盖了听觉、视觉、触觉、认知等多种形态,能够支持处理文字、语音、图像、感知等多种输入或输出形式,如语音识别、机器翻译、人脸识别、体感交互等。人工智能终端产品是人工智能技术的载体,目前主要包括可穿戴产品、机器人、无人车、智能音箱、智能摄像头、特征识别设备等终端及配套软件。机器人是人工智能技术的重要载体之一,由工业机器人、服务机器人和特种机器人 3 种类型构成。工业机器人可以大幅度提高生产效率和产品质量,具有巨大的市场需求。服务机器人是人工智能人机交互技术的重要体现形式,从扫地机器人到人形机器人,随着服务机器人的智能化程度和交互能力不断提升,消费者对服务机器人的认可度也逐步提高。服务机器人开拓了一片全新的市场,在家政、陪护、养老等行业拥有广阔的应用前景。

全球互联网企业积极布局各产品领域,加强各类产品 AI 技术创新,有效支撑各种应用场景。国内人工智能应用层企业主要集中在个人消费与生活服务领域,更加关注垂直行业的应用需求,通过不断创新商业模式,对应用层各领域进行持续渗透,增加产品的实用功能、改善用户体验。同时,大部分从事人工智能的国内企业是从互联网业务起家,借鉴移动互联网和 O2O 等模式的已有经验,通过结合行业自身的痛点问题和行业 Know-How(行业的知识经验),分析用户的使用数据,挖掘用户的各项特征,构建用户画像,从而将人工智能应用在精确营销、功能改善和客户服务等领域,持续提升客户的优质体验。

1.3 人工智能核心技术

发展人工智能,最重要的是抢占科技竞争和未来发展制高点,突破关键核心技术,在重要的科技领域成为领跑者。如图 1-5 所示,深入剖析当前人工智能的发展,可以将其核心技术可以分为基础技术、通用技术、应用技术 3 层,底层的平台资源和中间层技术研发的进步共同决定了上层应用技术的发展速度。

图 1-5 人工智能的 3 层核心技术

1.3.1 基础技术

机器学习是人工智能最重要的基础技术,是一门专门研究计算机怎样模拟或实现人类的学习行为,以获取新的知识或技能,重新组织已有的知识结构使之不断改善自身性能的科学。一个不具有学习能力的系统很难被认为真正具有"智能",因此机器学习在人工智能研究中占据着最核心的地位。在过去的几十年中,机器学习虽已在垃圾邮件过滤系统、网页搜索排序等领域有了广泛的应用,但在面对一些复杂的学习目标时仍未能取得重大突破,如图片、语音识别等。究其原因,是由于模型的复杂性不够,无法从海量数据中准确捕捉微弱的数据规律,因此达不到好的学习效果。在此背景下,深度学习的兴起为人工智能基础技术的持续发展注入了新的动力。

深度学习是机器学习最重要的分支之一,大大优化了机器学习的速度,使人工智能技术取得了突破性进展。深度学习最核心的理念是通过增加神经网络的层数来提升效率,将复杂的输入数据逐层抽象和简化,相当于将复杂的问题分段解决,这与人脑神经系统的某些信息处理机制非常相近。目前,深度学习已在图像识别、语音识别、机器翻译等领域取得了长足进步,并进行了广泛应用。例如,图像识别可以凭借一张少年时期的照片就在一堆成人中准确找到这个人,机器翻译可以帮助人们轻松看懂外文资料等。

人工智能的基础技术具有较高的门槛,这在一定程度上决定了只有少数的大企业和高校才能深入参与,但通过开放平台,可以将深度学习技术赋能范围扩大。从目前的发展状况来看,深度学习平台开源化是趋势,更高效的开源平台将孕育更庞大的场景应用生态,也将带来更大的市场价值。各行各业可依托深度学习平台,实现自身的产业升级和优化。未来人工智能的竞争将是基于生态的竞争,主要发展模式将是若干主流平台加上广泛的应用场景。而开源平台则是该生态构建的核心,也是人工智能最大化发挥创新价值的典型代表。

目前,深度学习的开源平台有很多,例如,Google 推出的 TensorFlow 和 Oscar,Meta(由原来的 FaceBook 更名)推出的 DL 框架、PyTorch 和 MetaAI,IBM 推出的 Mistral AI 模型,百度推出的飞桨平台(PaddlePaddle),阿里巴巴推出的通义千问,华为推出的 ModelArts 和 MindSpore AI,字节跳动推出的即梦 AI、炉米(Lumi)和扣子(Coze)等。此外,腾讯、科大讯飞、旷视科技等企业都推出了自己的开源平台。这些企业的开源平台不仅有助于提升自身的技术水平,促进技术的交流和共享,推动人工智能技术的普及和应用,也为整个行业的发展注入了新的活力。

1.3.2 通用技术

在基础设施和算法的支撑下形成的人工智能通用技术层,主要包括赋予计算机感知能力的计算机视觉技术和语音技术,提供理解和思考能力的自然语言处理技术,提供决策和交互能力的规划与决策、运动与控制等;每个技术方向下有多个具体的子技术,如图像识别、图像理解、视频识别、语音识别、语义理解、语音合成、机器翻译、情感分析等。其中语音识别、计算机视觉和自然语言处理是发展较为成熟、应用领域较广的通用技术,决策与规划、运动与控制等则是自动驾驶技术的重要组成部分。

1. 语音识别

传统的语音识别技术虽然起步较早,但识别效果有限,离实用化的差距始终较大。直到近年来深度学习兴起,语音识别技术才在短时间内取得突破性进展。2011 年,微软率先取得突破,在使用深度神经网络模型之后,将语音识别错误率降低至 30%。2013 年,Google 公司语音识别系统错误率约为 24%,融入深度学习技术之后,2015 年错误率迅速低至 8%。

科大讯飞是我国语音识别领域的佼佼者,具有深厚的语音合成、语音识别、口语评测等核心技术积累。科大讯飞的语音识别技术准确率高,在安静的环境下,准确率已经达到了 98%,即使在多人会议场景下,说话人分离和识别的准确率也能达到 95%。这样的准确率,无论是在日常生活还是在专业领域,都能为用户提供非常可靠、高效的语音交互体验。科大讯飞还推出了讯飞开放平台,为开发者提供丰富的语音识别 API 接口和开发工具,推动了语音识别技术的普及和应用。

百度也是我国语音识别领域的重要参与者。百度的语音识别技术同样具有很高的准确率,在特定场景下甚至能达到 98.4% 以上,这项技术不仅支持多种语言的互译,还能在嘈杂环境中保持较高的识别准确度,并且支持多种语言和方言的识别。百度语音识别技术被广泛应用于智能手机、智能家居、智能车载等领域,为用户提供了更加便捷、智能的交互体验。

腾讯在语音识别领域也有着不俗的表现。腾讯的语音识别技术被广泛应用于微信、QQ等社交软件中,实现了语音消息的自动转文字功能,极大地提升了用户的使用体验。此外,腾讯还推出了腾讯云语音识别服务,为企业和个人开发者提供了高效、可靠的语音识别解决方案。

除了以上几家公司,国内还有很多其他企业也在语音识别领域进行了积极探索和尝试。这些公司的努力和贡献,共同推动了我国语音识别技术的不断发展和进步。

2. 计算机视觉

计算机视觉是指用摄像机和计算机替代人眼对目标进行识别、跟踪和测量等,并进一步做图像处理,用计算机处理成为更适合人眼观察或传送给仪器检测的图像。传统的计算机视觉识别需要依赖人们对经验的归纳提取,进而设定机器识别物体的逻辑,有很大局限性,识别率较低。深度学习的引入让识别逻辑变为自学习状态,精准度大大提高。

计算机视觉包括人脸识别、细粒度图像识别、OCR文字识别、图像检索、医学图像分析、视频分析等多个方向。在典型的图像识别应用——人脸识别方面,目前准确率已经做到了比肉眼更高。我国的人脸识别技术水平位居世界前列,近几年,在权威人脸识别技术比赛FDDB和LFW的测试中,我国的一些优秀团队和企业频频斩获佳绩,百度、腾讯、商汤科技、旷视科技等均取得了非常好的成绩。阅面科技就曾经在FDDB和LFW上同时夺冠,这家创业公司的人脸识别技术以改进版的残差网络为基础,通过海量数据的训练和精细的算法调优,实现了超高的人脸识别精度。这样的技术水平,不仅在国内领先,在国际上也是数一数二的。此外,阿里巴巴的Face ID、华为的软科一生、腾讯的优图NeuroFace等人脸识别品牌,都在市场上占据着一席之地。这些公司在人脸识别技术方面都有深厚的积累和不断创新的精神,为推动我国人脸识别技术的发展做出了重要贡献。

3. 自然语言处理

用自然语言与计算机进行通信,目的是解决计算机与人类语言之间的交互问题,这是人们长期以来追求的目标。如果说语音识别技术让计算机能"听得见",那么自然语言处理则是让计算机能"听得懂",人们可以用自己最习惯的语言来和设备交流,而无须再花大量的时间和精力去学习和习惯各种设备的使用方法。比如,当你用语音询问手机百度"今天哪个车号限行",机器会反馈结果;若你想继续询问明天的限行车号,只要说"那明天呢",机器就可以根据上下文背景给出正确答案。

目前,自然语言处理的研究领域已经从文字处理拓展到语音识别与合成、句法分析、机器翻译、自动文摘、问答系统、信息检索、OCR识别等多个方面,并发展出统计模型、机器学习等多种算法。深度学习技术在自然语言处理领域的应用,进一步提高了计算机对语言理解的准确率。借助深度学习技术,计算机通过对海量语料的学习,能够依据人们的表达习惯,更准确地把握一个词语、短语甚至一句话在不同语境中的表达含义。汉语诗歌生成是自然语言处理中一项具有挑战性的任务,对此百度提出了一套基于主题规划的诗歌生成框架,有效提升了主题相关性,大幅度提高了自动生成的诗歌质量。此外,科大讯飞、腾讯、阿里巴巴等公司在自然语言处理技术方面都有着非常高的水平和实力。这些公司的技术和产品不仅推动了行业的发展和进步,也为我们的生活带来了更多的便利和可能性。

1.3.3 应用技术

人工智能应用正在加速落地,深刻改变世界和人类生产、生活方式。小到手机语音助手、行为算法、搜索算法,大到自动化汽车飞机驾驶,人工智能应用技术与各个垂直领域结合,不断拓展"AI+"应用场景的边界,探索智慧未来的无限可能。人工智能应用技术丰富多彩,并在人机交互、自动驾驶、机器翻译等领域最早得到应用和普及。

1. 人机交互

从科技的发展来看,每一次人机交互方式的更迭都推动了时代的变革。在PC时代,人们使用鼠标、键盘和计算机进行交互,微软的Windows桌面操作系统以近90%的市场占有率牢固地确立了市场霸主地位。在移动互联网时代,触摸成为人们与平板电脑、手机进行交互的主要方式,Google的Android系统和苹果的iOS系统成为这个领域最大的赢家。到了人工智能时代,语言正在成为最自然的交互方式。随着深度学习技术的发展,对语音的准确识别以及对语义的准确理解能力的提高,让机器理解并执行人类语言指令成为可能,对话式人工智能系统应运而生,成为未来的发展方向。智能助理是人机交互最为广泛的应用,百度度秘、阿里小蜜、腾讯叮当、京东JIMI等是这一领域的典型代表。国内外的大企业纷纷布局对话式人工智能系统,如亚马逊的Alexa、Google的GoogleAssistant、百度的DuerOS等,并在众多产品中得到应用。DuerOS可以用自然语言作为交互方式,同时借助云端大脑,可不断学习进化,变得更聪明。它可以应用于手机、电视、音箱、汽车等多种设备,让人们通过最自然的语音方式与设备进行交互,使设备具备与人类沟通和提供服务的能力。

我国互联网应用所覆盖的场景、提供的服务更加多样化,与语音交互技术的结合点也会更多,伴随着技术发展将会有广阔的应用空间。现阶段,在人与设备间语音交互方面,语音识别问题已经基本得到解决。自然语言理解和多轮交互属于更深层次的认知层面,涉及记忆机制、思考机制、决策机制等领域的研究探索,目前技术虽然已有突破,但是还需要持续进步。在此背景下,语言交互实现全场景覆盖难度很大,选择合适的应用场景成为应用落地需要重点考虑的方向。

2. 自动驾驶

自动驾驶涉及计算机视觉、决策与规划、运动与控制等多项人工智能基础技术。在自动驾驶的环境感知、路径规划与决策、高精度定位和地图等关键环节,这些技术均有应用和体现,其中对环境的智能感知技术是前提,智能决策和控制技术是核心,高精度地图和传感器是重要支撑。

在国内自动驾驶领域,互联网企业成为重要的驱动力量。百度在自动驾驶领域有着深厚的积累,自2013年就开始布局,目前已拥有环境感知、行为预测、规划控制、操作系统、智能互联、车载硬件、人机交互、高精定位、高精地图和系统安全10项技术。2016年9月,百度获得了美国加州无人车道路测试牌照。2020年,百度无人车Apollo开始在全国多个城市进行自动驾驶测试和运营。2022年,百度Apollo实现了Robotaxi从主驾无人到车内无人的跨越,其高阶智驾产品ANP3.0顺利迈入量产冲刺阶段,为自动驾驶技术的普及打下了坚实的基础。2023年,百度无人车迎来了爆发式增长,不仅在武汉等地大规模拓展全无人自动驾驶商业化运营,还在全国范围内陆续增加投放全无人驾驶运营车辆,着力打造全球最大无人驾驶运营服务区。这一举措不仅展示了百度在自动驾驶领域的领先地位,也为市民提供了更加便捷、智能的出行方式。更值得一提的是，2024年，百度Apollo发布了全球首个支持L4级别无人驾驶应用的自动驾驶大模型Apollo ADFM。这个模型的发布，标志着百度在自动驾驶技术方面又取得了重大突破。

近年来，国内在自动驾驶领域涌现出了一批具有创新活力和技术实力的初创公司，包括地平线、驭势科技、智行者、图森未来、禾多科技、主线科技、新石器等。这些公司致力于推动自动驾驶技术的研发和应用，为未来的智能交通和出行方式带来了无限可能。

3. 机器翻译

随着人工智能技术的提升和多语言信息数据的爆发式增长，机器翻译技术开始为普通用户提供实时便捷的翻译服务，而深度学习则让机器翻译的准确性和支持的语种数量都得到大幅提高。机器翻译可以为人们的生活带来各种便利，使语言难题不再困扰我们的学习和生活。小到出国旅游、文献翻译，大到跨语言文化交流、国际贸易，多语言的信息连通大趋势更加凸显出机器翻译的重要性。

目前国内已经涌现出多家具有竞争力的机器翻译企业。科大讯飞是机器翻译领域的代表企业，面向国家"一带一路"倡议，科大讯飞正式推出多语种翻译产品。比如，讯飞翻译机4.0星火版，搭载了科大讯飞自主研发的星火大模型，支持85种语言在线翻译，覆盖了全球近200个国家和地区的主要语言，翻译准确流畅，无论是日常对话还是专业领域术语，都能实现近乎母语水平的翻译效果。百度翻译作为国内机器翻译的佼佼者，已支持全球200多种语言互译，覆盖的翻译方向累计可达4万个，用户数超5亿，每天都响应上亿次翻译请求。此外，网易有道的翻译机支持多种语言的翻译，包括一些较为少见的语种，而且翻译结果准确度高、速度快，让我们在跨语言交流时更加得心应手，无论是出国旅行、商务洽谈还是日常学习，都能轻松应对各种翻译需求。国内的这些机器翻译企业在技术研发、产品创新、市场拓展等方面展开激烈竞争，不断推动机器翻译技术的进步和应用场景的拓展。同时，国内机器翻译产业链也日益成熟，从硬件设施、平台服务、技术提供、应用开发、咨询服务到应用服务等各个层面，都形成了完善的行业体系。展望未来，国内机器翻译技术将更加智能化、精准化和便捷化。随着技术的不断进步和市场的不断扩大，机器翻译将在更多领域发挥更大的作用，为人们提供更加优质的翻译服务。同时，政府和社会各界的支持也将为机器翻译技术的健康发展提供有力保障。

1.4 人工智能的意义及挑战

伴随着机器学习算法的迅速发展、计算成本的下降、移动互联积累的大数据和应用的不断普及，云计算、大数据、物联网等引发的技术革命和产业变革愈演愈烈，人工智能正成为全球信息领域产业竞争的新一轮焦点，触发并加速推动着新一轮科技革命和产业革命的发展。

1.4.1 发展人工智能的战略意义

视频讲解

由数据、算力、算法"三位一体"共同驱动的人工智能作为当前数字技术发展的最前沿，将有力驱动新一轮工业革命和信息革命，引领科技、经济和社会的巨大变革，开启数字经济新时代。人工智能是引领未来的战略性技术，当前世界各国意识到，人工智能是开启未来智能世界的密匙，是未来科技发展的战略制高点，是推动人类社会变革的第四次工业革命，谁掌握人工智能,谁就将成为未来核心技术的掌控者。世界主要发达国家都把发展人工智能作为提升国家竞争力、维护国家安全的重大战略之一。习近平总书记多次发表重要讲话,强调大力发展人工智能产业,实现高质量发展,提高经济社会发展智能化水平,促进国家治理体系和治理能力现代化。

中共十九大以来,人工智能的国家战略地位逐步确立,成为经济发展的重要主题。相关政策密集出台,从人才培养到技术创新,从税收优惠到知识产权保护,为人工智能产业的发展提供了全面支持。

视频讲解

在国家政策层面,2017年7月20日国务院印发了《新一代人工智能发展规划》,提出到2020年人工智能总体技术和应用与世界先进水平同步,标志着人工智能上升到我国国家发展战略层面。2017年12月,工业和信息化部印发了《促进新一代人工智能产业发展三年行动计划(2018—2020年)》,以信息技术与制造技术深度融合为主线,以新一代人工智能技术的产业化和集成应用为重点,推动人工智能和实体经济深度融合,加快制造强国和网络强国建设。2019年8月,科技部印发了《国家新一代人工智能开放创新平台建设工作指引》,旨在聚焦人工智能重点细分领域,发挥领军企业、研究机构的引领作用,整合技术、产业链和金融资源,提升人工智能核心研发和服务能力,推动技术创新和产业发展。由人工智能行业技术领军企业牵头建设,鼓励联合科研院所、高校参与,围绕《新一代人工智能发展规划》重点任务中的细分领域组织建设。2020年7月,国家标准化管理委员会、中央网信办、国家发展改革委、科技部、工业和信息化部五部门印发《国家新一代人工智能标准体系建设指南》,加强人工智能领域标准化顶层设计,推动人工智能产业技术研发和标准制定,促进产业健康可持续发展。2024年6月,工业和信息化部、中央网络安全和信息化委员会办公室、国家发展改革委、国家标准化管理委员会四部门印发《国家人工智能产业综合标准化体系建设指南(2024版)》,加强人工智能标准化工作系统谋划,加快构建满足人工智能产业高质量发展和"人工智能+"高水平赋能需求的标准体系,夯实标准对推动技术进步、促进企业发展、引领产业升级、保障产业安全的支撑作用,更好推进人工智能赋能新型工业化。

我国人工智能产业生态不断完善,国家顶层战略持续推进,国内重点城市积极开展布局人工智能产业创新实践,投融资热度稳步提升。科技部已公布了国家新一代人工智能开放创新平台,包括自动驾驶领域的百度、城市大脑领域的阿里云、医疗影像领域的腾讯、智能语音领域的科大讯飞、智能视觉领域的商汤集团、视觉计算领域的依图科技、智能营销领域的明略科技、基础软硬件领域的华为、普惠金融领域的中国平安、视频感知领域的海康威视、智能供应链领域的京东、图像感知领域的旷视科技、安全大脑领域的360奇虎科技、智慧教育领域的好未来、AI芯片领域的寒武纪、智能家居领域的小米,以及新一代类脑人工智能公共算力开放创新平台依托广东省智能科学与技术研究院。

在产业界,有许多信息技术企业都涉及人工智能领域。例如,英伟达(NVIDIA)是GPU和AI技术的领先制造商,英伟达的产品广泛应用于AI、高性能计算、游戏、创意设计等领域,推动了这些领域的进步。英伟达的产品线包括专为AI和高性能计算设计的显卡,如Tesla系列和RTX系列。此外,英伟达还推出了针对特定需求的AI硬件,如H200 NVL PCIe GPU和GB200 NVL4超级芯片。英伟达在GPU架构上不断创新,从Fermi到Blackwell共推出了9代架构。其CUDA技术已成为英伟达的技术优势,同时Tensor Core、NVLink等技术也在不断迭代更新。由于AI热潮,英伟达特供国内的A800和H800

芯片价格大幅上涨,反映了市场对 AI 显卡的高需求。此外,许多的互联网企业如百度、Google、微软等更是全面转向人工智能。如今许多创业公司更是以人工智能为主攻方向。在实际产品开发方面,人工智能技术也得到了广泛应用,如寒武纪 1H8 等 AI 芯片、百度 Apollo 计划开放自动驾驶平台、手机的指纹识别与人脸识别产品等。

大力发展人工智能的重大意义如下。

1. 人工智能大幅提高劳动生产率

人工智能可以通过 3 种方式激发经济增长潜力。

(1) 人工智能通过转变工作方式,帮助企业大幅提升现有的劳动生产率。

(2) 人工智能替代大部分劳动力,成为一种全新的生产要素。

(3) 人工智能的普及能带动产业结构的升级换代,推动更多相关行业的创新,启动生产、服务、医药等行业发展的新纪元。

2. 人工智能引领"第四次工业革命"

人工智能自出现以来,便被应用到各行各业中,成了经济结构转型升级的新支点。目前人工智能在图形处理器、人脸识别和无人驾驶等各个领域迅速得到了应用。在制造业方面,未来汽车行业的研发设计、供应链运输、驾驶技术的提供以及交通运输的解决方案等都将有人工智能的参与。

服务业同样也广泛应用了人工智能技术。医疗保健行业是受益于人工智能的主要服务业。根据世界银行的数据,全球医疗保健开销约占全世界 GDP 的 10%,而其中至少有 10%(约 1.2 万亿美元)用于如癌症检测和 X 光片检查等医疗诊断。通过运用人工智能,机械手臂可以做一些高难度的手术。相对于人力而言,人工智能技术更加精确、安全,成功率更高。

3. 人工智能冲击劳动力市场

目前社会上对人工智能的最大担心是人工智能的普遍运用将会极大地冲击劳动力市场,增加失业率,导致员工工资降低,最终引发通货紧缩或通货膨胀。其实,这类观点并不是一点根据都没有。世界经济论坛(WEF)早前发表了一份名为《职业的未来》的报告,预测人工智能将在今后 5 年改变商业模式和劳动力市场,导致 15 个主要发达和新兴经济体损失超过 500 万个就业岗位。

未来,很多蓝领及白领岗位的工作人员,如工厂工人、司机、客服代表甚至银行工作人员都有可能失业。人工智能在某种程度上冲击了劳动力市场,也将不可避免地给其他相关行业带来风险。技术进步带来的另一个结果就是低通胀。也可以这样分析,人工智能等技术的不断发展,有效减少了供应链中的多个环节,降低了成本,从而降低了商品价格。

4. 正视科技变革带来的挑战

人工智能技术的发展确实会带来失业率上升以及其他社会问题,但是我们应一分为二地看待人工智能,正视其带来的问题,并且以有效的政策配合来尽量消除其对社会的负面影响。

首先,随着人口红利的逐渐消失,社会老龄化程度不断加剧,依靠以人工智能为代表的技术的发展来获取红利乃是大势所趋。

其次,科技部曾表示,"科技发展对就业的冲击不是今天人工智能出现后才有的,机器的出现导致大量手工业工人失业,流水线工厂的出现导致传统工厂很多人失业。但从长远来看,科技带来的就业机会远远大于失业。"特别是在信息技术、数据分析、智能制造等领域,未来,一些新兴的专业性工作岗位将会出现,如人工智能开发者、维护修理者,目前机器仍无法取代这些岗位。

最后,政府未来也会在人工智能技术相关政策的规划协调方面提高重视程度。政府将加大对劳动力市场进行再培训和教育的力度,使其能够从事一些人工智能的专业性岗位,未来劳动力将更加适应智能社会和智能经济发展的需要。由于人工智能的诞生会使大量财富集中到少数人手中,会加剧社会财富的两极分化,政府也将会积极应对这种情况,找到合适的解决办法。

1.4.2 人工智能发展趋势

视频讲解

随着技术突破持续推进,人工智能未来将继续向纵深发展,成为全球经济增长的助推器,带动全球经济增长。深度学习和人工智能芯片仍将成为技术突破的关键,人工智能行业应用广度、深度将不断扩展,加速人工智能落地。此外,随着人工智能发展的持续推进,人工智能的安全相关问题愈加得到业界关注,建立可信人工智能或将成为行业未来发展的重要考虑因素。

1. 人工智能成为全球经济增长的助推器

从全球经济发展来看,每一轮的技术突破都将有力拉动经济增长。人工智能作为新的生产要素,必将成为引领性的战略性技术和新一轮产业革命的驱动力,更是国家间的下一个战略竞争焦点。随着人工智能技术的突破持续推进,智能自动化将能够跨越行业和岗位,并具备自主学习能力,驱动人力无法完成的复杂工作自动化。人工智能将有效弥补人类能力缺陷,提升劳动力和资本效率,同时刺激创新。未来人工智能将不仅是传统生产力的增强剂,更将成为一种全新的生产要素,带动全球经济增长。根据 Sage 的预测数据,到 2030 年,人工智能将为全球 GDP 带来 14% 的提升。埃森哲的数据显示,到 2035 年,人工智能将作为一种新的生产要素,激励全球经济增长。其中,人工智能对中国经济增长的影响显著,将带动中国年增长率提升 1.6 个百分点。

随着人工智能技术突破,受企业级应用市场推动,未来人工智能产业规模将持续扩大,并带动相关产业增长。依据 Statista 及普华永道统计数据综合测算,预计 2025 年,全球人工智能市场规模将达 1.6 万亿美元,年均复合增速达 26.2%,带动相关产业规模超 6 万亿美元。

2. 深度学习和 AI 芯片仍将是技术突破的关键

随着全球对人工智能领域的热情高涨,人工智能核心基础技术的突破仍将是各科研机构与高科技公司的布局重点和必争高地。深度学习作为人工智能领域核心关键技术,得到各国的高度关注,优质的算法研究可以有效提高信息识别、处理、学习过程中的准确性,为人工智能技术落地产品提供先决条件。新型算法的研究和对传统算法的改善将成为未来发展的主要方向。探索深度学习理论,能够激发更多应用场景,并应用到其他类型的深度神经网络和深度神经网络设计中。依据普华永道的相关预测,未来将可能出现一种称为"胶囊网络"的新型深度神经网络架构,能够用与大脑相似的方式处理视觉信息,可以识别特征之间的逻辑和层次结构关系。与传统卷积神经网络相比,这种"胶囊网络"不需要大量的训练样本数据,并能保证较高的准确性,将在未来多个问题领域和深度神经网络架构中得到应用。

此外,针对人工智能最终商业化应用,AI 芯片仍是底层至关重要的技术之一,未来将继续朝着提高运算能力、减少运算时间、降低运算功耗等方向发展。目前，GPU作为深度学习训练的首要人工智能芯片之一，英伟达推出的通用并行计算架构CUDA为GPU提供了解决复杂计算的能力，但未来随着算法层面的提升，更加适用于新型算法的AI芯片将成为硬件技术层的竞争关键。底层技术自主研发代替购买将能够有效降低产品成本，提升企业竞争力，随着未来企业打造一体化解决方案，底层关键软硬件的自主研发将成为趋势。

3. 人工智能行业应用广度和深度将不断扩展

基于技术及产业趋于成熟，人工智能行业应用也将取得更加明显的进展和突破。由于具备稳定的技术条件和基础，人工智能落地传统行业仍然是未来的主要趋势，人工智能将在一定程度上改变传统行业的运营格局，为工业和生活提供更加便利、高效、低成本的服务。

技术成熟度不同，行业应用发展情况也将有所差别。总体来看，语音识别作为人工智能领域中发展最为迅速的技术之一，已经相对成熟，针对一些技术要求偏低的行业应用，如智能客服、语音助手、医疗语音记录等，未来主要用于产品准确性要求；针对技术要求偏高的应用，如语义理解分析以及反馈等，未来随着算法框架的完善，将需要更多时间落地。在图像处理与计算机视觉技术方面，人脸识别技术已在安防领域得到应用，但在精确度要求较高的金融领域，应用仍处于发展阶段。未来随着技术的充分成熟，高要求行业应用也将逐渐落地。此外，医疗图像诊断、自动驾驶等图像类应用除了技术层面要求外，还要面对决策问题，大大影响了行业落地情况，对于此类技术，未来行业政策的制定将决定行业应用的发展进程。

4. 建立可信人工智能将成为行业发展的重要考量

当前，人类对人工智能应用安全的担忧很大程度上来源于技术的不确定性，机器学习算法可以在不同应用场合中感知、思考和行动，然而，其中很多算法被认为是"黑匣子"，人们对于它们如何计算出结果几乎一无所知，相应地，对于算法出现偏差、人工智能应用出现故障的缘由也较难解释。可解释、可信且透明的人工智能对于建立技术信任、安全应用至关重要。可以看到，当前已经有不少国家和地区开展了可信人工智能的研究，未来，在人工智能大规模应用之前，建立可解释的人工智能将很可能成为企业推动人工智能应用的基本要求，政府机构也可能将其作为未来的一项法规要求予以明确。

1.4.3 人工智能的冲击与挑战

随着大数据技术的发展、算法的进步和机器算力的大幅提升，人工智能在众多领域不断攻城略地，赶超人类。同时，围绕人工智能产生的伦理问题也越来越突出，成为全社会关注的焦点。近年来，国际学术界对人工智能道德算法、价值定位、技术性失业和致命性自主武器等问题展开了广泛的讨论，一系列富有成效的研究成果相继问世。然而，学界对于人工智能伦理研究的问题框架尚未达成共识，其正处于探索研究范式的阶段，人工智能伦理的教育与教学究竟该从哪些方面展开仍然缺少框架性的指导。

当前社会正处于从"互联网＋"向"人工智能＋"转型的过渡期，人工智能与各个领域的深度融合和创新，正在颠覆人们的生活，改变世界的面貌。在部署人工智能发展战略，将新技术运用到各个具体领域的过程中，整个社会的运行方式会发生一些大的变化，人类在获得更大解放的同时，也会面临失业、立法滞后、安全漏洞、伦理道德困境等一系列问题。由于人工智能技术和产品日新月异，是新时代对当代大学生提出的新要求。

1. 对就业的冲击

2018年,阿里巴巴的首家无人超市在杭州落户,顾客只要打开手机上的淘宝,扫码进店,挑选完商品经过两道结算门,系统就会自动结算并扣款,整个过程不需要任何服务人员。人工智能在零售业的运用将会成为一种趋势,收银员、售货员这样的岗位会越来越少。在人工智能带来的巨大影响中,"机器代替人"的问题一直是人们关注的焦点。

可以说"机器代人"是未来的大趋势,许多工作岗位都不再是人类专有,有的工作岗位将与人类无缘。不仅那些低技能、低工资的"蓝领"将面临大量失业,一些"白领"岗位也面临失业的危险,比如部分会计、医生、律师等,这些高水平脑力劳动需要处理大量的数据和文本,而计算机强大的计算能力远远超过人脑,更能胜任这样的工作。2018年,美国Alphabet公司旗下的Waymo无人驾驶车项目获得亚利桑那州交通运输部的许可,将作为一家运输网络公司运营,这是首家获批运营的自动驾驶公司,标志着自动驾驶从科研走向了实际应用,驾驶员这一人类职业会不断萎缩。截至2024年底,百度旗下的自动驾驶出行服务平台萝卜快跑已在北京、上海、广州、深圳、重庆、武汉、成都、长沙、合肥、阳江、乌镇等多个城市开放运营,并累计为公众提供了超过800万单的自动驾驶出行服务,且全无人驾驶单量占比持续上升,服务规模正在加速壮大。随着人工智能与实体经济领域的进一步融合,这样的应用案例将会越来越多。

虽然目前人工智能还不能与人脑匹敌,但是人类的大量工作存在重复性,人工智能不一定要达到人类的智慧,只要在特定行业的特定能力上超过人,就可以把人从这类工作中排挤出去。例如,微软人工智能机器人小冰发布了原创诗集《阳光失了玻璃窗》;加州大学圣克鲁兹分校的音乐教授戴维·柯普编写的EMI程序,能模仿巴赫、贝多芬、肖邦等音乐家的风格,创造出激动人心的曲目。在测试中,人们根本找不到一条可以区分人的作品与机器作品的明确分界线。

总而言之,人工智能带来失业是必然的,有越来越多的传统工作岗位会被机器取代,人们能守住的"旧阵地"会越来越少,就业市场将重新洗牌:一方面产业转移带来岗位迁移;另一方面技术也创造了新的工作岗位。人工智能催生更多的就业新需求。世界经济论坛发布的《2023年未来就业报告》显示,未来五年,全球预计有8300万个工作岗位因技术进步、自动化及产业结构调整等因素被淘汰,相较于当前工作岗位总量减少了约1400万个,占比2%。同时,全球企业预计将创造约6900万个新的工作岗位。这一预测揭示了未来就业市场的剧烈变革,要求劳动者、企业及政策制定者积极适应新技术和新兴行业的发展趋势,以更好地应对就业市场的挑战。因此,人工智能对就业的冲击,最终转化为职业技能训练问题,对社会观念、国家政策、教育战略、企业培训等方方面面提出了新的要求。

2. 对法律制度的冲击

随着人工智能技术的不断发展,由机器自主性操作造成的损害问题,越来越成为现行法律制度需要积极面对的难题。2016年,美国一辆以自动驾驶模式行驶的特斯拉Model S在高速公路上发生事故,造成车毁人亡。这种因自动驾驶而发生的事故由谁来承担法律责任呢?人工智能是否具有法律人格而承担法律责任?对这次事件,美国公路交通安全管理局给出的最终结论是,特斯拉的自动驾驶功能在设计上不存在缺陷,排除了产品本身的性能问题,对事故的法律责任问题没有明确结论。传统上根据过错来划分责任的方式,已经不适用于处理特斯拉事件。美国、德国、英国等国家纷纷修订原有法律政策,为自动驾驶的应用扫除法律障碍。

这些国家沿用的还是传统法律的框架,各个国家的做法也相差很大,但都难以从根本上解决智能机器带来的各种法律问题。法律的滞后,已经成为人工智能技术应用和发展需要解决的重要问题。现有的法律是以人为主体的,责任最终可以追究到具体的人身上。当智能机器承担了人的工作时,也必然转移了人的责任,那么我们该怎样追究智能机器的责任呢?人们是否能够接受由智能机器来接受处罚?

人工智能的发展除了对现行法律制度带来重大冲击外,还深刻影响着法律行业自身的实践活动。

第一,智能化、自动化技术优化法律实践,影响法律领域的就业和人才培养。

第二,在线法律服务、在线法院的建设将使法律行业更加公开公正,有助于消除司法鸿沟。

第三,大数据和人工智能的案件预测将影响人们的诉讼行为。

3. 对安全性的冲击

随着互联网、物联网、云计算、智能设备等的进一步发展,万物数据化皆有可能,从个人到企业、政府和国家等各个层级都能产生大数据,人工智能技术对这些数据的创新利用,适用于工业、消费、金融、医疗、环境治理、政府管理等各个方面。但同时也存在数据泄露和被其他机构非法使用的风险。给现有的个人信息保护制度带来新的挑战。已有的隐私保护主要是采用知情同意、匿名化处理、加密等方式进行的,这些方法在数据使用初期能起到一定作用,但数据的反复使用会使个人的知情权成为虚设。人工智能的发展使得安全性漏洞成为日益严重的问题,使个人信息处于极大的危险中。任何数据的泄露、针对企业系统的攻击都会带来不可估量的损失。

政府数据开放已经成为各个国家的发展战略,但由此也产生了新的安全性问题,因此在数据开放的过程中,需要注意以下问题。

首先,要制定公共数据开放的路线图,也就是要计划开放哪些数据、怎样开放、开放到什么程度。

其次,要多管齐下鼓励和促进企业和大众对数据进行开发利用。

最后,要应对国家治理的新挑战。

4. 对伦理道德的冲击

人工智能技术的发展,使人类的决策权力在一定范围内逐渐让渡给智能机器,这一转变对人工智能提出了伦理要求。人工智能系统在处理复杂道德问题时可能无法达到人类的水平,导致不当决策,引发道德争议。我们在发展人工智能技术的同时,必须重视伦理道德问题,建立相应的伦理框架和法规体系,以确保人工智能技术的健康发展和社会责任的履行。美国由近千位人工智能和机器人领域的专家联合签署了阿西洛马人工智能 23 条原则,呼吁全世界的科研人员在发展人工智能时遵循这些原则,共同保障人类未来的利益和安全。其中最突出的一点是伦理诉求,可以把它解读为"以人为本"的人工智能发展原则,要求人工智能的设计和运行要与全人类的利益相一致,保证人类的安全,符合人类的价值观。我国为引导人工智能健康发展,由国家新一代人工智能治理专业委员会发布《新一代人工智能伦理规范》,旨在将伦理道德融入人工智能全生命周期,为相关活动提供伦理指引,增强全社会的人工智能伦理意识,引导负责任的研发与应用活动。

当决策者是人时，人类要为机器的行为负责任，有相应的法律和伦理要求规范机器的使用。为了维护人的自由、权利与安全，要建立针对机器的新的伦理规范。考虑到伦理原则嵌入人工智能系统中的困难和不确定性，并不能由此解决机器的道德责任问题，还需要有一套外在的监督和制裁机制。既然智能机器在作出决定和执行任务时，不受人类的直接控制，具有很大程度的自主性，那么可以把追责的时间前移，强调科研人员、设计制造者、管理者等人的前瞻性道德责任。

本章总结

- 人工智能（Artificial Intelligence，AI）是模拟实现人的抽象思维和智能行为的技术。
- 人工智能在70多年的发展历程中共经历了3次热潮。
- 第一次热潮：图灵测试。
- 第二次热潮：语音识别。
- 第三次热潮：深度学习。
- 人工智能产业链框架可以分为基础层、技术层、应用层和保障层。
- 核心技术可以分为基础技术、通用技术、应用技术3层。
- 人工智能是推动人类社会变革的第四次工业革命。

本章习题

1. 人工智能的简称是（　　）。
   A. AR　　　　B. VR　　　　C. AI　　　　D. IT
2. 下面哪个不是人工智能研究的领域？（　　）
   A. 区块链　　B. 图像识别　　C. 语音识别　　D. 智能机器人
3. 人工智能核心体系架构包括以下哪几层？（　　）
   A. 基础层　　B. 技术层　　C. 应用层　　D. 网络层
4. BAT是下面哪3家企业的简称？（　　）
   A. 百度　　　B. 阿里巴巴　　C. 腾讯　　　　D. 京东
5. 国内哪家公司在基础硬件芯片领域做得很好？（　　）
   A. 科大讯飞　B. 商汤集团　　C. 京东　　　　D. 华为
6. 科大讯飞在下面哪个领域有优势？（　　）
   A. 智能制造　B. 智能家居　　C. 智能语音　　D. 图像识别
7. 产业界认为人工智能发展可以分为哪3个层次？（　　）
   A. 弱人工智能　B. 强人工智能　C. 超人工智能　D. 生物智能
8. 强人工智能是指（　　）。
   A. 低于人类智力水平的人工智能
   B. 和人类智力水平旗鼓相当的人工智能
   C. 超出人类智力水平的人工智能

D. 远超人类智力水平的人工智能

9. 目前我们所说的图像识别、语音识别、智能搜索等都是（　　），属于"工具"范畴,用于辅助人类的。
    A. 弱人工智能　　　　　　　　B. 强人工智能
    C. 超人工智能　　　　　　　　D. 机械智能

10. 图灵测试是指测试者与被测试者隔开的情况下进行提问和回答,如果有超过（　　）的测试者认为被测试者是人回答则该机器具有智能。
    A. 100%　　　B. 80%　　　C. 50%　　　D. 30%

11. 人工智能的发展共经历了3次热潮,其中第三次热潮主要得益于（　　）算法的突破和发展,以及计算能力的极大增强、数据量的爆炸式增长等驱动因素。
    A. 聚类　　　B. 贝叶斯分类　　　C. 深度学习　　　D. 决策树

12. 人工智能关键核心技术可以分为哪三层？（　　）
    A. 基础技术层　　　　　　　　B. 通用技术层
    C. 应用技术层　　　　　　　　D. 网络技术层

13. 人工智能产业链的基础层发展离不开智能芯片的研发和投入,目前智能芯片主要包括哪几类？（　　）
    A. CPU（中央处理器）　　　　　B. GPU（图形处理器）
    C. FPGA（现场可编程门阵列）　　D. ASIC（专用集成电路）

14. 人类生产力和技术发展经过4次工业革命：蒸汽时代、（　　）、（　　）和（　　）。
    A. 机械时代　　B. 电力时代　　C. 信息时代　　D. 智能时代

15. 简述人工智能的定义。

第 2 章

CHAPTER 2

Python 语言基础

本章思维导图

视频讲解

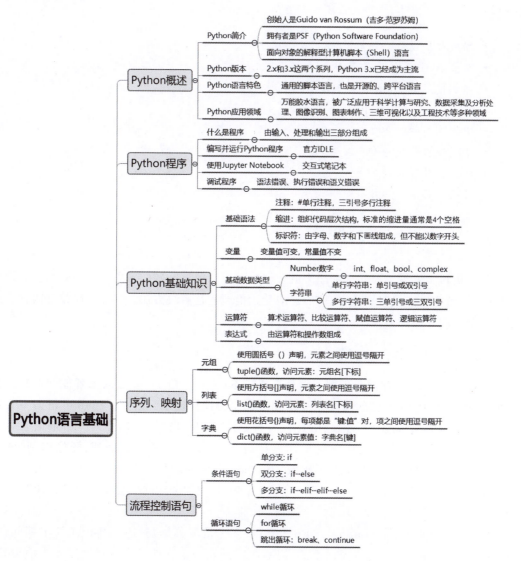

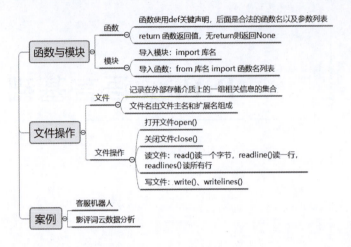

本章目标

- 理解程序设计的基本思想。
- 掌握 Python 语言的基础语法。
- 熟练使用 Python 官方 IDLE 的使用。
- 掌握 Jupyter Notebook 的使用。
- 掌握序列和字典。
- 掌握流程控制语句。
- 掌握函数和模块的定义。
- 掌握文件的读写操作。

视频讲解

2.1 Python 概述

计算机科学家最重要的一项能力就是解决问题。解决问题的意思是指能够系统式地阐述问题、思考解决方法时别具创意、能够清楚正确地表达解决方法。学习程序设计语言有助于提高解决问题的能力。

视频讲解

2.1.1 Python 简介

Python 是一种面向对象的解释型计算机脚本(Shell)语言。随着人工智能和大数据技术的发展,目前 Python 已成为当今世界最受欢迎的计算机编程语言。Python 语言一直以接近自然语言的风格诠释程序设计,具有简洁、易读以及可扩展的优势。Python 语言具有丰富和强大的库,被广泛应用于科学计算与研究、数据采集及分析处理、图像识别、图表制作、三维可视化以及工程技术等领域。Python 被称为胶水语言,能够将其他语言制作的各种模块轻松地联结在一起,是一门"学了有用、学了能用、学会能久用"的计算生态语言。

Python 的创始人是 Guido van Rossum(吉多·范罗苏姆)。1989 年的圣诞节期间,在阿姆斯特丹,Guido 为了打发圣诞节的无趣,决定开发一个新的脚本解释程序作为消遣,从而诞生了 Python 语言。Python 英文翻译为"蟒蛇"的意思,之所以选中 Python 作为程序的名字,是因为 Guido 本人是 Monty Python 喜剧团体的爱好者。Python 语言的 Logo 图标是两条蟒蛇,如图 2-1 所示。

实际上,Python 是从 ABC 发展起来的,ABC 是由 Guido 参加设计的一种教学语言。ABC 语言非常优美和强大,是专门为非专业程序员设计的,但是这种语言并没有开源,从而导致并没有得到广泛应用。Guido 决心在 Python 中避免这一错误,让 Python 成为一个开源自由软件,同时实现 ABC 中未曾实现的东西,并且结合了 UNIX shell 和 C 的习惯,创造出了一个全新的 Python 语言。

图 2-1　Python 语言 Logo 图标

目前,Python 语言的拥有者是 PSF(Python Software Foundation,Python 软件基金会协议),PSF 是非营利组织,致力于保护 Python 语言的开放、开源和发展。

2.1.2　Python 版本

Python 主要版本为 2.x 和 3.x 这两个系列。Python 3.0 在设计的时候没有考虑向下兼容,目的是为了追求语言设计上的完美,在没有代码兼容的包袱的情况下改进 Python 语言,使 Python 语言更容易理解、更加合理。因此,更高级别的 3.0 系列不兼容早期 2.0 系列。从 2008 年至今,Python 语言的版本更迭带来了大量的库函数的升级替换,这个更迭过程痛苦且漫长,但已基本完成。到今天,各大 Web 框架、科学计算包、Scrapy 等常用模块,都可以很好地支持 Python 3.x 系列,并且大多数第三方库正在努力地兼容 Python 3.x 版本。目前,Python 3.x 已经成为主流。

注意　本书基于 Python 3.13.0 版本进行讲解,书中代码都在该版本下调试运行。Python 开发工具的下载、安装以及环境搭建参见本书附录 B。

2.1.3　Python 语言特色

Python 语言是通用的脚本语言,也是开源的、跨平台语言。Python 语言是一种简单且功能强大的编程语言,注重如何解决问题而不是语言的语法和结构。与其他编程语言相比,Python 具有如下几个方面的语言特色。

1. 免费、开源

Python 是 FLOSS(Free/Libre and Open Source Software,自由/开放源码软件)之一,是基于一个团体分享知识的概念,可以自由地发布软件的副本、阅读源代码、进行改动,或将其一部分用于新的自由软件中。这也是为什么如 Python 此优秀的原因之一,Python 是由一群希望看到一个更加优秀的 Python 的人创造并经常改进的语言。

2. 可移植性

由于 Python 的开源本质,Python 程序可以被移植在不同平台上,这些平台包括 Linux、Windows、FreeBSD、Macintosh、Solaris、OS/2、Amiga、AROS、AS/400、BeOS、OS/390、Z/OS、Palm OS、QNX、VMS、Psion、Acom RISC OS、VxWorks、PlayStation、Sharp Zaurus、Windows CE、PocketPC 和 Symbian 等。

3. 解释性

程序语言分编译性语言和解释性语言。一个用编译性语言例如 C 或 C++ 编写的程序可以从源文件转换到一个计算机使用的语言（二进制代码，即 0 和 1），这个过程通过编译器和不同的标记、选项完成；当运行程序的时候，连接/转载器软件将程序从硬盘复制到内存中并且运行。而用 Python 语言编写的程序不需要编译成二进制代码，可以直接从源代码运行程序。在计算机内部，Python 解释器将源代码转换成字节码的中间形式，然后再翻译成机器语言并运行。事实上，程序员不再需要担心如何编译程序，如何确保连接转载正确的库等，所有这一切使得使用 Python 更加简单，也使得 Python 程序更加易于移植。

4. 通用、丰富的库

Python 的标准库非常庞大，可以处理各种工作，包括正则表达式、文档生成、单元测试、线程、数据库、网页浏览器、CGI、FTP、电子邮件、XML、XML-RPC、HTML、WAV 文件、密码系统、GUI（图形用户界面）、Tk 以及其他与系统有关的操作。只要安装了 Python，这些标准库的所有功能都是可用的，因此 Python 被称为是"功能齐全"的。除了标准库以外，还有许多其他高质量的库，如 wxPython、Twisted 和 Python 图像库等。

2.1.4 Python 应用领域

视频讲解

Python 被称为万能胶水语言，被广泛应用于科学计算与研究、数据采集及分析处理、图像识别、图表制作、三维可视化以及工程技术等多个领域。使用 Python 语言可以实现很多应用，例如：

- 系统编程——提供 API(Application Programming Interface，应用程序编程接口)方便进行系统维护和管理，Linux 下标志性语言之一，是很多系统管理员理想的编程工具。
- 图形处理——有 PIL、Tk 等图形库支持，能方便进行图形处理。
- 数学处理——NumPy 扩展提供大量与许多标准数学库的接口。
- 文本处理——提供的 re 模块能支持正则表达式，还提供 SGML、XML 分析模块，进行 XML 程序的开发。
- 数据库编程——程序员可通过遵循 Python DB-API(数据库应用程序编程接口)规范的模块与 Microsoft SQL Server、Oracle、Sybase、DB2、MySQL、SQLite 等数据库通信。Python 自带有一个 Gadfly 模块，提供一个完整的 SQL 环境。
- 网络编程——提供丰富的模块支持 Socket 编程，能方便快速地开发分布式应用程序。很多大规模软件开发计划，例如 Zope、Mnet 及 Google 都在广泛地使用 Python。
- Web 编程——应用的开发语言，支持最新的 XML 技术。
- 多媒体应用——PyOpenGL 模块能进行二维和三维图像处理，PyGame 模块可用于编写游戏软件。
- 人工智能、机器人——PyRO 能进行机器人控制、神经网络仿真器、NLTK 进行自然语言分析。

2.2 Python 程序

2.2.1 什么是程序

程序是一组计算机能识别和执行的指令集,满足人们某种需求的信息化工具。程序就如同以英语(程序设计语言)写作的文章,要让一个懂得英语的人(编译器)同时也会阅读这篇文章的人来阅读、理解、标记这篇文章。一般地,以英语文本为基础的计算机程序要经过编译、链接而成为人难以解读、但可轻易被计算机所解读的数字格式,然后运行。

不同程序语言的详细情况看起来都不一样,但有一些基本的组成部分,几乎在每种程序语言中都可以发现:

(1) 输入——从键盘、文件或其他装置获取数据,如

```
input('请输入一个整数:');
```

(2) 输出——在屏幕上显示数据,或者是将数据保存到文件或其他装置中,如

```
print('猜对了!');
```

(3) 处理——处理过程有数学运算、条件判断、循环等,例如,执行加法和乘法等基本的数学运算;检查特定条件、判断并执行适当的陈述序列;循环反复执行某些操作。

不论程序有多复杂,都由或多或少类似的指令组成。因此,可以把程序设计当成一种拆解的过程,将大型、复杂的任务逐步分解成越来越小的子任务,直到这些子任务简单到能使用这些基本指令执行为止。

2.2.2 编写并运行 Python 程序

本节重点介绍如何编写并运行 Python 程序的操作过程,案例中所涉及的 Python 语法只进行简单说明,能够理解、不影响操作即可。有关 Python 基础语法会在 2.3 节进行详细讲解。

下面是一段 Python 语言编写的程序,其功能是打印九九乘法表。

【案例 2-1】 九九乘法表

```
for i in range 9
    for j in range i + 1
        print i + 1 ' * ' j + 1 ' = ' i + 1 * j + 1 end = ' ' print
        \t' end = ' '
print
```

上述代码中:
- for 语句实现循环功能;
- i 控制行,j 控制列;
- range()函数产生指定范围内的序列,如 range(9)则产生一个[0,9)范围内(不包括 9)的整数序列,即[0,1,2,3,4,5,6,7,8]共 9 个整数;
- print()函数在显示器上输出信息。

图 2-2　选择 IDLE(Python 3.13 64-bit)

Python 程序可以保存成文件，文件扩展名为.py。使用 Python 官方提供的 IDLE 工具可以编写和运行 Python 程序。打开"开始"菜单，选择 Python 3.13→IDLE(Python 3.13 64-bit)，如图 2-2 所示。

单击 IDLE(Python 3.13 64-bit)后，会启动 IDLE Shell 窗口，如图 2-3 所示，在该窗口中有">>>"命令提示符，光标在此提示符后面闪烁，等待 Python 指令的输入。

如图 2-4 所示，选择 File→New File，可以新建一个 Python 程序。在弹出的窗口中编写九九乘法表程序并保存，如图 2-5 所示。

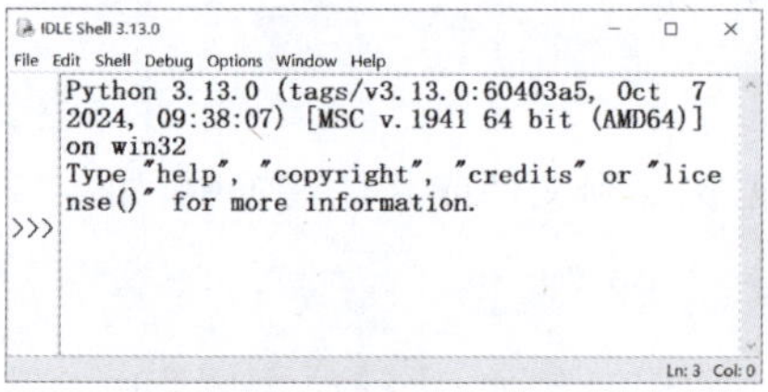

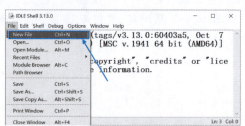

图 2-3　IDLE Shell 窗口　　　　图 2-4　新建 Python 程序

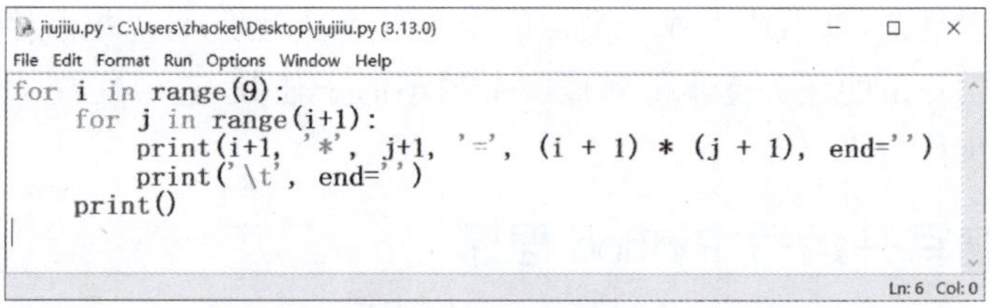

图 2-5　编写九九乘法表 Python 程序

选择 Run→RunModule，或直接按 F5 快捷键，运行 Python 程序。运行结果如图 2-6 所示。

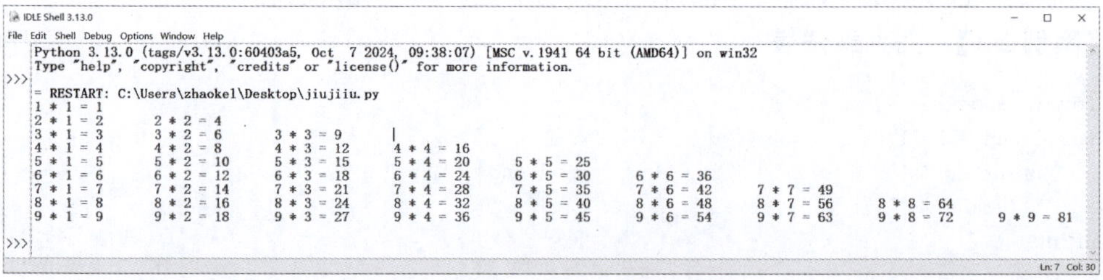

图 2-6　九九乘法表运行结果

视频讲解

2.2.3　使用 Jupyter Notebook

除了使用 IDLE 编译、运行 Python 程序外，还可以使用 Anaconda3 中的 Jupyter Notebook 工具。Jupyter Notebook 是一个交互式笔记本。选择"开始"→Anaconda3（64-bit）→

Jupyter Notebook(Anaconda3),如图 2-7 所示,启动 Jupyter Notebook 应用程序。

注意 Anaconda3 是一个集成开发工具,提供 Jupyter Notebook 等多个工具,有关 Anaconda 的下载、安装过程以及 Jupyter Notebook 工具介绍参见本书附录 B。

如图 2-8 所示,Jupyter Notebook 启动时会打开一个服务器命令行窗口,随后系统会自动在浏览器中打开 Jupyter 主页面,如图 2-9 所示。

注意 在某些情况下,服务器可能不会自动打开 Jupyter 主页面。此时需要找到服务器命令行窗口中生成的 URL 地址(包含令牌密钥),如图 2-8 中第 5、6 行所示的两个完整的 URL 字符串:http://localhost:8888/?token=14cbac200abae

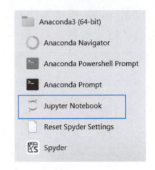

图 2-7 启动 Jupyter Notebook 应用程序

dec71c3f5ab26f391bf6333aa7b971786ea 和 http://127.0.0.1:8888/?token=14cbac200abaedec71c3f5ab26f391bf6333aa7b971786ea。任选一个 URL 字符串,复制并粘贴到浏览器的地址栏中,才能打开 Jupyter 主页面。

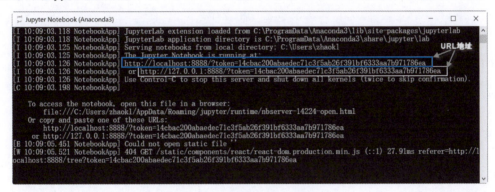

图 2-8 Jupyter 服务器命令行窗口

图 2-9 Jupyter 主页面

如图 2-10 所示，在 Jupyter 主页面中，选择 New→Folder 选项，会创建一个默认名字为 Untitled Folder 的新文件夹，选中该文件夹前面的复选框，并单击 Rename 按钮，将其重命名为自己指定的名字，以便今后使用该文件夹来保存编写的程序。

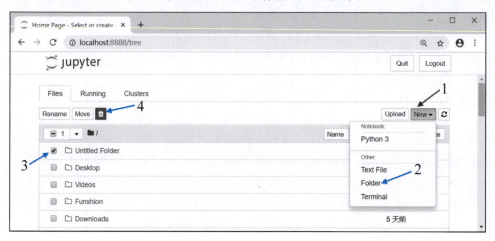

图 2-10 新建文件夹

进入新创建的文件夹中，继续选择 New→Python 3 选项，新建一个 Python 程序，如图 2-11 所示，进入 Jupyter 编辑页面。

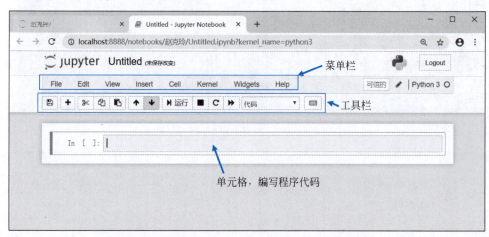

图 2-11 新建 Python 3 程序进入 Jupyter 编辑页面

视频讲解

下面是一段 Python 语言编写的程序，其功能是让用户猜数字。

【案例 2-2】 猜数字

```
import random

#随机产生 1～100 的一个整数
number = random.randint(1, 100)

#获取用户输入的整数
guess = int(input('请输入一个整数：'))
while(guess!= number):          #判断用户是否猜对了
```

```
    if(guess > number):                 # 判断用户是否猜大了
        print('猜大了.')
    else:                                # 判断用户是否猜小了
        print('猜小了.')

    guess = int(input('请输入一个整数:'))

print('猜对了!')
```

在 Jupyter 编辑页面的单元格中,输入案例 2-2 猜数字的代码。代码输入完成后,单击"运行"按钮运行程序。程序会随机产生 1～100 的一个整数,并与用户输入的整数进行比较。如果用户输入的整数比随机产生的整数大,则提示用户"猜大了。";如果用户输入的整数比随机产生的整数小,则提示用户"猜小了。";如果用户输入的整数和随机产生的整数相等,则提示用户"猜对了!",程序运行结束。程序运行结果如图 2-12 所示。

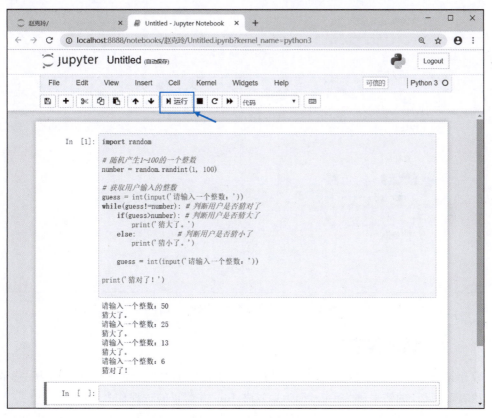

图 2-12　在 Jupyter 中编写并运行猜数字程序

最后,不要忘记保存程序。选择 File→Save as,如图 2-13 所示,将当前 Python 程序保存为"猜数字"。

为了确保万无一失,可以刷新文件夹,检查是否有刚才保存的程序,如图 2-14 所示,能够看见"猜数字.ipynb",说明保存成功。

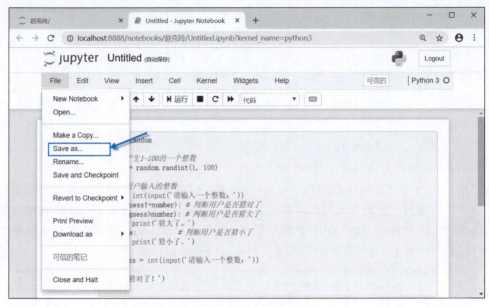

图 2-13　保存猜数字程序

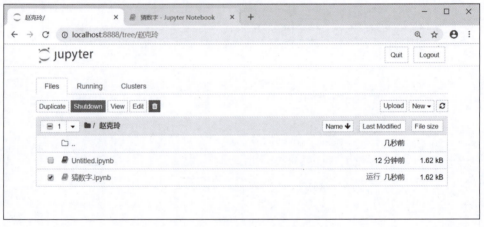

图 2-14　查看已保存的"猜数字"文件

2.2.4　调试程序

程序设计是一个复杂的过程，而且由于是人为完成的，难免会产生错误。因为一些奇怪的理由，程序设计的错误称为 Bug，而追踪这些 Bug 并修正的过程称为 Debug。

程序可能会发生 3 类错误：语法错误、执行错误以及语义错误。为了快速地追踪这些错误，清楚分辨这 3 种错误是很有用的。

1）语法错误

例如，在 Jupyter 笔记本中输入下面的代码：

```
while True print('Hello world')
```

运行程序时有如图 2-15 所示的语法错误提示。

语法是指程序的结构以及结构的规则。Python 只能够执行语法正确的程序，否则程序就会执行失败，并传回错误信息。修正上面的代码，只需要在 True 的后面加上"："（英文冒号）即可。

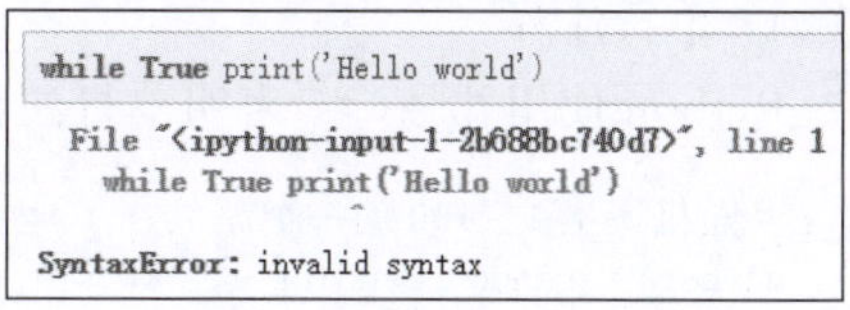

2）执行错误

例如，在 Jupyter 笔记本中输入下面的代码：

```
a = int(input('请输入被除数:'))
b = int(input('请输入除数:'))
print(a / b)
```

图 2-15　程序存在语法错误

运行程序时，被除数输入 4，除数输入 0，则会出现如图 2-16 所示的错误提示。

这种错误直到执行的时候才会出现，也称为异常。

3）语义错误

例如，在 Jupyter 笔记本中输入下面的代码：

```
a = int(input('请输入第一个整数:'))
b = int(input('请输入第二个整数:'))
if a > b:
    print(a, '<', b)
else:
    print(a, '>', b)
```

程序仍会顺利执行，但输出的信息与期望不一致，如图 2-17 所示。

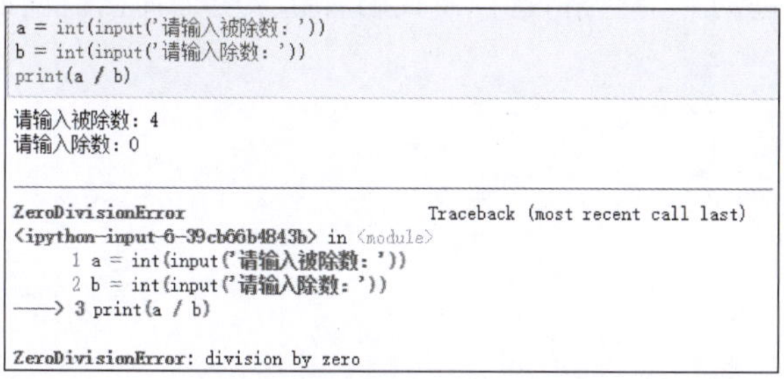

图 2-16　程序执行时错误

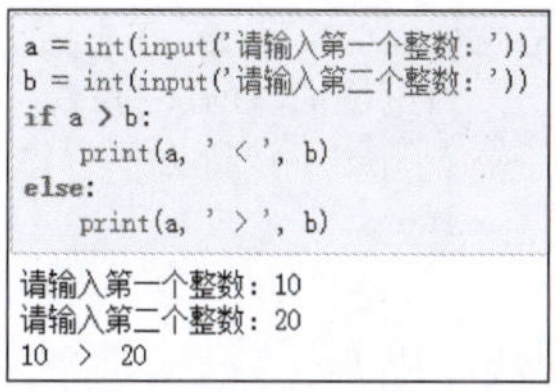

图 2-17　程序存在语义错误

2.3　Python 基础知识

Python 是一种简单又优雅的编程语言。想要利用 Python 开发具有实际功能的应用程序，首先要掌握 Python 语言的基础语法，了解 Python 语言的编程风格，遵循 Python 语言的编程规范。

2.3.1　Python 基础语法

1. 注释

注释对于程序来说是必不可少的，其有助于帮助开发人员了解代码的含义、模块的工作过程，有利于提高开发速度。

视频讲解

1) 单行注释

Python 使用井号（♯）声明单行注释，例如下面的代码：

```
♯随机产生 1～100 的一个整数
number = random.randint(1, 100)
```

第一行即为注释的代码，注释行在程序运行时是不被执行的。

2) 多行注释

如果注释的内容比较多，也可以使用多行注释。三引号（单、双引号都可以）用来注释多行，引号之间所注释的内容可以换行，例如下面的代码：

```
'''
三单引号引起多行注释
注释 1
注释 2
'''

"""
三双引号引起多行注释
注释 3
注释 4
"""
```

视频讲解

2. 代码缩进

与 C、Java 等编程语言使用花括号（{}）标识代码块不同，Python 最特别的地方就是以缩进来组织代码的层次结构，一个缩进为 4 个空格，这样使代码看起来更加简洁。例如下面的代码：

```
while(guess!= number):
    if(guess > number):
        print('猜大了.')
    else:
        print('猜小了.')

    guess = int(input('请输入一个整数:'))

print('猜对了!')
```

第 2 行至第 7 行是第 1 行 while 语句的代码块，第 3 行是第 2 行 if 语句的代码块，第 5 行是第 4 行 else 语句的代码块。属于同一个代码块的各条语句，其缩进的空格数要保持一致，否则会导致代码运行异常。

视频讲解

3. 标识符

在程序设计语言中，标识符是一个被允许作为名字的有效字符串。Python 中变量、函数、类、模块等的命名都要遵循标识符的相关规定。Python 中对标识符的规定如下：

- 标识符可以由字母、数字和下画线组成，但不能以数字开头。
- 标识符区分大小写。
- 不能使用 Python 的保留字做标识符。
- 以下画线开头的标识符具有特殊意义。

根据如上规定,abc、Abc、abc123、abc_123 等都是合法的 Python 标识符,但 123abc、and、for 则不是合法的 Python 标识符。其中,"123abc"以数字开头,"and"和"for"是 Python 的保留字。

2.3.2 变量

在 Python 中,变量不需要提前声明,每个变量在使用前都必须赋值,使用等号(=)来给变量赋值。例如:

```
guess = int(input('请输入一个整数: '))
```

等号左侧的 guess 是一个变量,右侧是要赋值给变量 guess 的值。可以用图 2-18 来说明对变量赋值的过程。

在给变量赋值时,系统会自动为该变量分配一块内存,用于存放变量值(如数字 12345)。也可以再次对变量进行赋值,使其指向其他内存空间(如字符串"Hello Python!")。

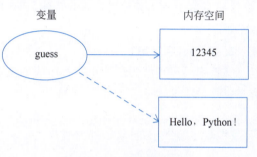

图 2-18 变量赋值示意图

1. 变量名

变量的命名必须严格遵守标识符的规定,命名风格统一,做到见名知意。下面给出几种常见的命名规则。

(1) 大驼峰(upper camel case):变量名中所有单词的首字母都是大写,例如,MyVar、UserGuess 等。在 Python 中,大驼峰命名法一般用于类的命名。

(2) 小驼峰(lower camel case):变量名首字母小写其余单词首字母大写,例如,myVar、userGuess 等。在 Python 中,小驼峰命名法在函数、变量的命名中比较常见。

(3) 下画线(_)分隔:变量名中全部使用小写字母且单词之间加入下画线(_)分隔。例如,my_var、user_guess 等。

2. 变量赋值

(1) 单变量赋值,即把一个值赋值给一个变量。例如:

```
a = 10
```

(2) 多变量赋同一个值,即把一个值赋值给多个变量。例如:

```
a = b = c = 1
```

(3) 多变量赋多个值,即把多个值赋值给多个变量。例如:

```
a, b, c = 1, 2, 3
```

2.3.3 基础数据类型

在 Python 中,定义变量不需要指定类型,所谓"类型",是变量所指的内存中对象的类型,即根据给变量所赋值的类型来确定。Python 中有数字和字符串两种基础数据类型,此外还有序列、映射等。

1. Number(数字)

Python 支持 int、float、bool、complex(复数)。例如：

```
a, b, c, d = 10, 0.5,False, 1 + 2j
```

其中，a 为 int(整数)、b 为 float(浮点数)、c 为布尔(bool)、d 为复数(complex)。
此外，Python 也可以使用二进制、八进制、十六进制表示整数。例如：

```
a, b, c, d = 0b10000, 0o20, 16, 0x10
```

a、b、c、d 分别表示二进制(0b 前缀)、八进制(0o 前缀)、十进制、十六进制(0x 前缀)的数字 16。

视频讲解

2. String(字符串)

字符串可以理解为是若干字符组成的文本。Python 中可以使用单引号(')、双引号(")和三引号(''')来表示字符串。例如：

```
s1 = 'this is a string with single quotes.'
s2 = "这是使用双引号表示的字符串。"
s3 = '''\
    岱宗夫如何?齐鲁青未了。
    造化钟神秀,阴阳割昏晓。
    荡胸生层云,决眦入归鸟。
    会当凌绝顶,一览众山小。
'''
```

单引号和双引号标识字符串的用法是完全相同的,三引号适合标识多行、有格式的字符串。

视频讲解

对字符串操作很多时候会用到字符串索引。所谓索引,即字符在字符串中的位置。字符串索引分为(正)索引和负索引,可以用表 2-1 表示。

表 2-1　字符串索引示意

字符串	P	y	t	h	o	n		B	a	s	i	c
(正)索引	0	1	2	3	4	5	6	7	8	9	10	11
负索引	−12	−11	−10	−9	−8	−7	−6	−5	−4	−3	−2	−1

视频讲解

(正)索引从 0 开始,也就是说,字符串第一个字母的索引是 0,第二个字母的索引是 1,以此类推。负索引从−1 开始,即字符串最后一个字母的索引是−1,倒数第二个字母的索引是−2,以此类推。

字符串的常用操作包括获取指定位置的字符、字符串切片、字符串拼接、字符串格式化等。

1) 获取指定位置的字符

可以使用方括号([])来截取字符串中的指定位置的字符。例如：

```
s1 = 'this is a string with single quotes.'
```

视频讲解

则 print(s1[3])会输出字符 s,而 print(s1[−5])会输出字符 o。
但不能使用这种方法修改字符串的值。例如：

```
s1 = 'this is a string with single quotes.'
s1[0] = 'T'
```

程序运行时会出现异常。

2) 字符串切片

字符串切片就是截取指定字符串中连续的子字符串,例如,print(s1[0:4])会输出子字符串 this,而 print(s1[-15:-8])会输出子字符串 single。其中,第一个索引代表开始索引,第二个索引代表结束索引,获取的子字符串包括开始索引的字符,但是不包括结束索引的字符。有时也会省略开始、结束索引中的一个。例如,print(s1[:4])仍然会输出 this,而 print(s1[-7:])则会输出"quotes."。如果开始索引和结束索引都省略,则获得是当前这个字符串。

3) 字符串拼接

可以使用加号(+)将两个字符串拼接起来,也可以使用星号(*)重复输出字符串。例如:

```
s1 = 'wake up'
print('Guys, ' + s1)
```

输出:

```
Guys,wake up
print('Guys, ' + s1 * 3)
```

输出:

```
Guys,wake up wake up wake up
```

4) 字符串格式化

有的时候,程序需要按照某种固定的格式输出。例如,输出一组数组,每个数字都占 4 位,不足 4 位时,在其左侧补零。这时就需要对数据进行格式化输出。Python 字符串格式化符号如表 2-2 所示。

表 2-2 Python 字符串格式化符号

符号	描述
%c	格式化字符及其 ASCII 码
%s	格式化字符串
%d	格式化整数
%u	格式化无符号整型
%o	格式化无符号八进制数
%x	格式化无符号十六进制数
%X	格式化无符号十六进制数(大写)
%f	格式化浮点数字,可指定小数点后的精度
%e	用科学记数法格式化浮点数
%E	作用同%e,用科学记数法格式化浮点数
%g	%f 和%e 的简写
%G	%F 和%E 的简写
%p	用十六进制数格式化变量的地址

格式化操作符如表 2-3 所示。

表 2-3 格式化操作符

符 号	描 述
*	定义宽度或者小数点精度
—	左对齐
+	在正数前面显示加号（+）
<sp>	在正数前面显示空格
#	在八进制数前面显示零('0')，在十六进制前面显示'0x'或者'0X'（取决于用的是'x'还是'X'）
0	显示的数字前面填充'0'而不是默认的空格
%	'%%'输出一个单一的'%'
(var)	映射变量（字典参数）
m.n.	m 是显示的最小总宽度，n 是小数点后的位数（如果可用的话）

例如：

print("%04d %04d"%(12, 345))

输出"0012 0345"。

视频讲解

2.3.4 运算符

运算符是表达式中表示运算的符号。举个简单的例子：已知梯形上下底长度为 a、c，高为 h，则求梯形面积的表达式是 s=(a+c)×h÷2，该表达式中，=、+、×、÷ 被称为运算符，s、a、c、h 被称为操作数。

Python 语言支持以下类型的运算符：
- 算术运算符。
- 比较（关系）运算符。
- 赋值运算符。
- 逻辑运算符。
- 位运算符。
- 成员运算符。
- 身份运算符。

1. 算术运算符

算术是运算符用来对操作数执行加、减、乘、除等基本算法，满足一般的运算操作需求。Python 提供的算术运算符如表 2-4 所示。

表 2-4 算术运算符

运算符	运算规则	实 例
+	加，表示两个对象相加	5+7 输出结果 12
—	减，表示得到负数或是一个数减去另一个数	5-7 输出结果 -2
*	乘，表示两个数相乘或是返回一个被重复若干次的字符串	5*7 输出结果 35
/	除，表示两个数相除	7/5 输出结果 1.4
%	取模，得到两个数相除的余数	7%5 输出结果 2
**	幂，得到 a 的 n 次幂	5**2 输出结果 25
//	取整除，得到商的整数部分（向下取整）	5//2 输出结果 2

2. 比较(关系)运算符

比较运算符可用于数值的比较,也可用于字符串的比较。Python 提供的比较运算符如表 2-5 所示。

表 2-5　比较运算符

运算符	运 算 规 则	实　　例
==	等于,判断对象是否相等	(5 == 5)返回 True (5 == 4)返回 False
!=	不等于,判断两个对象是否不相等	(5!=5)返回 False (5!=4)返回 True
>	大于,判断一个对象是否大于另一个对象	(5 > 4)返回 True
<	小于,判断一个对象是否小于另一个对象	(5 < 4)返回 False
>=	大于或等于,判断一个对象是否大于或等于另一个对象,或者说,判断一个对象是否不小于另一个对象	('123'>='1234')返回 False
<=	小于或等于,判断一个对象是否小于或等于另一个对象,或者说,判断一个对象是否不大于另一个对象	('123'<='abc')返回 True

所有比较运算符返回 1 表示真,返回 0 表示假,这分别与特殊的变量 True 和 False 等价。Python 中,字符串也可以进行比较,其按照字符的 ASCII 码逐个比较。

3. 赋值运算符

赋值运算符用于给变量赋值或更新变量的值。Python 提供的赋值运算符如表 2-6 所示。

表 2-6　赋值运算符

运算符	运 算 规 则	实　　例
=	赋值运算符,将等号右侧的值赋给左侧的对象	c = a + b 将 a + b 的运算结果赋值为 c
+=	加法赋值运算符	c += a 等效于 c = c + a
-=	减法赋值运算符	c -= a 等效于 c = c - a
*=	乘法赋值运算符	c *= a 等效于 c = c * a
/=	除法赋值运算符	c /= a 等效于 c = c / a
%=	取模赋值运算符	c %= a 等效于 c = c % a
**=	幂赋值运算符	c **= a 等效于 c = c ** a
//=	取整除赋值运算符	c //= a 等效于 c = c // a

需要特别说明的是,除了第一个"="赋值运算符外,其他的赋值运算符都可以看作对变量的快速更新,这就意味着该变量必须是存在的。对于之前不存在的变量,是不能使用这些运算符的,否则运行时会出现异常,如图 2-19 所示。

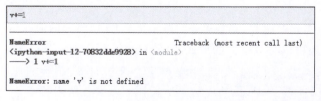

图 2-19　NameError(名字错误)

4. 逻辑运算符

Python中的逻辑运算符有3个,分别是and、or、not,如表2-7所示。其中and和or是"二元运算符"(即有两个操作数,也称为"双目运算符"),而not是"一元运算符"(即只有一个操作数,也称为"单目运算符")。

表2-7 逻辑运算符

运算符	运算规则	实 例
and	布尔"与",x and y,当x为False,返回False,否则返回y的计算值	20 and 30,返回30
or	布尔"或",x or y,当x为True,返回True,否则返回y的计算值	20 or 30,返回20
not	布尔"非",not x,如果x为True,返回False,如果x为False,它返回True	not 20,返回False not 0,返回True

5. 运算符优先级

正如本节开始所举的例子,计算梯形面积时,涉及加法、乘法、除法等多种运算符。不同种类的运算符,其运算优先级是不同的。表2-8介绍了Python中运算符的优先级。

表2-8 运算符的优先级

运 算 符	运 算 规 则
**	指数(最高优先级)
*、/、%、//	乘、除、取模和取整除
+、-	加法、减法
<=、<、>、>=	比较运算符
==、!=	等于运算符
=、%=、/=、//=、-=、+=、*=、**=	赋值运算符
not、and、or	逻辑运算符

视频讲解

2.3.5 表达式

表达式是运算符和操作数所构成的序列,其结果是一个Python对象。因此,单独的值是一个表达式,单独的变量也是一个表达式。例如:

```
3 + 5
7 > 8
True and False
```

上面3个表达式分别是算术表达式、比较表达式和逻辑表达式。

此外,Python中还有三元表达式。例如:

```
a = 3
b = 5
c = a if a > b else b
```

最后一行即为三元表达式,其意思是:当a大于b时,将a的值赋给c,否则将b的值赋给c。三元表达式还可以写成下面的形式(字典和元组在2.4.1节会详细介绍)。

```
c = {True: a, False: b}[a > b]
c = (a, b)[a > b]
```

2.4 序列、映射

视频讲解

除了数字和字符串之外，Python 还有定义了一些基础数据结构，利用它们可以完成更复杂的操作。所谓数据结构是通过某种方式（例如，对元素进行编号）组织在一起的数据元素的集合，这些元素可以是数字，也可以是字符串，甚至可以是其他数据结构。

2.4.1 序列及其通用操作

Python 中最基本的数据结构是序列，序列中每个元素被分配一个序号，即索引。序列中常见的两种类型是列表和元组。列表和元组的操作方法类似，主要区别在于列表是可以修改的，而元组是不能修改的。也就是说，如果要根据要求来添加、删除元素，那么列表可能会更好用；而出于某些原因，不想让序列发生改变时，使用元组则更为合适。所有序列类型都可以进行某些特定的操作，包括索引、切片、加、乘以及检查某个元素是否在序列中存在。此外，Python 还提供了计算序列长度、找出最大元素和最小元素的内建函数。

本节所涉及的操作，对元组和列表均适用。

1. 列表和元组的声明

在 Python 中，列表使用方括号（[]）声明，元组使用圆括号（()）声明。例如：

```
person1 = ['s201901060101', '张三', 19]
person2 = ('s201901060102', '李四', 20)
```

其中，person1 是列表，person2 是元组，序列中的每个元素之间使用逗号（,）进行分隔。

出于某些原因，可能会创建空列表或空元组。例如：

```
person1 = []
person2 = ()
```

person1 是空列表，person2 是空元组。也可以使用 list() 函数、tuple() 函数来创建空列表和空元组。

2. 索引

序列中的每一个元素都可以用其索引（或负索引）来访问。例如：

```
week = ('Sum', 'Mon', "Tue', 'Wed', 'Thu', 'Fri', 'Sat')
week[3]
```

程序运行会输出 Wed。

3. 切片

与字符串切片操作类型，序列也可以进行切片操作。切片是通过冒号（:）隔开的两个索引实现的。例如：

```
week[1:4]
```

程序运行会得到由元组 week 中索引为 1、2、3 的元素组成的新元组，即('Mon', "Tue", 'Wed')。

```
week[:3]
```

程序运行会得到由元组 week 中前 3 个元素组成的新元组，即('Sum', 'Mon', 'Tue')。也可以得到倒数 3 个元素组成的新元组。例如：

```
week[-3:]
```

或者，由倒数第 4 个至倒数第 2 个组成的新元组。例如：

```
week[-4:-1]
```

在执行切片操作时，还可以指定切片步长。默认的切片步长为 1，即按照这个步长逐个遍历序列的元素，返回开始索引和结束索引之间的所有元素。如果把步长设置为比 1 大的数字，就会跳过某些元素。例如，获得 0~9 的奇数，也就是从第 2 个元素开始，每隔 2 个元素取一个元素组成元组。

```
number = (0, 1, 2, 3, 4, 5, 6, 7, 8, 9)
number[1:10:2]
```

程序运行会得到由奇数组成的元组，即(1，3，5，7，9)。

步长不可以为 0，因为这样不会执行任何操作，但步长可以是负值。例如，获得 number 的逆序元组：

```
number[::-1]
```

程序运行会得到元组[9，8，7，6，5，4，3，2，1，0]。

4. 序列相加

序列相加，即将两个序列合并为一个新序列。使用的加号(+)运算符。例如：

```
list1 = (1, 2, 3)
list2 = list1[::-1]
list1 + list2
```

程序运行得到新元组(1，2，3，3，2，1)。

5. 序列相乘

用数字(n)乘以一个序列会生成新序列，在新序列中，原序列的将被重复 n 次。例如：

```
['python'] * 5
```

程序运行得到新列表['python', 'python', 'python', 'python', 'python']。

有的时候，可能会需要创建占用 n 个元素的空间，却不包括任何有用内容的列表。此时，会用到 None。None 是 Python 的内建值，其含义是"这里什么也没有"。例如：

```
list3 = [None] * 10
```

程序运行会创建长度为 10 但却不包含任何元素的列表。

6. 元素是否在序列中存在

为了检查一个值是否在序列中存在，可以使用 in 运算符(成员运算符)。这个运算符检查某个条件是否为真，然后返回相应的值：条件为真返回 True，条件为假返回 False。例如：

```
users = ('admin', 'system', 'guest')
print('zhangsan' in users)
print('admin' in users)
```

程序运行,第 2 行语句会输出 False,第 3 行语句会输出 True。

7. 长度、最大值和最小值

Python 有 3 个内建函数:len()、max()和 min(),分别用来计算序列中元素的个数以及序列中元素的最大值和最小值。例如:

```
users = ('admin', 'system', 'guest')
print(len(users))
print(max(users))
print(min(users))
```

程序运行,第 2 行输出 3,即列表 users 由 3 个元素构成;第 3 行输出 system,第 4 行输出 admin,按照字符 ASCII 码的值排序。

2.4.2 列表的基本操作

除了序列的通用操作之外,因为列表是可变的,它还具有一些用于改变列表的方法:元素赋值、元素删除、分片赋值以及其他一些方法。

1. 元素赋值

使用索引和赋值运算符即可为列表中的元素赋值。例如:

```
list1 = [1, 2, 3]
list1[1] = 0
print(list1)
```

程序运行,列表 list1 的第 2 个元素被赋值为 0,即[1,0,3]。

2. 删除元素

使用 del 语句即可从列表中删除指定的元素。例如:

```
del list1[2]
```

程序运行后,列表 list1 中索引为 2 的元素(即 3)被删除了,列表 list1 变为[1,0]。

也可以一次删除多个元素,例如:

```
list2 = [0, 1, 2, 3, 4, 5, 6, 7, 8, 9]
del list2[::2]
```

程序运行后会把列表 list2 中所有的偶数删除,即留下由奇数组成的列表[1,3,5,7,9]。

3. 切片赋值

切片赋值意味着可以一次给列表中的多个元素赋值。例如:

```
number = [1, 2, 3, 4, 5]
number[2:] = [6, 7, 8]
```

程序运行后,列表 number 更新为[1,2,6,7,8],即将原列表 number 中第 3、4、5 个元素分别替换为数字 6、7、8。在使用切片赋值时,可以使用与原列表长度不等的序列将切片替换。例如:

```
number = [1, 2, 3, 4, 5]
number[2:] = [6]
number[2:] = [6, 7, 8, 9]
```

特别地，可以使用切片赋值向列表中插入新元素。例如：

```
number = [1, 5]
number[1:1] = [2, 3, 4]
```

程序运行后，列表 number 更新为[1, 2, 3, 4, 5]，即用列表[2, 3, 4]替换了一个空切片(number[1:1])。以此类推，通过切片赋值，删除元素也是可行的。例如：

```
number = [1, 2, 3, 4, 5]
number[1:4] = []
```

程序运行后，将切片(number[1:4])替换为空列表，列表 number 更新为[1, 5]。

4. 列表方法

方法是一个与某些对象有紧密联系的函数，对象可能是列表、数字，也可能是或者其他类型的对象。一般来说，方法可以这样调用：

```
对象.方法(参数)
```

1) append()

append()方法用于在列表末尾追加新的对象。例如：

```
number = [1, 2, 3]
number.append(4)
```

程序运行后，列表 number 更新为[1, 2, 3, 4]。

2) count()

count()方法用于统计某个元素在列表中出现的次数。例如：

```
phone = [0, 5, 4, 6, 8, 0, 8, 3, 3, 2, 1]
phone.count(3)
```

程序运行统计数字 3 出现的次数，输出 2。

3) extend()

extend()方法可以在列表的末尾一次性追加另一个序列的多个值。例如：

```
list1 = [1, 2, 3]
tuple1 = (4, 5, 6)
list1.extend(tuple1)
```

程序运行后，列表 list1 更新为[1, 2, 3, 4, 5, 6]。

extend()方法与序列相加的区别在于：extend()方法是在原列表中直接追加，而序列相加则会产生新列表。

4) index()

index()方法用于从列表中找出指定元素第一次出现的索引位置。例如：

```
phone = [0, 5, 4, 6, 8, 0, 8, 3, 3, 2, 1]
phone.index(8)
```

程序运行会输出数字 8 在列表 phone 中首次出现的索引，即输出 4。但

```
phone.index(7)
```

运行时则会出现异常,如图 2-20 所示。

```
ValueError                                Traceback (most recent call last)
<ipython-input-17-5b8992ec91ef> in <module>
      1 phone = [0, 5, 4, 6, 8, 0, 8, 3, 3, 2, 1]
----> 2 phone.index(7)

ValueError: 7 is not in list
```

图 2-20　ValueError 错误

所以,在使用 index() 方法时,要保证查询的元素在列表中存在。可以使用下面的方法:

```
phone = [0, 5, 4, 6, 8, 0, 8, 3, 3, 2, 1]
index = phone.index(7) if 7 in phone else -1
```

5) insert()

insert() 方法用于将元素插入列表。例如:

```
number = [1, 2, 3, 4, 5]
number.insert(2, 0)
```

程序运行后,列表 number 更新为[1,2,0,3,4,5],即在原列表索引为 2 的元素的前面插入了数字 0。

6) pop()

pop() 方法会从列表中移除一个元素(默认是最后一个),并返回该元素。例如:

```
number = [1, 2, 3, 4, 5]
number.pop()
```

程序运行会删除列表 number 最后一个元素 5,列表 number 更新为[1,2,3,4]。使用下面的方法都可以将元素 3 删除。

```
number = [1, 2, 3, 4, 5]
number.pop(2)
number.pop(-3)
```

7) remove()

remove() 方法用于移除列表中指定元素的第一个匹配项。例如:

```
phone = [0, 5, 4, 6, 8, 0, 8, 3, 3, 2, 1]
phone.remove(3)
```

程序运行,列表 phone 更新为[0,5,4,6,8,0,8,3,2,1],即第一次出现的数字 3 被删除了。但如果要删除元素在列表中不存在,则运行时会出现异常。

8) reverse()

reverse() 方法用于逆序存储列表中的元素。例如:

```
number = [1, 2, 3]
number.reverse()
```

程序运行后,列表 number 更新为[3,2,1]。

9) sort()

sort() 方法用于在原位置对列表进行排序。在"原位置排序"的意思是,改变原来的列

表,从而按照一定顺序排列元素,而不是简单地返回一个排序的新列表。例如:

```
list1 = [9, 5, 8, 3, 1, 4]
list1.sort()
```

程序运行后,列表 list1 更新为[1,3,4,5,8,9]。

2.4.3 列表和元组的相互转换

列表和元组之间可以相互转换。例如:

```
list1 = [1, 2, 3]
tuple1 = tuple(list1)
list2 = list(tuple1)
```

可以使用 tuple()函数将列表转换为元组,也可以使用 list()函数将元组转换为列表。

2.4.4 字典

视频讲解

另一个非常有用的 Python 数据结构是字典。序列是以连续的整数为索引,与此不同的是,字典以关键字为索引,关键字可以是任意不可变类型,通常用字符串或数值。如果元组中只包含字符串和数字,那么它也可以作为关键字。理解字典的最佳方式是把它看作无序的键值对(key-value)集合,键必须是互不相同的(在同一个字典之内)。

1. 创建字典

字典是有多个键及与其对应的值构成的键值对组成的。每个键和它的值之间用冒号(:)分隔,键值对之间用逗号(,)隔开。使用花括号({})来创建字典。例如:

```
dict1 = {'Name': '张三', "Age": 20}
dict2 = {}
```

程序运行后,dict1 为包含两个键值对的字典,dict2 为空字典。

也可以使用 dict()函数创建字典。例如:

```
dict3 = dict(Name = '李四', Age = 19)
dict4 = dict([('Name', '王五'), ('Age', 21)])
```

2. 字典的基本操作

字典的基本行为与序列极为相似。例如:

```
dict3 = dict(Name = '李四', Age = 19)
dict3['Foo'] = 'FooBar'
print(len(dict3))
print(dict3['Name'])
```

程序运行后,第 2 行向字典中插入或更新 Foo 键的值为 FooBar,第 3 行输出字典 dict3 的长度,为 3,第 4 行获取字典 dict3 中 Name 键的值,即输出"李四"。

3. 字典方法

像序列一样,字典也有其独特的方法。

1) clear()

clear()方法清除字典中所有的键值对。例如:

```
dict3 = dict(Name = '李四', Age = 19)
dict3.clear()
```

程序运行后,字典 dict3 中的所有键值对被删除。

2) copy()

copy()方法创建一个具有相同键值对的新字典。例如：

```
dict4 = {'Name': '张三', 'Interest': ['篮球', '足球', '排球']}
dict5 = dict4.copy()
print(dict5)

dict5['Name'] = '李四'
dict5['Interest'].pop(1)
print(dict4)
print(dict5)
```

程序运行后,第 2 行是对字典 dict4 的复制,故第 3 行输出的字典 dict5 与字典 dict4 是一样的。第 5 行更新了字典 dict5 中 Name 键的值,因为字符串是不可变的,故 dict5['Name'] 的值与 dict4['Name'] 值不同。而 dict4['Interest'] 和 dict5['Interest'] 则不同,它们一开始都引用的都是同一个列表,而列表的 pop 方法是在原列表中移除对象。因此,虽然 dict5['Interest']、pop(1) 操作的是字典 dict5,但最终会影响字典 dict4 的数据。最终字典 dict4 更新为 {'Name':'张三','Interest':['篮球','排球']},字典 dict5 更新为 {'Name':'李四','Interest':['篮球','排球']}。

3) fromKeys()

fromKeys 方法通过给定的键建立新字典,但其每个键对应的值都是 None。例如：

```
dict5 = dict.fromkeys(['姓名', '性别', '年龄'])
```

如果不想使用 None 作为默认值,可以在键序列的后面再加上指定的默认值。例如：

```
dict5 = dict.fromkeys(['姓名', '性别', '年龄'], '未知')
```

4) get()

get()方法用来访问字典中的项,即便待访问的键在字典中不存在。例如：

```
dict4 = {'Name': '张三', 'Interest': ['篮球', '足球', '排球']}

# print(dict4['Grade'])
print(dict4.get('Grade'))
```

程序运行,当尝试访问字典中不存在的 Grade 键时,会发生异常,故将 print(dict4['Grade']) 加上注释。而使用 get()方法来访问 Grade 键则不会出现异常,因为 Grade 在字典 dict4 中不存在,第 4 行输出 None。当然,也可以自定义 get()方法的默认值。例如：

```
print(dict4.get('Grade', '2019 级'))
```

5) items()、keys()、values()

items()方法、keys()方法和 values()方法分别以迭代器的形式返回字典中键值对、键和值,可以利用 list()函数将其转化为列表。例如：

```
print(list(dict4.items()))
print(list(dict4.keys()))
print(list(dict4.values()))
```

程序运行,第 1 行输出[('Name', '张三'),('Interest',['篮球','足球','排球'])],第 2 行输出['Name','Interest'],第 3 行输出['张三',['篮球','足球','排球']]。

6) pop()和 popitem()

pop()方法用来从字典中移除指定的键值对,同时获得给定键的值。而 popitem()方法类似于 pop()方法,但会获得被移除的那个键值对。例如:

```
dict6 = {'x': 100, 'y': 200, 'z': 300}
print(dict6.pop('z'))
print(dict6)

print(dict6.popitem())
print(dict6)
```

程序运行,第 2 行移除字典 dict6 中的 z 键,第 5 行则会随机移除字典 dict6 中的任一个键值对(因为字典没有最后一个元素的概念)。

7) update()

update()方法用一个字典更新另外一个字典。例如:

```
dict6 = {'x': 100, 'y': 200, 'z': 300}
x = {'z': 150, 'time': 455323575}
dict6.update(x)
print(dict6)
```

程序运行后,字典 dict6 更新为{'x': 100, 'y': 200, 'z': 150, 'time': 455323575},即提供的字典(x)的项会被添加到旧字典(dict6)中,如果有相同的键(z 键)就行进行覆盖。

2.5 流程控制语句

程序流程控制语句是程序语言的基础,也是程序编写的重点。常用的流程控制语句有条件语句(if)、循环语句(while)等。

视频讲解

2.5.1 条件语句

到目前为止程序都是一条一条顺序执行的。条件语句则可以让程序选择是否执行某些语句块。例如:

```
card = input('请输入身份证号: ')
if len(card)! = 18:
    print('身份证号长度错误')
```

程序运行后,等待用户输入身份证号码,如果输入的身份证号码长度不等于 18,则输出"身份证号长度错误"。

1. if 语句

正如上面的程序所展示的,if 语句可以实现条件执行。即如果条件为真,那么后面的语句块就会被执行;如果条件为假,那么语句块就不会被执行。

if 语句的基本形式:

```
if 判断条件:
    执行语句
```

其执行过程可以用图 2-21 描述。

其中,"判断条件"为标准值:False 和 None、所有类型的数字 0、空序列(空元组、空列表、空字符串等)、空字典都表示假,其他情况为真。

2. else 子句

if 语句只有在判断条件正确的情况下,才执行语句块。对于处理不正确的情况,则需要用到 else 子句。else 子句作为 if 语句的一部分,用来处理判断条件不正确的情况。例如:

```
card = input('请输入身份证号: ')
if len(card)! = 18:
    print('身份证号长度错误')
else:
    gender = card[-2:-1]
```

若输入了正确长度的身份证号码,则会执行 else 子句下面的代码块,获得身份证号码中表示性别的数字。

if…else…语句的基本形式:

```
if 判断条件:
    执行语句 1
else:
    执行语句 2
```

其执行过程可以用图 2-22 描述。

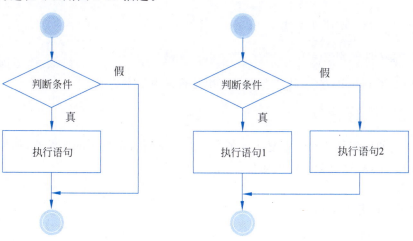

图 2-21 if 语句执行流程　　　图 2-22 if…else…语句执行流程

3. elif 子句

当判断条件为多个值时,可以使用 elif 子句,它是 else if 的缩写。其形式如下:

```
if 判断条件 1：
    执行语句 1
elif 判断条件 2：
    执行语句 2
elif 判断条件 3：
    执行语句 3
else：
    执行语句 4
```

例如，下面的程序判断用户输入数字的符号：

```
n = int(input('请输入数字:'))
if n < 0:
    print('负数')
elif n > 0:
    print('正数')
else:
    print('零')
```

4. 嵌套 if 语句

if 语句中可以嵌套使用 if 语句。例如，下面的代码，根据身份证号码判断性别。

```
card = input('请输入身份证号:')
if len(card)!= 18:
    print('身份证号长度错误')
else:
    gender = card[-2:-1]
    if gender.isdigit():
        gender = int(gender)
        if gender % 2 == 0:
            print('性别:女')
        else:
            print('性别:男')
    else:
        print('性别错误')
```

此处用到了 isdigit 方法，用来判断字符串是否只由数字组成。

视频讲解

2.5.2 循环语句

循环语句的作用是让程序重复执行多次。正如前面的猜数字的小游戏，如果用户没有猜中正确的数字，程序就会不停地运行。

1. while 循环

while 循环的基本结构如下：

```
while 判断条件：
    执行语句
```

在判断条件为真的情况下，循环执行 while 后面的语句块，以处理需要重复处理的相同任务。其执行过程可以用图 2-23 描述。

考虑计算 n 的阶乘，n 的阶乘即 $1 \times 2 \times 3 \times \cdots \times (n-1) \times n$。例如，5 的阶乘为 120（$1 \times 2$

×3×4×5＝120)。特别地,0 的阶乘为 1。可以编写如下的程序:

```
n = int(input('请输入正整数或零:'))
if n < 0:
    print('请输入正整数或零')
elif n == 0:
    print("1")
else:
    fact = 1
    while n >= 1:
        fact *= n
        n -= 1
    print(fact)
```

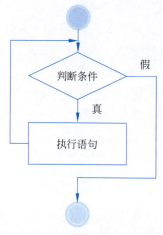

图 2-23　while 循环执行流程

程序运行后,如果用户输入的数字小于零,则提示"请输入正整数或零"。如果输入的数字等于零,则直接输出结果 1。如果大于零,则声明 fact 表示阶乘的结果,其初值为 1,接着判断 n 的值是否大于或等于 1,如果是,计算 fact＝fact * n,每做一次,n 减少一个数,循环往复,直到 n 小于零结束循环。

2. for 循环

while 循环非常灵活,它可以在任何条件为真的情况下重复执行一个代码块。一般情况下这样可以了,但对于序列、映射这样的数据结构(可迭代,即可按照一定次序访问的对象),for 循环更为合适。

for 循环的基本结构如下:

```
for 循环遍历 in 集合:
    执行语句
```

例如,下面的代码会循环打印 100 以内的整数。

```
for n in range(1, 100):
    print(n)
```

这里用到了 Python 中的 range()函数,用它可以创建一个整数列表。其语法格式如下:

```
range(start, stop[, step])
```

例如,上面程序中的 range(1,100),产生包括 1 但不包括 100 的整数序列。

用 for 循环也可以循环遍历字典元素。例如:

```
dict1 = {'tiger': '老虎', 'lion': '狮子', 'wolf': '狼', 'dog': '狗', 'cat': '猫'}
for key in dict1:
    print("%-5s : %s" % (key, dict1[key]))
```

这个循环对字典 dict1 中的键进行遍历,就像遍历序列一样。使用字典的 items()方法,利用它能够获得字典中的键值对的迭代器。print()函数中的"%-5s"表示字符串不足 5 个字符时,在其右侧添加空白补齐 5 位。有了这个迭代器,就可以利用 for 循环进行遍历。例如:

```
for key, value in dict1.items():
    print("%-5s : %s" % (key, value))
```

3. 跳出循环

一般来说,循环会一直执行到条件为假或者序列元素用完时结束。但有些时候,可能会提前中断一次循环继续进行下一轮循环,或者就此跳出循环。

1) break 语句

break 语句用来跳出(结束)循环。还是刚才的动物字典,当遍历到狮子时,跳出循环,可以编写如下程序:

```
for key in dict1:
    if key == 'lion':
        break
    print("%-5s : %s" % (key, dict1[key]))
```

程序运行后,只输出了"tiger : 老虎"。这是因为在遍历到'lion'时,if 语句的判断条件为真,进而执行了 break 语句,提前结束了 for 循环。

2) continue 语句

continue 语句用来结束本次循环继续下一次循环,而非像 break 语句那样直接结束循环。例如:

```
for key, value in dict1.items():
    if key == 'lion':
        continue
    print("%-5s : %s" % (key, dict1[key]))
```

程序运行后输出了除狮子之外的其他动物,这是因为当遍历到狮子时,if 语句的判断条件为真,进而执行了 continue 语句,结束了本次循环(即 print 语句不再执行),开始下一次循环。

2.6 函数与模块

到目前为止,前面所编写的程序都比较短小,如果想编写大型程序,很快就会遇到麻烦。比如,已经编写了一段比较复杂的代码(例如,从中国天气网获取当前的气象数据),如果程序的多个地方都需要使用这些代码,则需要将这些代码使用函数或模块进行定义,以便灵活调用。

2.6.1 抽象

抽象可以节省很多工作,它是让人读懂计算机程序的关键。写程序就像"读取常见问题、判断用户输入、打印帮助信息"一样容易理解。例如:

```
qas = read_from_db()                        # 从数据库中读常见问题
q = waiting_for_input()                     # 等到用户输入并进行输入信息是否合法
if q not in qas:                            # 判断是否是已知的问题
    print('您输入的问题,我暂时无法回答')    # 是未知问题,提示无法回答
else:
    print(qas[q])                           # 是已知问题,打印帮助信息
```

上面的程序运行起来类似京东客服机器人,如图 2-24 所示。当然,程序中 read_from_

db()和 waiting_for_input()这些抽象操作的具体细节还是要实现的，只是单独放在函数中定义。

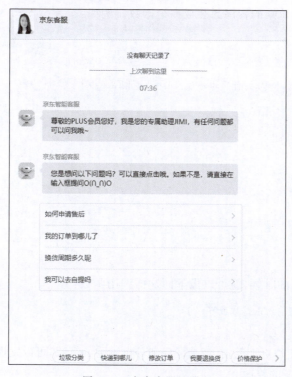

图 2-24　京东客服机器人

2.6.2　函数

函数是组织好的、可重复使用的、用来实现单一或相关联功能的程序块。函数可以将一些数据（参数）传递到程序块中进行处理，再返回一些数据（返回值）；当然，函数也可以只处理数据不返回结果。

函数实现了对程序逻辑功能的封装，是程序逻辑的结构化、过程化的一种方法。例如，获取用户输入时可以使用 input() 函数，计算列表长度时可以使用 len() 函数，这些都是 Python 的内建函数。由用户自己创建的函数被称为用户自定义函数。

1. 定义函数

定义函数的语法如下：

```
def 函数名( 参数列表 ):
    "函数_文档字符串"
    函数体
    return [表达式]
```

定义函数的规则如下：

- 函数使用 def 关键声明，后面是合法的函数名以及参数列表；
- 参数列表可以包含多个参数，参数之间使用用逗号(,)分隔；
- 函数内容代码块要有缩进；

- 函数内容代码块的第一行字符串被称为文档字符串；
- 函数利用 return 语句返回值，不带表达式的 return 语句返回 None。

可以将计算 n 的阶乘的程序封装成一个函数。例如：

```python
def fact(n):
    '计算n的阶乘.'
    
    if n < 0:  # n小于零时,什么也不做,即函数返回None
        pass
    elif n == 0:  # n等于零时,返回1
        return 1
    else:
        f = 1
        while n >= 1:
            f *= n
            n -= 1
        
        return f
```

2. 函数调用

当需要计算阶乘的时候，就可以像下面这样调用函数：

```python
n = int(input('请输入正整数或零: '))
print(fact(n))
```

如此一来，程序变得更加简洁、清晰。仔细分析阶乘的算法，可以发现：n!＝n×(n−1)!，fact()函数可以做如下的修改：

```python
def fact(n):
    '计算n的阶乘.'
    
    if n < 0:
        pass
    elif n == 0:
        return 1
    else:
        return n * fact(n-1)
```

在函数中再调用自身，这被称为"递归"。汉诺塔问题就是一个典型的递归问题。

3. 参数

很多时候需要像函数传递数据(参数)进行处理，函数 fact() 中的 n 就是一个参数。参数可有可无、可多可少，取决于具体的问题。当参数较多时，给每个参数赋予有意义的名字就显得尤为重要了。例如：

```python
def new_student(s1, s2, s3, s4, s5):
    pass
```

这会让人不知所措：s1、s2、s3、s4、s5 到底是什么意思？显然，下面的函数定义让人看起来会更舒服一些。

```python
def new_student(name, gender, card, grade, major):
    pass
```

所以，每当有新生报到时，都会像下面这样调用 new_student 函数。

```
new_student('张三', '男', '3070214 ******** 1234', '2020 级', '软件技术')
```

这样看似很好，但真正的程序员会在这些参数上打"歪主意"。首先，入学的新生都是"2020 级"。其次，学软件技术的男生一般会多于女生。所以，函数 new_student() 可能会变成下面的样子。

```
def new_student(name, card, major, gender = '男', grade = '2020 级'):
    pass
```

区别就在于 gender（性别）和 grade（年级）两个参数给出了默认值，即在调用函数的时候，如果不指定这两个参数的值，则会自动使用默认值。需要注意的是，带默认值的参数必须放在方法参数列表的最后。

```
new_student('张三', '3070214 ******** 1234', '软件技术', '男', '2020 级')
new_student('张三', '3070214 ******** 1234', '软件技术')
```

上面的两行代码调用功能完全一样，而第二行调用更简洁。

目前看到的函数调用，都是根据参数的位置来传递参数的，这叫作位置参数。实际上，很多时候，参数的名字更加重要，特别是在参数较多、参数有默认值的情况下。通过使用参数名提供的参数被称为关键字参数。例如：

```
new_student(name = '张三', major = '软件技术', card = '3070214 ******** 1234', gender = '女')
```

这样一来，每个参数的意义更加明确。

2.6.3 模块

Python 模块（Module）是一个 Python 文件，以 .py 结尾，包含了 Python 对象定义和 Python 语句。模块帮助程序员有逻辑地组织 Python 代码。模块可以被其他 Python 程序导入，以使用该模块中的对象、函数等提高开发效率。

1. 导入整个模块

下面考虑如何计算一个实数的平方根、一个角度的正弦值，这确实不容易，但借助于 math 模块，这些问题便会迎刃而解。

Python 中 math 模块提供了许多数学运算函数。要使用该模块中的函数，首先要导入模块。import 语句用来导入模块。例如：

```
import math
dir(math)
```

第一行代码用来导入 math 模块，第二行代码打印出 math 模块中所定义的函数。接下来，就可以计算给定实数的平方根了。

```
import math

n = float(input('请输入实数: '))
print(math.sqrt(n))
```

math 模块中的 sqrt() 函数用来计算给定实数的平方根，而要使用 sqrt() 函数，则需要用模块名来引用(因为这里导入的是模块)。

2. 导入函数

也可以根据实际需要导入模块中的一个或几个函数。例如：

```
from math import sin, pi

n = float(input('请输入角度：'))
print(sin(n * pi/180))
```

此处使用 import 语句导入了 math 模块中的 sin()函数和 pi 变量。当然也可以把模块中的全部函数都导入。例如：

```
from math import *
```

3. 指定别名

如果导入的模块、函数与当前程序中的函数发生名称冲突，或者模块、函数名字太长影响使用，可以使用 as 语句给模块、函数指定别名。例如：

```
import sin as Sin, pi as Pi        # 导入函数指定别名
# import math as M
```

后面编程时，就可以使用别名访问函数了。

2.7 文件操作

文件是使用计算机过程中经常会遇到的一类对象。常见的文件有文档(.doc、.txt)、图片(.jpg、.gif)、音频(.mp3、.wma)和视频(.mp4、.mov)等。不同类型的文件用来保存不同类型的数据，不同类型的文件需要用不同类型的应用程序打开。

2.7.1 文件

文件是指记录在外部存储介质上的一组相关信息的集合。在 Windows 操作系统下，文件名由文件主名和扩展名组成。例如，readme.txt 作为文件名时，readme 是文件主名，.txt 是文件扩展名，通常文件扩展名与某个应用程序关联在一起，即双击这个文件时，使用关联的应用程序打开这个文件。

表 2-9 列举了常见的文件类型。

表 2-9 常见的文件类型

文件类型	扩展名	打开方式
文档文件	.txt	Windows 记事本等
	.doc、.docx	Word 等
	.htm、.html	浏览器等
	.pdf	Adobe Reader 等
压缩文件	.rar	WinRar、WinZip 等
	.zip	WinRar、WinZip 等
图像文件	.bmp	Windows 画图等
	.jpg、.jpeg	图像处理软件

续表

文件类型	扩展名	打开方式
视频文件	.mp4 .mov .wmv	视频播放软件
音频文件	.mp3 .wma	音频播放软件

2.7.2 打开文件

Python内置了读写文件的函数，open()函数用来打开文件。例如：

```
f = open('db.setting', 'r')
```

其中，第一个参数表示要打开的文件，第二个参数表示文件模式。此时运行会出现异常，如图2-25所示。

```
FileNotFoundError                         Traceback (most recent call last)
<ipython-input-1-76c3a117dfc3> in <module>
----> 1 f = open('db.setting', 'r')

FileNotFoundError: [Errno 2] No such file or directory: 'db.setting'
```

图 2-25　FileNotFoundError（文件没找到错误）

这是因为要访问的文件db.setting不存在。在PythonBasic文件夹中新建文本文件（Text File），将其重命名（Rename）为db.setting，在该文件中输入以下内容并保存。

```
type: mysql
driver: com.mysql.jdbc.Driver
url: jdbc:mysql://127.0.0.1:3306/ai-academic
username: root
password: 123456
testSql: SELECT 1
```

再次运行之前的程序就不会出现异常了。文件模式如表2-10所示。

表 2-10　文件模式

模式	描述
t	文本模式（默认）
x	写模式，新建一个文件，如果该文件已存在则会报错
b	二进制模式
+	打开一个文件进行更新(可读可写)
U	通用换行模式（不推荐）
r	以只读方式打开文件。文件的指针将会放在文件的开头。这是默认模式
rb	以二进制格式打开一个文件用于只读。文件指针将会放在文件的开头。这是默认模式。一般用于非文本文件，如图片等
r+	打开一个文件用于读写。文件指针将会放在文件的开头
rb+	以二进制格式打开一个文件用于读写。文件指针将会放在文件的开头。一般用于非文本文件，如图片等

续表

模式	描 述
w	打开一个文件只用于写入。如果该文件已存在则打开文件,并从开头开始编辑,即原有内容会被删除。如果该文件不存在,则创建新文件
wb	以二进制格式打开一个文件只用于写入。如果该文件已存在则打开文件,并从开头开始编辑,即原有内容会被删除。如果该文件不存在,则创建新文件。一般用于非文本文件,如图片等
w+	打开一个文件用于读写。如果该文件已存在则打开文件,并从开头开始编辑,即原有内容会被删除。如果该文件不存在,则创建新文件
wb+	以二进制格式打开一个文件用于读写。如果该文件已存在则打开文件,并从开头开始编辑,即原有内容会被删除。如果该文件不存在,则创建新文件。一般用于非文本文件,如图片等
a	打开一个文件用于追加。如果该文件已存在,文件指针将会放在文件的结尾。也就是说,新的内容将会被写入已有内容之后。如果该文件不存在,则创建新文件进行写入
ab	以二进制格式打开一个文件用于追加。如果该文件已存在,文件指针将会放在文件的结尾。也就是说,新的内容将会被写入已有内容之后。如果该文件不存在,则创建新文件进行写入
a+	打开一个文件用于读写。如果该文件已存在,文件指针将会放在文件的结尾。文件打开时会是追加模式。如果该文件不存在,则创建新文件用于读写
ab+	以二进制格式打开一个文件用于追加。如果该文件已存在,文件指针将会放在文件的结尾。如果该文件不存在,则创建新文件用于读写

2.7.3 关闭文件

一定要记得,"打开文件操作完成之后要关闭文件"。使用 close()方法关闭当前打开的文件。如果不及时关闭文件,可能会导致该文件无法被其他程序访问。例如:

```
f = open('db.setting', 'r')
#读取文件内容
f.close()
```

当然,Python 有专门为这种情况设计的语句,即 with 语句。

```
with open('db.setting', 'r') as f:
    #读取文件内容
```

2.7.4 读取文件内容

文件的 read()方法用来读取一定字节的数据。例如:

```
with open('db.setting', 'r') as f:
    ch = f.read(1)
    while ch:
        print(ch)

        ch = f.read(1)
```

程序运行后,打开 db.setting 文件,从文件中读取一字节给变量 ch,判断 ch 是否有效。如果有效,则打印读到的 ch,继续读取下一字节。如果无效,则退出循环。也可以使用 readline()以行为单位读取文件内容。例如:

```
with open('db.setting', 'r') as f:
    line = f.readline()
    while line:
        print(line)


        line = f.readline()
```

2.7.5 读取全部内容

如果文件内容不是特别大,则可以一次性读取文件的全部内容。如果省略了 read() 方法中的参数,则会读取文档中的全部内容,或者使用 readlines() 方法。例如:

```
with open('db.setting', 'r') as f:
    content = f.read()
    print(content)

with open('db.setting', 'r') as f:
    lines = f.readlines()
    for line in lines:
        print(line)
```

注意:不带参数的 read() 方法读到的是字符串,readlines() 方法读到的是列表。

此外,Python 最酷的地方在于文件对象是可迭代的。这就意味着可以直接使用 for 循环对其进行迭代。例如:

```
with open('db.setting', 'r') as f:
    for line in f:
        print(line)
```

2.7.6 向文件写入数据

与 read() 和 readline() 方法相反,write() 和 writelines() 方法用于向文件中写入数据。例如:

```
with open('db.setting', 'w+') as f:
    f.write('这是第一行\r\n')
    f.writelines('这是第二行\r\n')
    f.writelines('这是第三行\r\n')
```

需要注意的是,向文件中写入数据,首先要保证文件是以"写"模式打开的。其次,无论是 write() 方法还是 writelines() 方法,写入文件时数据都不会自动增加新行,需要自己添加(这里用到了\r\n 转义字符)。

2.8 客服机器人案例分析

视频讲解

正如图 2-24 所示的京东在线客服,会预先设置一些问题及答案,当用户单击某一问题时,回复相应的答案。这种方式在微信上也经常遇到,如图 2-26 所示的中国银行智能客服。本节动手实现一个简单的客户机器人。

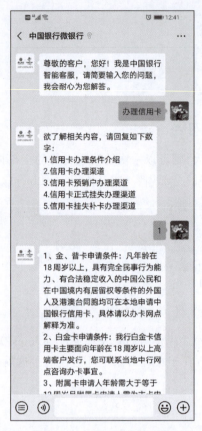

图 2-26 中国银行智能客服

2.8.1 谋定而后动

任何情况下,直接编写代码都是不明智的事情。在这之前,还有确定软件功能、设计程序流程、约定命名规则等很多事情需要完成。

本节的客服机器人具有以下功能。

- 录入若干问题和答案。
- 显示已有的问题。
- 接收用户的输入(数字)。
- 根据用户的输入找到对应问题的答案并显示出来。
- 保存已经录入的问题和答案。
- 读取已经保存的问题和答案。

下面用流程图来说明客服机器人是如何工作的,如图 2-27 所示。

2.8.2 拆解复杂问题

这也许是目前所遇到最复杂的编程问题了。但请记住,任何复杂的问题都可以拆解为若干简单的问题来解决。

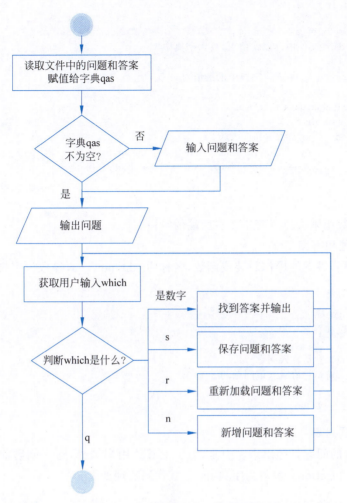

图 2-27　客服机器人的工作流程图

1. 保存问题和答案

根据流程图，将保存问题和答案的操作封装成函数 save_to_file，其参数为字典 qas，所有内容保存在 qas.data 文件中，每个问题、答案占一行，问题和答案之间用等号（＝）分隔。文件格式如图 2-28 所示。

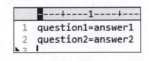

图 2-28　qas.data 文件格式

实现代码如下：

```
def save_to_file(qas):
    '将字典 qas 中的键值对保存到 qas.data 文件中'
    
    with open('qas.data', 'w') as f:
        for key, value in qas.items():
            f.write('%s = %s\r\n' % (key, value))
```

2. 加载问题和答案

将读取文件中数据的操作封装为函数，名称为 read_from_file，参数为字典 qas。其实

现代码如下:

```python
def read_from_file(qas):
    '从 qas.data 文件中读取键值对,放入字典中'
    
    qas.clear()       #清除字典中的键值对
    
    with open('qas.data', 'r') as f:
        for line in f:
            if line.strip():
                key = line[0:line.find('=')].strip()
                value = line[line.find('=')+1:].strip()
                
                qas[key] = value
```

其中,strip()函数用来去掉字符串左右两端的空白。

3. 新增问题和答案

将新增问题和答案的操作封装成函数,名称为 add_new_qa,参数为字典 qas。其实现代码如下:

```python
def add_new_qa(qas):
    '新增问题和答案'
    
    key = input('请输入问题:')
    value = input('请输入该问题的答案:')
    
    qas[key] = value
```

4. 显示问题列表

下面把所有的问题打印出来。但是,为了能够让用户选择,每个问题前面要加上序号。函数名 display_questions,参数为字典 qas。其代码实现如下:

```python
def display_question(qas):
    '打印出全部已知问题'
    
    index = 1
    keys = qas.keys()
    for key in keys:
        print("%2d.%s" % (index, key))
        index += 1
```

其中,变量 index 用来表示问题的编号,print()函数中的%2d 是格式化字符串,使得问题编号 index 占用两个字符的空间,若不足两个字符,则在其左侧添加空格进行补齐。

5. 根据用户编号显示答案

最后编写函数,根据用户输入的数字,找到并输出相应的答案。这里要考虑的问题比较多,比如用户输入的数字小于零,输入的不是数字,虽然是正整数但超出了有效的范围等。函数名为 show_answer,参数 1 为字典 qas,参数 2 为问题编号。其代码实现如下:

```python
def show_answer(qas, index):
    '根据问题编号输出对应的答案'
```

```python
    if not index.isdigit():                  # 判断用户输入是否为数字
        print('输入错误,请重新输入')
        return

    index = int(index)
    if index <= 0:                           # 判断用户输入是否为正整数
        print('输入错误,请重新输入')
        return

    keys = list(qas.keys())
    if index > len(keys):                    # 输入的数字超出了键的数量
        print('输入错误,请重新输入')
        return

    key = keys[index - 1]                    # 根据用户输入获得键
    value = qas[key]                         # 根据键获得值
    print(value)
```

2.8.3 整合在一起

按照流程图来整合各个功能。最终代码如下:

```python
qas = {}
read_from_file(qas)                          # 加载数据

if not qas:
    add_new_qa(qas)                          # 新增问题和答案

display_question(qas)                        # 显示已知问题

which = input('请输入:')
which = which.lower()                        # 把用户输入变成小写
while which != 'q':                          # 如果输入为 q,则退出
    if which == 's':
        save_to_file(qas)                    # 输入为 s,则保存
    elif which == 'r':
        read_from_file(qas)                  # 输入为 r,则重新加载
    elif which == 'n':
        add_new_qa(qas)                      # 输入为 n,则新增问题和答案
    else:
        show_answer(qas, which)              # 查找答案

    which = input('请输入:')
    which = which.lower()
```

现在程序已经可以正常运行了。但是,可以发现,新增问题和答案后,没有办法刷新已知问题列表。请自己尝试增加这个功能。

2.9 影评词云数据分析案例

本节内容使用爬虫实现影评词云数据分析案例,该案例会用到 jieba(结巴)和 WordCloud(词云)两个 Python 第三方库。

2.9.1　安装 jieba 库

jieba(结巴)——Python 中文分词组件。jieba 的特点是支持不同分词模式，支持繁体分词，支持自定义词典和 MIT 授权协议。其中，jieba 支持 3 种分词模式：

- 精确模式——试图将句子最精确地切开，适合文本分析，该模式对应的分词方法有 cut(s)和 lcut(s)；
- 全模式——把句子中所有的可以成词的词语都扫描出来，速度非常快，但是不能解决歧义，该模式对应的分词方法有 lcut(s, cut_all=True)；
- 搜索引擎模式——在精确模式的基础上，对长词再次切分，提高召回率，适合用于搜索引擎分词，该模式对应的分词方法有 cut_for_search(s)和 lcut_for_search(s)。

在 Windows 的 DOS 命令窗口中，安装 jieba 中文分词库的 pip 命令下：

```
pip install jieba
```

如图 2-29 和图 2-30 所示，使用 pip 命令安装 jieba 库并成功。

图 2-29　安装 jieba 库

图 2-30　jieba 库安装成功

2.9.2　安装 WordCloud 库

WordCloud 库是基于 Python 的词云生成类库，功能强大，非常好用。WordCloud 以词语为基本单位，更加直观和艺术地展示文本。WordCloud 库把词云当作一个 WordCloud 对象，该对象可以根据文本中词语出现的频率等参数绘制词云，绘制词云的形状、尺寸和颜色都可以设定。

WordCloud 方法的参数如下：

- width——指定词云对象生成的图片的宽度(默认为 200px)；
- height——指定词云对象生成的图片的高度(默认为 400px)；
- min_font_size——指定词云中字体最小字号，默认为 4；

- max_font_size——指定词云中字体最大字号；
- font_step——指定词云中字体之间的间隔，默认为1；
- font_path——指定字体文件路径；
- max_words——指定词云中能显示的最多单词数，默认为200；
- stop_words——指定在词云中不显示的单词列表；
- background_color——指定词云图片的背景颜色，默认为黑色。

在 Windows 的 DOS 命令窗口中，安装 WordCloud 中文分词库的 pip 命令如下：

```
pip install WordCloud
```

如图 2-31 所示，使用 pip 命令成功安装 WordCloud 库。

图 2-31　安装 WordCloud 库

2.9.3　编码实现

安装完 jieba 库和 WordCloud 库后，准备词云背景图片，本案例的图片文件名为 Alien.jpg，如图 2-32 所示。

图 2-32　词云背景图片 Alien.jpg

【步骤1】 导入所需库

```
import warnings
warnings.filterwarnings("ignore")
import jieba                          #分词包
import numpy as np                    #numpy 计算模块
import codecs    #codecs 提供的 open 方法来指定打开的文件的语言编码,它会在读取的时候自动转
#换为内部 Unicode
import re
import pandas as pd
import matplotlib.pyplot as plt
import requests
from bs4 import BeautifulSoup as bs
import matplotlib
matplotlib.rcParams['figure.figsize'] = (10.0, 5.0)
from wordcloud import WordCloud, ImageColorGenerator     #词云包
from PIL import Image
import os
import time
```

【步骤2】 将图片转换成多维数组

```
mask = np.array(Image.open("Alien.jpg"))
```

【步骤3】 配置参数,将词频以字典形式存储

```
wc = WordCloud(font_path = "simhei.ttf",
               mask = mask,
               background_color = "white",
               max_font_size = 80,
               random_state = 30)
#把词频以字典形式存储
word_frequence = {x[0]:x[1] for x in words_stat.values}
```

【步骤4】 加载词云字典

```
wc = wc.fit_words(word_frequence)
```

【步骤5】 基于彩色图像生成响应彩色;绘制背景图片颜色,以目标颜色为参考

```
#基于彩色图像生成响应彩色
image_colors = ImageColorGenerator(mask)
#绘制背景图片颜色,以目标颜色为参考
wc.recolor(color_func = image_colors)
```

【步骤6】 形成图片,展示图片

```
#形成图片
image_produce = wc.to_image()
#展示图片
image_produce.show()
```

完整代码如下。

【案例 2-3】 moveWordCloud.py

```
# - * - coding utf - 8 - * -
"""
```

```python
Created on 2024
@author: zkl
"""
import warnings
warnings.filterwarnings("ignore")
import jieba                                              # 分词包
import numpy as np                                        # numpy 计算模块
import codecs     # codecs 提供的 open 方法来指定打开的文件的语言编码它会在读取的时候自动
                  # 转换为内部 Unicode
import re
import pandas as pd
import matplotlib.pyplot as plt
import requests
from bs4 import BeautifulSoup as bs
import matplotlib
matplotlib.rcParams['figure.figsize'] = 10, 5, 0
from wordcloud import WordCloud, ImageColorGenerator     # 词云包 from PIL import Image
import os
import time
# 分析网页函数
def getNowPlayingMovie_list():
    url = 'https://movie.douban.com/cinema/nowplaying/beijing/'
    header = {'User-Agent':'Mozilla/5.0 (Windows NT 10.0; WOW64) AppleWebKit/537.36 (KHTML, like Gecko) Chrome/75.0.3770.100 Safari/537.36'}
    time.sleep(0.5)
    html_data = requests.get(url, headers = header)
    soup = bs(html_data.text, 'html.parser')
    nowplaying_movie = soup.find_all('div', id = 'nowplaying')
    nowplaying_movie_list = nowplaying_movie[0].find_all('li', class_ = 'list-item')
    nowplaying_list = []
    for item in nowplaying_movie_list:
        nowplaying_words_statt = {}
        nowplaying_words_statt['id'] = item['data-subject']
        for tag_img_item in item.find_all('img'):
            nowplaying_words_statt['name'] = tag_img_item['alt']
            nowplaying_list.append(nowplaying_words_statt)
    return nowplaying_list

# 爬取评论函数
def getCommentsById(movieId, pageNum):
    eachCommentList = []
    if pageNum > 0:
        start = (pageNum - 1) * 20
    else:
        return False
    url = 'https://movie.douban.com/subject/' + movieId + '/comments' + '?' + 'start=' + str(start) + '&limit=20'
    header = {'User-Agent':'Mozilla/5.0 (Windows NT 10.0; WOW64) AppleWebKit/537.36 (KHTML, like Gecko) Chrome/75.0.3770.100 Safari/537.36'}
    time.sleep(0.5)
    html_data = requests.get(url, headers = header)
```

```python
        print(url)
        soup = bs(html_data.text, 'html.parser')
        comment_div_lits = soup.find_all('div', class_ = 'comment')
        print(comment_div_lits)

        for item in comment_div_lits:
            if item.find_all('p')[0].text is not None:
                eachCommentList.append(item.find_all('p')[0].text)
                print(item.find_all('p')[0].text)
        return eachCommentList
def main
#循环获取第一个电影的前10页评论 commentList =
NowPlayingMovie_list = getNowPlayingMovie_list foriinrange 10
num = i + 1
commentList_temp = getCommentsById NowPlayingMovie_list 0 id' num commentList append commentList_temp
#将列表中的数据转换为字符串
        comments = ''
        for k in range(len(commentList)):
            comments = comments + (str(commentList[k])).strip()
        #print(comments)
        #使用正则表达式去除标点符号,用正则来制作一个过滤器
        pattern = re.compile(r'[\u4e00-\u9fa5\u3040-\u309f\u30a0-\u30ff]+')
        filterdata = re.findall(pattern, comments)

        #print(filterdata)
        cleaned_comments = ''.join(filterdata)
        #print(cleaned_comments)
        #使用结巴分词进行中文分词
        segment = jieba.lcut(cleaned_comments)
        #print(segment)
        words_df = pd.DataFrame({'segment':segment})
        print(words_df)
        #去掉停用词(这里有个小插曲是 chineseStopWords.txt 可能因为格式问题,另存一下改为 utf-8)
        stopwords = pd.read_csv("chineseStopWords.txt",index_col = False,quoting = 3,sep = "t",
names = ['stopword'], encoding = 'utf-8') #quoting=3 全不引用
        words_df = words_df[~words_df.segment.isin(stopwords.stopword)]
        #print(words_df)
        #统计词频
words_stat = words_df.groupby(by = ['segment'])['segment'].agg(计数 = np.size)
        #print(words_stat)
        #print(type(words_stat))
        words_stat = words_stat.reset_index().sort_values(by = ["计数"],ascending = False)

        #此处需要将图片转换成多维数组,这样才能被词云读取作为背景图片使用
        mask = np.array(Image.open("Alien.jpg"))
        #配置参数
        wc = WordCloud(font_path = "simhei.ttf",
            mask = mask,
            background_color = "white",
```

```
                max_font_size = 80,
                random_state = 30)
    #把词频以字典形式存储
    word_frequence = {x[0]:x[1] for x in words_stat.values}
    #加载词云字典
    wc = wc.fit_words(word_frequence)
    #基于彩色图像生成响应彩色
    image_colors = ImageColorGenerator(mask)
    #绘制背景图片颜色,以目标颜色为参考
    wc.recolor(color_func = image_colors)
    wc.to_file("mywordcloud.png")
    #形成图片
    image_produce = wc.to_image()
    #展示图片
image_produce.show()
main()
```

执行程序,控制台输出影评词云数据分析,结果如下:

https://movie.douban.com/subject/36369452/comments?start = 0&limit = 20

伤感文学+赛车+金句,韩寒还是在自己的舒适区里徘徊。张驰都在超越自己,韩寒什么时候能超越自己?这部电影好就好在没有狗尾续貂,倒是收了个好尾,无聊的点就在于好像又看了一遍第一部。

https://movie.douban.com/subject/36369452/comments?start = 20&limit = 20
https://movie.douban.com/subject/36369452/comments?start = 40&limit = 20

有些事情需要一个终点,有些过往需要一个铅封。站在楼梯上唱着《光辉岁月》的我们,早已不再沐浴昔日的荣光。当巴音布鲁克赛道上有了油电混合的新车,有了打破纪录的新人,你只需要一个准备好的自己。赛道上有过热过冷的发动机,人生里有过大过小的扭矩,但倘若能看到五年前自己的赛车,你就一直活在那里。

https://movie.douban.com/subject/36369452/comments?start = 60&limit = 20
https://movie.douban.com/subject/36369452/comments?start = 80&limit = 20

我竟然在大年初一浪费时间看这个片子,我对不起我自己……

https://movie.douban.com/subject/36369452/comments?start = 100&limit = 20

一成中年感伤+三成小品+两成真人秀+四成赛事直播。

https://movie.douban.com/subject/36369452/comments?start = 120&limit = 20
https://movie.douban.com/subject/36369452/comments?start = 140&limit = 20
https://movie.douban.com/subject/36369452/comments?start = 160&limit = 20
https://movie.douban.com/subject/36369452/comments?start = 180&limit = 20
https://movie.douban.com/subject/36369452/comments?start = 200&limit = 20
https://movie.douban.com/subject/36369452/comments?start = 220&limit = 20
https://movie.douban.com/subject/36369452/comments?start = 240&limit = 20
https://movie.douban.com/subject/36369452/comments?start = 260&limit = 20
https://movie.douban.com/subject/36369452/comments?start = 280&limit = 20

```
        segment
0       伤感
1       文学
2       赛车
3       金句
4       韩寒
..      ...
144     两成
145     真人秀
146     四成
147     赛事
148     直播

[149 rows x 1 columns]
```

执行后在代码所在目录会出现名为 mywordcloud.png 的图片文件,如图 2-33 所示。该词云图片文件的显示效果如图 2-34 所示。

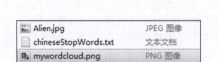

图 2-33　词云图片文件 mywordcloud.png　　　图 2-34　词云图片文件的显示效果

本章总结

- Python 是一种面向对象的解释型计算机脚本(Shell)语言。
- Python 的创始人是 Guido van Rossum(吉多·范罗苏姆)。
- Python 语言的拥有者是 PSF(Python Software Foundation,Python 软件基金会协议)。
- Python 语言是通用的脚本语言,也是开源的、跨平台语言。
- 程序通常由输入、处理和输出 3 部分组成。
- Python 是以缩进来组织代码的层次结构,一个缩进 4 个空格。
- 标识符可以由字母、数字和下画线组成,但不能以数字开头。
- Python 数字类型支持 int、float、bool、complex(复数)。
- Python 中可以使用单引号(')、双引号(")和三引号(''')来表示字符串。

- 在 Python 中,列表使用方括号([])声明,元组使用圆括号(())声明,字典使用花括号({})声明。
- 常用的流程控制语句有条件语句(if)、循环语句(for、while)。
- 函数使用 def 关键声明,后面是合法的函数名以及参数列表。
- import 语句用来导入模块。
- Python 内置了读写文件的函数,open()用来打开文件,close()用来关闭文件。

本章习题

1. Python 程序的文件扩展名是(   )。
   A. .python   B. .p   C. .py   D. .pyth
2. Python 的赋值功能很强大,当 a=11 时,运行 a+=11 后,a 的结果是(   )。
   A. 11   B. 12   C. true   D. 22
3. 对于列表 Letter=['a','b','c','d','e'],下述操作会正常输出结果的是(   )。
   A. Letter[−4:−1:−1]   B. Letter(:3:2)
   C. Letter[1:3:0]   D. Letter['a': 'd': 2]
4. 在 for i in range(6)语句中,i 的取值是(   )。
   A. [1, 2, 3, 4, 5, 6]   B. [1, 2, 3, 4, 5]
   C. [0, 1, 2, 3, 4]   D. [0, 1, 2, 3, 4, 5]
5. 定义函数时,函数体的正确缩进为(   )。
   A. 一个空格   B. 两个制表符
   C. 4 个空格   D. 4 个制表符
6. 利用 Python 中的方法和函数提取给定列表[5,8,−7,4,6,2,−3,0]中的最大元素,并删除最小元素,同时将负数的符号删除。
7. 编写代码,打印如下图形。

```
         1
        1 1
       1 2 1
      1 3 3 1
     1 4 6 4 1
    1 5 10 10 5 1
```

8. 查找指定目录下的所有 Python 程序文件,然后将这些文件复制到新建文件夹 my_python 下。

第 3 章

CHAPTER 3

机 器 学 习

本章思维导图

视频讲解

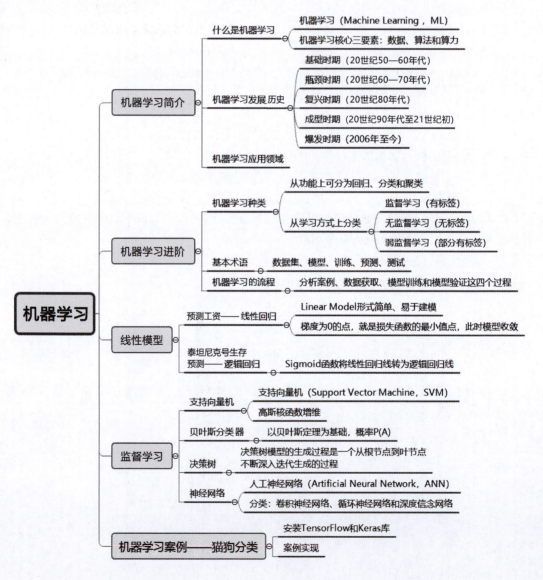

本章目标

- 了解机器学习的发展历史。
- 了解机器学习的应用领域。
- 掌握机器学习的基本术语和概念。
- 掌握机器学习的基本流程。
- 熟悉机器学习中各种模型的工作原理。

3.1 机器学习简介

视频讲解

3.1.1 什么是机器学习

机器学习(Machine Learning,ML)是人工智能的核心分支,是让机器自己做主进行学习,使机器模拟或实现人类的学习行为,以获取新的知识或技能,并能够重新组织已有的知识结构,不断改善自身的性能。在学习过程中,不需要告诉计算机具体做什么,只告诉计算机做成什么样子,让计算机"自己看着办",学会"察言观色",到时候给出满意的解决方案就行。机器学习的理论主要是设计和分析一些让计算机可以自动"学习"的算法,能够从数据中自动分析获得规律,并利用规律对未知数据进行预测的算法。因此,机器学习的核心就是数据、算法(模型)和算力(计算机计算能力)。

机器学习作为人工智能的一个独立方向,正处于高速发展之中。机器学习应用领域十分广泛,如图 3-1 所示,涉及数据挖掘、统计学习、计算机视觉、自然语言处理、语音和手写识别、模式识别、生物特征识别、搜索引擎、医学诊断、检测信用卡欺诈、证券市场分析、DNA 序列测序、战略游戏和机器人运用等。目前,机器学习还处于弱人工智能阶段,并不会让机器产生意识。

图 3-1 机器学习应用领域

3.1.2 机器学习发展历史

视频讲解

最早的机器学习算法可以追溯到 20 世纪初,至今已经过去了 100 多年。从 1980 年机器学习成为一个独立的方向开始算起,至今也已经过去了 40 多年。在这 100 多年中,经过一代又一代人的努力,诞生了大量经典的方法,具体成果如表 3-1 所示。

表 3-1 机器学习发展时间表及代表性成果

时 间 段	机器学习理论	代表性成果
20 世纪 50 年代初	人工智能研究处于推理期	A. Newell 和 H. Simon 的"逻辑理论家"(Logic Theorist)程序证明了数学原理,以及此后的"通用问题求解"(General Problem Solving)程序
	已出现机器学习的相关研究	1952 年,亚瑟·萨缪尔(Arthur Samuel)在 IBM 公司研制了一个西洋跳棋程序,这是人工智能下棋问题的由来
20 世纪 50 年代中后期	开始出现基于神经网络的"连接主义"(Connectionism)学习	F. Rosenblatt 提出了感知机(Perceptron),但该感知机只能处理线性分类问题,处理不了"异或"逻辑。还有 B. Widrow 提出的 Adaline
20 世纪 60 年代至 70 年代	基于逻辑表示的"符号主义"(Symbolism)学习技术蓬勃发展	P. Winston 的结构学习系统,R. S. Michalski 的基于逻辑的归纳学习系统,以及 E. B. Hunt 的概念学习系统
	以决策理论为基础的学习技术	
	强化学习技术	N. J. Nilson 的"学习机器"
	统计学习理论的一些奠基性成果	支持向量、VC 维、结构风险最小化原则
20 世纪 80 年代至 90 年代中期	机械学习(死记硬背式学习) 示教学习(从指令中学习) 类比学习(通过观察和发现学习) 归纳学习(从样例中学习)	学习方式分类
	从样例中学习的主流技术之一: (1) 符号主义学习 (2) 基于逻辑的学习	(1) 决策树(Decision Tree) (2) 归纳逻辑程序设计(Inductive Logic Programming, ILP)具有很强的知识表示能力,可以较容易地表达出复杂的数据关系,但会导致学习过程面临的假设空间太大,复杂度极高,因此,问题规模稍大就难以有效地进行学习
	从样例中学习的主流技术之二:基于神经网络的连接主义学习	1983 年,J. J. Hopfield 利用神经网络求解"流动推销员问题"这个 NP 难题。1986 年,D. E. Rumelhart 等人重新发明了 BP 算法,BP 算法一直是应用最广泛的机器学习算法之一
	20 世纪 80 年代是机器学习成为一个独立的学科领域,各种机器学习技术百花初绽的时期	连接主义学习的最大局限是"试错性",学习过程涉及大量参数,而参数的设置缺乏理论指导,主要靠手工"调参",参数调节失之毫厘,学习结果可能谬以千里
20 世纪 90 年代中期	统计学习(Statistical Learning)	支持向量机(Support Vector Machine,SVM),核方法(Kernel Methods)
21 世纪初至今	深度学习(Deep Learning)	深度学习兴起的原因:数据量大,机器计算能力强

追溯历史,就会发现机器学习的技术爆发有其历史必然性,属于技术发展的必然产物。而理清机器学习的发展脉络有助于整体把握机器学习或者人工智能的技术框架,有助于从"道"的层面理解这一技术领域。机器学习的发展史如图 3-2 所示。

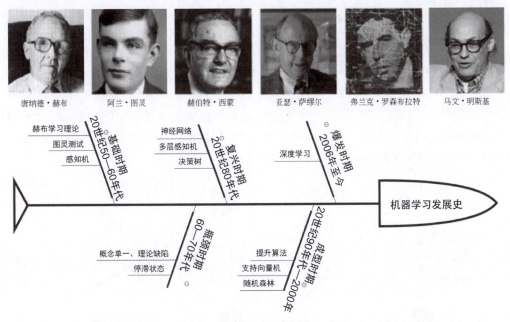

图 3-2 机器学习发展史

1. 诞生并奠定基础时期

1949 年,赫布基于神经心理学提出了一种学习方式,被称为"赫布学习理论"。该理论如此描述:假设反射活动的持续性或反复性会导致细胞的持续性变化并增加其稳定性,当一个神经元 A 能持续或反复激发神经元 B 时,这两个神经元或其中一个便会发生某些生长过程或代谢变化,致使 A 作为能使 B 兴奋的细胞之一,A 的效能增强了。赫布学习理论解释了神经元如何组成连接,从而形成记忆印痕。从整体的角度来看,赫布学习理论是神经网络(Neural Network,NN)形成记忆痕迹的首要基础,也是最简单的神经元(Neuron)学习规则。

1950 年,艾伦·麦席森·图灵提出图灵测试来判定计算机是否智能。如图 3-3 所示,图灵测试让机器与人对话,能够令人信服地说明"思考的机器"是可能的。2014 年 6 月 8 日,一个叫作尤金·古斯特曼的聊天机器人成功让人类相信它是一个 13 岁的男孩,成为有史以来首台通过图灵测试的计算机。这被认为是人工智能发展的一个里程碑事件。

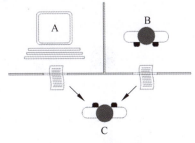

图 3-3 图灵测试

1952 年,IBM 科学家亚瑟·萨缪尔开发了一个跳棋程序。该程序能够通过观察当前位置,并学习一个隐含的模型,从而为后续动作提供更好的指导。萨缪尔发现,伴随着该游戏程序运行时间的增加,其可以实现越来越好的后续指导。通过这个程序,萨缪尔驳倒了普罗维登斯提出的机器无法超越人类,像人类一样写代码和学习的模式。萨缪尔创造了"机器学

"习"这一术语，如图 3-4 所示。

图 3-4　亚瑟·萨缪尔（图片来源：Brief History of Machine Learning）

1957 年，罗森布拉特基于神经感知科学背景提出了第二模型，非常类似于今天的机器学习模型。这在当时是一个令人兴奋的发现，比赫布的想法适用性更强。基于这个模型，罗森布拉特设计出了第一个计算机神经网络——感知机（Perceptron），模拟了人脑的运作方式。罗森布拉特对感知机的定义如下：感知机旨在说明一般智能系统的一些基本属性，不会被个别特例或通常不知道的东西束缚，也不会因为那些个别生物有机体的情况而陷入混乱。3 年后，维德罗首次使用 Delta 学习规则（即最小二乘法）用于感知器的训练步骤，创造了一个良好的感知机线性分类器，如图 3-5 所示。

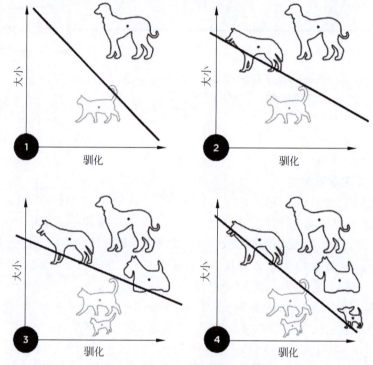

图 3-5　感知机线性分类器

1967 年，最近邻算法（the Nearest Neighbor algorithm），或者说 K 最近邻（KNN，K-Nearest Neighbor）分类算法出现，使计算机可以进行简单的模式识别。所谓 K 最近邻，就是 K 个最近的邻居的意思，说的是每个样本都可以用它最接近的 K 个邻居来代表。KNN 算法的核心思想是：如果一个样本在特征空间中的 K 个最相邻的样本中的大多数属于某一个类别，那么该样本也属于这个类别，并具有这个类别上样本的特性。这就是所谓的"少数听从多数"原则，如图 3-6 所示。

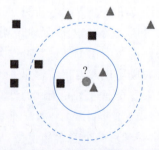

图 3-6　KNN 算法

1969 年，马文·明斯基提出了著名的异或（XOR）问题，指出感知机在线性不可分的数据分布上是失效的,如图3-7所示。此后神经网络的研究者进入了"寒冬",直到1980年才再一次复苏。

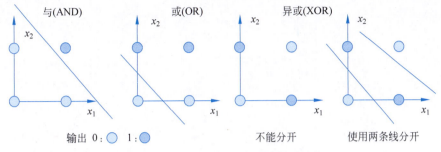

图 3-7　XOR 问题——数据线性不可分

2. 停滞不前的瓶颈时期

从20世纪60年代中期到70年代末,机器学习的发展步伐几乎处于停滞状态。无论是理论研究还是计算机硬件限制,使得整个人工智能领域的发展都遇到了很大的瓶颈。虽然这个时期温斯顿(Winston)的结构学习系统和海斯·罗思(Hayes Roth)的基于逻辑的归纳学习系统取得了较大的进展,但只能学习单一概念,而且未能投入实际应用。此外,神经网络学习机因理论缺陷也未能达到预期效果而转入低潮。

3. 希望之光重新点亮的复兴时期

伟博斯在1981年的神经网络BP(Back Propagation,反向传播)算法中具体提出多层感知机模型,如图3-8所示。虽然BP算法早在1970年就已经以"自动微分的反向模型"(reverse mode of automatic differentiation)为名提出来了,但直到此时才真正发挥效用。在1985—1986年,神经网络研究人员鲁梅尔哈特、辛顿、威廉姆斯-赫、尼尔森相继提出了使用BP算法训练的多参数线性规划(MLP)的理念,成为后来深度学习的基石。直到今天,BP算法仍然是神经网络架构的关键因素。有了这些新思想,神经网络的研究又加快了。

在另一个谱系中,昆兰于1986年提出了一种非常出名的机器学习算法——决策树,也称为ID3算法。决策树是另一个主流机器学习算法的突破点,该算法也被发布成为一款软件,能以简单的规划和明确的推论找到更多的现实案例,而这一点正好和神经网络黑箱模型相反。决策树算法流程如图3-9所示。

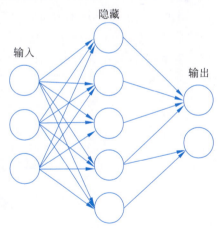

图 3-8　多层感知机(或人工神经网络)

决策树是一个预测模型,代表的是对象属性与对象值之间的一种映射关系。树中每个节点表示某个对象,而每个分叉路径则代表的某个可能的属性值,而每个叶节点则对应从根节点到该叶节点所经历的路径所表示的对象的值。决策树仅有单一输出,若要有复数输出,可以建立独立的决策树以处理不同输出。数据挖掘中决策树是一种经常要用到的技术,可以用于分析数据,同样也可以用来作预测。

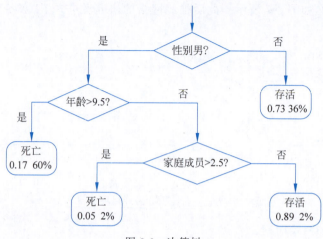

图 3-9 决策树

4. 现代机器学习的成型时期

1990 年,Schapire 最先构造出一种多项式级的算法,这就是最初的提升(Boosting)算法。一年后,Freund 提出了一种效率更高的 Boosting 算法。但是这两种算法存在共同的实践上的缺陷,那就是都要求事先知道弱学习算法学习正确的下限。1995 年,Freund 和 Schapire 改进了 Boosting 算法,提出了 AdaBoost(Adaptive Boosting)算法,该算法的效率和 Freund 于 1991 年提出的 Boosting 算法几乎相同,但不需要任何关于弱学习器的先验知识,因而更容易应用到实际问题当中。

Boosting 是一种用来提高弱分类算法准确度的框架算法,这种方法通过构造一个预测函数系列,然后以一定的方式组合成一个预测函数。Boosting 算法通过对样本集的操作获得样本子集,然后用弱分类算法在样本子集上训练生成一系列的基分类器,如图 3-10 所示。

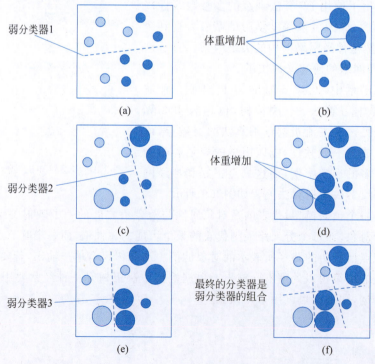

图 3-10 Boosting 算法

支持向量机(Support Vector Machine,SVM)于 1964 年提出,是机器学习领域的另一大重要突破,该算法具有非常强大的理论地位和实证结果。那一段时间机器学习研究也分为神经网络(Neural Network,NN)和支持向量机(SVM)两派。然而,在 2000 年左右提出带核函数的支持向量机后,SVM 在许多以前由 NN 完成的任务中获得了更好的效果,如图 3-11 所示。此外,SVM 相对于神经网络(NN)还能利用所有关于凸优化、泛化边际理论和核函数的深厚知识。因此,SVM 可以从不同的学科中大力推动理论和实践的改进。

与 SVM 相比,这一时期神经网络(NN)遭受到又一个质疑,通过 1991 年和 2001 年 Hochreiter 等的研究,表明在应用 BP 算法学习时,NN 神经元饱和后会出现梯度损失(Gradient Loss)的情况。简单地说,在一定数量的 epochs(样本数量/批量大小)训练后,神经网络模型会产生过拟合现象。这一时期,因为神经网络模型相比 SVM 更容易过拟合,导致神经网络处于劣势。

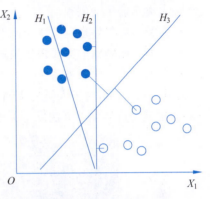

图 3-11　支持向量机 SVM

2001 年,布雷曼博士提出"随机森林"的概念,其基本单元是决策树,是通过集成学习的思想将多棵树集成的一种算法。随机森林的本质属于机器学习的一大分支——集成学习(Ensemble Learning)方法。随机森林的名称中有两个关键词:一个是"随机",另一个就是"森林"。"森林"很好理解,一棵叫作树,那么成百上千棵树就可以叫作森林,这样的比喻还是很贴切的,其实这也是随机森林的主要思想——集成思想的体现。

5. 爆发时期

2006 年,神经网络研究领域的泰斗杰弗里·辛顿提出了深度学习(Deep Learning)算法,使神经网络的能力大大提高,挑战支持向量机。杰弗里·辛顿和他的学生鲁斯兰·萨拉赫胡迪诺夫在顶尖学术刊物 *Science* 上发表了一篇文章,开启了深度学习在学术界和工业界的浪潮。

从几十年的历史可以看出,机器学习的发展并不是一帆风顺的,也经历了螺旋式上升的过程,成就与坎坷并存。机器学习的发展诠释了多学科交叉的重要性和必要性,各领域研究学者的成果共同促成了今天人工智能的空前繁荣。

3.1.3　机器学习应用领域

机器学习经历了几十年的发展,虽然并不能与人类的智能相比,却在日常生活中得到了广泛的应用。

(1) 银行、零售和电信。例如,潜在客户和合作伙伴,客户满意度指数(基于关系、交易、营销活动等),欺诈、浪费和滥用索赔,预测信用风险和信誉,营销活动的有效性和影响因素,交叉销售和建议,联络中心帮助客服代表在与客户的通话中获取相关数据。

(2) 医疗保健和生命科学。例如,扫描、筛选和生物识别,基于混合成分的药物,基于症状、患者记录和实验室报告的诊断和补救,根据药物、患者、地理位置、气候条件、过往病史、食物摄入等数据的 AECP(不良事件病例处理)情景。

（3）一般日常应用。例如，文字或语音书写识别，调试、故障排除和解决方案向导，过滤垃圾邮件，短信和邮件分类或建议，支持问题并丰富 KeDB（知识错误数据库），朋友和同事推荐，无人驾驶，构建人工智能和算法，图像处理等。

（4）安全应用。例如，手写、签名、指纹、虹膜/视网膜识别和验证，人脸识别，DNA 模式匹配。

综上所述，机器学习非常适用与以下几种场景。

- 人类不能手动编程。
- 人类不能很好地定义这个问题的解决方案是什么。
- 人类不能做到的需要极度快速决策的系统。
- 大规模个性化服务系统。

如图 3-12 所示，对于人类的头脑来说，反复数十亿次的不间断处理数据，必然是会感到厌倦的，这就是机器学习算法发挥关键作用的地方。

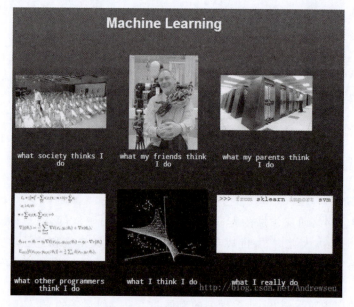

图 3-12　机器学习适用场景

3.2　机器学习进阶

如果把机器学习比作一个人，那么到目前只是认识了这个人，但对他的性格以及特质还是很模糊，并不了解。接下来，将进一步深入了解机器学习的基础知识，进一步地观察机器学习到底长什么样以及特质，并学习一些专业的术语，能够更准确和专业地评价和讨论机器学习。

3.2.1　机器学习种类

实现机器学习的方法多种多样，按照不同的应用领域和案例，使用的机器学习的方法也不尽相同。

视频讲解

1. 按功能分类

从功能上来说，机器学习的功能大致可分为回归、分类和聚类。初次听到这几个词会比较抽象，可以通过在学校中的例子来想象一下。

1) 回归

关于回归，假设某同学所在的班级每周 x 都会进行一次考试，每次考试都能得到自己所在班级的一个排名 y。那么经历了 n 次考试后（每次考试未必是相邻的周），能够根据每次的考试名次大致画出这个同学名次波动的曲线。根据这条曲线，也就基本可以推测该同学在过去或未来某一次考试的名次。这条曲线生成的过程就属于回归的拟合过程。

回归是指有无限个可能的问题，根据已知变量去预测的是一个连续的、逼近的变量。比如房价的预测、明日气温的预测。在实际的回归案例中，已知变量也是连续的值，会比较复杂，具体操作会在后续章节讲解，现在只需要知道回归问题预测的是一个连续的值就可以了。

2) 分类

关于分类，是事物所有状态的可能性的集合。比如对于生命状态的分类包括生和死，对产品合格状态的分类包括合格与不合格，对于动物的分类包括猫、狗和其他物种，对于学生毕业就业的情况可分为就业与未就业。每当讨论起某同学毕业一定能找一个好工作，这样的一个推论，往往是根据该同学许多因素得来的，例如，学习成绩是否良好、是否是班委、是否在学校有兼职、是否有大赛获奖情况等因素。但是这些因素所起到的作用一定有轻重之分。因此，根据毕业生的在校情况给每个因素赋予一定的轻重比例，这个过程就是分类的拟合过程。根据这些因素比例，就可以轻松地推测在校生未来是否能够就业。当然，没人能够神机妙算，预测的只是每一个类别的概率，而不是实际数据。

分类是指有限个可能的问题，预测的是一个离散的、明确的变量。比如给出一张图片，去判断是 T 恤、是裤子、还是其他的种类。同样，在实际的分类问题中，已知变量有可能是连续的值，也有可能是离散的（表示类别）的值，人们只需要知道分类问题预测的是一个概率就可以了。

3) 聚类

关于聚类，和分类有一些相似，都是把一个数据集中的数据分成不同的类别。但是这些数据往往没有明确的标签。在学校每年一度的运动会上，各个班级的同学在操场上按不同的区域集合，当大家在休息时，各班级的同学多少会聚集。虽然散开的同学身上并没有标注班级的标签，但可以根据同学相互之间的距离和聚集程度大体区分出不同的班级。

聚类需要从没有标签的一组输入向量中寻找数据的模型和规律，在数据中心发现彼此类似的样本所聚成的簇。

2. 按方式分类

人工智能是模仿人在某一方面的能力，从机器学习的方面来讲，就是能像人一样预测数值、预测可能性。和人类一样，机器学习生来并不具备这些能力，机器学习准确的推测是建立在通过大量已知数据的分析基础上的，这个过程称为"学习"或者训练。机器学习的方式大体分为 3 类：监督学习、无监督学习和弱监督学习。

1) 监督学习

最常见的监督学习，就是平时学习然后参加考试的过程。中学阶段通过大量的习题训练,学习解题方法,为的是能够在高考的时候取得好的成绩,但是高考的题目是之前没有见过的,但是这并不说明高考的题目是不能做出来的,学生可以通过对之前做过的习题的分析,找到解题的方法。

监督学习的原理和上面的例子差不多,利用一些已知的数据训练机器(做习题),然后机器分析数据,找到内在联系(学习解题方法),从而对未知的数据做出判断和决策(做高考题)。

监督学习的学习数据既有特征(Feature),也有标签(Label)。例如学生就业,数据中既有学生的平时表现数据,也有学生最后的就业数据,利用这些数据,机器学习就生成了预测模型。其中的标签,也可以理解为一种反馈。例如,学生在学习过程中,所做的习题没有参考答案来给出反馈,那做题就是出于瞎猜的状态,学习效果也会受到影响。

监督学习首先要通过学习已知数据,然后才可以完成预测和分类。

2) 无监督学习

前面所说的聚类过程就属于典型的无监督学习。相对于有监督学习,无监督学习是一类比较困难的问题,其学习数据没有标签,同时特征往往不够明确,按照一定的偏好,也能够大致将所有的数据映射到多个不同标签(分类)。

3) 弱监督学习

监督学习可以更精确地拟合现实中的模型,但监督学习的缺点也很明显。首先,监督学习要求有大量的训练数据;同时,这些训练数据必须有标签。然而,数据的标记工作通常由人工完成,这就造成人的工作量大,同时也难以保证标签的正确性。弱监督学习便是为了应对各种数据标签问题提出的解决方法。弱监督通常分为 3 种类型:不完全监督、不确切监督、不准确监督。

不完全监督,指的是训练数据只有部分是带有标签的,同时大量数据是没有被标注过的。这是最常见的由于标注成本过高而导致无法获得完全的强监督信号的情况。例如,聘请领域专家直接给大量数据添加标签的成本就相当高。另外,在为医学影像研究构建大型数据集时,放射科医生可能不愿意标记数据增加他们的工作量。根据以往的经验,由于医生对于数据科学的了解往往不够深入,有许多数据的标注结果(例如,为分割任务框定的病灶轮廓)是无法使用的,从而产生了很多实际上缺少有效标记的训练样本。

不确切监督,即训练样本只有粗粒度的标签。例如,针对一幅图片,只拥有对整张图片的类别标注,而对于图片中的各个实体(instance)则没有标注的监督信息。例如,对一张肺部 X 光图片进行分类时,只知道某张图片是肺炎患者的肺部图片,却并不知道具体图片中哪个部位出现问题,对应说明了该图片的主人患有肺炎。

不准确监督,即给定的标签并不总是真值。出现这种情况的原因有很多,例如,标注人员自身水平有限、标注过程粗心、标注难度较大。在标签有噪声的条件下进行学习就是一个典型的不准确学习的情况。

3.2.2 基本术语

机器学习的机制是地地道道的人类思维,非常好理解。在讨论机器学习的机制前,先统一基本术语,这是进行沟通和理解问题的基础。掌握了这些术语,就不再是一个简单的使用者,而是跨入了人工智能专业技术的大门。

1. 数据集

数据是机器学习的原材料,是机器学习产生"智能"的源泉。假如要让机器学习学会判断一个西瓜是否成熟,那就需要提供一组关于西瓜的数据。例如,西瓜的颜色、西瓜的尺寸、西瓜的重量、西瓜的根蒂形状、敲击声如何等。如果只提供一两个西瓜的数据,机器学习很难正确地学会挑熟西瓜。因为凡事都有例外,这个例外的数量还可能不少。所以用于机器学习的西瓜的数量必须很大,如一地摊西瓜的数据,或者是一大车西瓜的数据。这种由多数量样本组成的数据,称为"数据集"。

在这个数据集中,反映西瓜特点的属性,如西瓜的颜色、西瓜的大小等称为属性或特征。对于西瓜重量这个特征值来说,可以从几克到几千克,是一个连续值,对于这种具有连续值的数据,称为"数值数据";而对于西瓜的颜色这个特征值来说,取值为"青绿"或者"乌黑",是由好几个分类组成的,是不连续的数据,称为"分类数据"。

在西瓜的数据集中,每一个西瓜的特点是通过(颜色,尺寸,重量,…,形状)多个特征值构成的,这些多特征组合称为"特征向量"。

2. 模型

通过西瓜的特征,经过思考,就可以辨别西瓜的成熟度。看似简单的一个事情,思考一下,是怎样实现的。首先人的眼睛会把西瓜的样子传入大脑,人的手会把西瓜的重量传入大脑,最终这些信号进入复杂的神经连接,最终在传导人的嘴上,说出了结果。正是这样一个复杂的生理结构让人能够做出思考和判断。机器学习也是同样的道理,任何一个机器学习也应该有这样一个"生理结构",而这样一个生理结构称为"模型"。模型的构建是机器学习非常重要的一部分。对于初学者来说,不要因此而却步,在很多情况下,只需要会用某个模型就可以了。就如同消费者都可以根据自己的需要买到性能不错的手机,但并不需要自己会制造手机。

3. 训练

生理结构是人类智能的基础,可是只有生理基础,人类智能也是不完善的。没有人天生就会挑瓜,这是经历过无数次成功和失败的亲身实践后才可能具备的技能。这样一个过程就是机器学习中的"学习"。一个建立好的模型就如同一个新生的婴儿,只是有了最基本的生理结构,如果不经过长期的学习,其智能也不会有任何提高。让建立好的模型学习大量数据的过程称为"模型训练",而用于训练的那部分数据集,称为"训练集"。

4. 预测

在训练过程中,预测结果会对模型起到评价作用,使用预测结果与实际结果的差距来调整模型的参数来改善模型。比如我们挑了一个瓜,认为是熟的,但切开之后却是生的。这个结果对我们会起到反馈作用,让我们下一次遇到类似情况时避免犯错。如果把训练比作我们平时的学习,而预测就相当于做作业。作业会让我们知道哪些知识点需要加强学习。

5. 测试

同训练集一样,一组用于测试的大量数据构成的数据集,称为"测试集"。在训练结束后,将测试数据输入训练好的模型,根据测试集的正确率来衡量模型性能的好坏。这里需要注意的是,测试集中的数据和训练集是完全不同的,就好比考试的题目不应该出现原题一样。如果用训练集做测试,会发现正确率很高,但这是一种虚假的结果,并不能反映模型训练得好不好。

视频讲解

3.2.3 机器学习的流程

机器学习的一般流程其实和传统的软件开发的流程有些不同,不必将精力放在编程的流程上,而是要理解每一步的具体意义。在实际的应用过程中,对待不同的案例流程和表述会有一定的差别,总体上来说机器学习的流程包括分析案例、数据获取、模型训练和模型验证这 4 个过程。

1. 分析案例

机器学习的第一步是要理解实际问题,把现实问题抽象为机器学习能处理的数据问题。鸢尾花有不同的品种,可以通过肉眼直观地看出不同品种的区别。如果要让机器学习能够区分不同的品种,就需要把花瓣样子抽象为数据。在这个案例中,可以把鸢尾花的花瓣长度和花瓣宽度的数据作为要处理的数据。

门卫工作人员可以识别出不同的访客,是因为每个人都有不同的面目特征。如果要让机器学习也能够进行人脸识别,就需要把人脸的图像抽象为数据。由于人脸的特征过于复杂,去测量统计每个人眼睛的形状,五官的距离是不现实而且不准确的。在这种情况下,不妨把人脸图像量化为数字图像,把图像中的每一个像素都作为处理的数据。

2. 数据获取

第二步就是准备机器学习所需要的数据集了,包括获取原始数据以及从原始数据中经过特征工程从中提取训练数据、测试数据。在实际应用中,只靠个人去准备数据是相当费时费力的工作,因为少量的数据并不能很好地支撑机器学习。机器学习在当代之所以能再次发展起来,其中重要的一个原因是几十年来相关案例的数据收集比较完善。不少科研机构和公益组织准备了大量的数据集供人们学习和使用。

这些数据集提供的数据特征比较丰富,在学习和应用过程中,应该根据实际情况去分析选择自己所需要的特征。如图 3-13 和图 3-14 所示,选择样本数据时,一般采用随机抽取的方式组成自己的训练集和测试集,因为随机组成的数据更能反映一般规律。

图 3-13 数据集图片

3. 模型训练

在准备好数据之后,要首先选择一个适合自己的模型,不同的模型在解决不同的问题上性能会有比较大的差距。之后便是将准备好的数据交给模型来训练,通过迭代使模型最终收敛。在训练的过程中,需要根据训练的精度误差以及训练时间来调整相应的参数,使得模

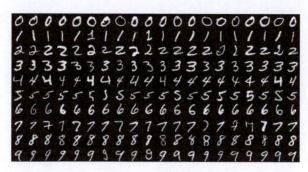

图 3-14　MNIST 数据集

型更适合实际案例。

4. 模型验证

一旦训练完毕,就要对得到的模型进行评估。此时,早前选好的测试集就派上用场了。在评估中,使用之前从未使用过的数据来测试模型,得到输出并与正确的判定结果对比。模型验证主要用来衡量训练后模型的性能。

3.3　线性模型

视频讲解

线性模型(Linear Model)蕴含了机器学习中一些重要的基本思想。线性模型形式简单、易于建模,具有很好的解释性。线性模型尝试通过属性的线性组合来进行描述和预测。

$$f(X) = w_1 * x_1 + w_2 * x_2 + \cdots + w_n * x_n + b$$

其中,$x_i (i=1,2,\cdots,n)$ 是第 i 个属性的取值;$w_i (i=1,2,\cdots,n)$ 是属性的系数。

在下面的案例中,重点学习线性模型是如何实现简单的应用,变成为人所用的工具,感受一下成为"先知"的快感。对于具体的方法,不需要纠结如何实现,明白原理和思路才是重要的。

3.3.1　预测工资——线性回归

1. 训练流程

1) 场景说明

通过员工工作年限与工资的对应关系表,找出二者之间的关系,并预测在指定的年限时,工资会有多少。

可以看出,这是一个用工作年限预测工资的简单线性回归问题。下面就按照最简单的流程来解决这个问题。

2) 确定数据

观察数据是进行数据分析等机器学习过程的第一步。这一步的主要目的是对训练数据有初步的认识。比如观察数据的特征含义,确定哪些特征是有效的,哪些特征是无效的,数据是否完整等。这一步能够帮助我们对数据有一个大致的理解。

员工的工资信息如表 3-2 所示,每一列代表数据的一个特征,分别是"姓名""年限""级别""工资"。在这些特征中,"姓名"一般不会影响到工资收入,可以将"姓名"作为无效的特征,不纳入训练的数据当中。因此这个数据集的特征向量即为{年限,级别,工资}。"工资"

是结果,而"年限"和"级别"两个因素共同决定了"工资"。"工资"之所以难以预测,是因为工资并不是根据某个固定的公式计算出来的,其中也包含了复杂的"人"的因素,比如员工的为人处世、老板是否赏识等。

表 3-2　年限和工资数据

姓　　名	年　限	级　别	实际工资/元
蹇嘉怡	5	1	5500
焉从丹	3	7	5500
问德曜	8	2	10 000
经茂彦	1.5	5	4500
仰雅旋	10	6	13 000
来囡囡	3	3	5500
浮彬郁	7	3	8500
夷三姗	5	4	7000
和云臻	1	2	4000
桥琪华	8	5	11 500
犹　青	3	4	4000
宿雪萍	2	3	3500
莱　颀	4	1	4500
池晶辉	4	4	6000
星迎蕾	3	2	3500
百淑贞	1	3	2500
凭嘉福	4	2	5000
庆月灵	5	2	6000
麴　茵	3	4	5000
仇云水	7	5	9500
明　甘	6	5	8500

以上数据保存为 CSV 表格文件,使用 Python 的 pandas 库读取以上数据的代码如下:

```
# 工作年限、级别与工资数据(CSV 文件)
csv_data = 'salary.csv'
# 读入 dataframe
df = pandas.read_csv(StringIO(csv_data))
print(df)
```

3) 确定模型

通过线性模型来预测一下年限和工资的关系。为了简单理解,首先考虑"年限"和"工资"两者之间的关系。假定工资表示为 y,年限表示为 x,两者符合线性模型,那么这个模型就可以设为 $y=ax+b$。使用二维坐标来显示年限和工资数据,如图 3-15 所示,工资-年限基本呈现线性增长的形状。

使用 Python 的 sklearn 库建立模型的代码如下:

```
# 建立线性回归模型
regr = linear_model.LinearRegression()
```

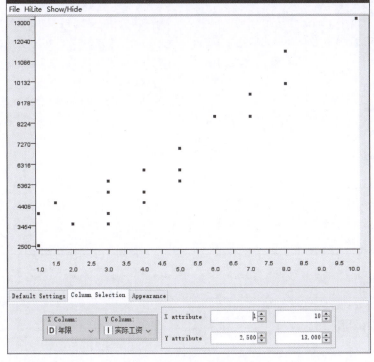

图 3-15　工资-年限数据样本

4）训练模型

在确定了模型之后，就可以使用现有的数据来训练模型。训练的过程实际上就是调整参数 a、b 的过程，这个过程叫作拟合。训练的目标就是确定 $y=ax+b$，使这条直线最大限度地接近这些散点。

可以想象，如果员工的数据非常少，那么参数 a 和 b 计算的结果是不准确的，随着员工的数据增多，也就是训练集变大，参数 a、b 的计算结果将越来越精确。当然，随着训练的次数不断增多，a、b 的值会有一个精确的极限，当它们不能够再被精确时，则被认为这个模型已经训练得"足够"好了，这个结果叫作"收敛"。

如图 3-16 所示，一开始只用前 3 个数据来训练（图中红框标记的点），这时拟合的直线为 $a=947.3684$，$b=1947.3684$（图中红色的直线）。在图中可以直观地看出，红色的这条线并不能最大限度地贴合各个样本数据，认为在数据量少时，结果并不精确。当使用所有的 22 个数据进行训练时，生成的黑色直线明显要优于红色的直线。此时 $a=1083.073$，$b=1511.0797$。图中这条线就是线性回归的结果，其实际意义代表在已知的工作年限下，对应的高度就是预测的收入。不同迭代次数下的拟合结果如图 3-17 所示。

使用 Python 的 sklearn 库训练模型的代码如下：

```
#填入数据并训练
regr.fit(df['年限'].reshape(-1, 1), df['实际工资']) #注意此处.reshape(-1, 1),因为 X 是一维的!
#得到直线的斜率、截距
a, b = regr.coef_, regr.intercept_
print(a,b)
```

彩色图片

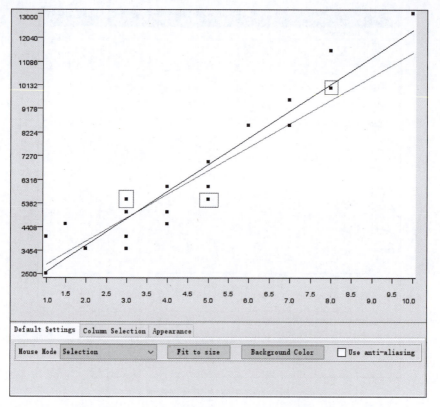

图 3-16　不同迭代次数下的工资-年限回归线

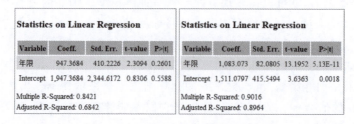

图 3-17　不同迭代次数下的拟合结果

5）让预测更精确

通过上面的实验可以看到，实际预测的工资和真实工资总是有或大或小的差距，这条线只是代表了整体预测的误差最小的情况。那么使预测更加精确就是训练模型并进行调优的目标。

在上面的模型中，只使用了一个特征值{年限}。这种使用一个特征去拟合另一个特征的回归，称为一元线性回归。在实际的数据中，还存在另一个特征"级别"，该特征也会对"工资"产生影响，因此应该将此特征也纳入训练的过程中，将特征向量的尺度由一元变为二元的{年限,级别}。这种由多个特征去拟合另一个特征的回归，称为多元线性回归，此时的模型就变为 $y=ax_1+bx_2+c$。利用这个新的模型，重新训练数据并观察结果。

从图 3-18 可以看出，二维特征向量加上一个结果特征构成了三维空间中的点，而空间中的平面则是二元线性回归拟合的平面，平面上的任意一点就是该点对应的年限和级别时所预测的工资。从上面可以看出，随着线性回归特征向量尺度的增加，模型也会跟着变得复杂，一般来说，训练的结果也会变得更好。

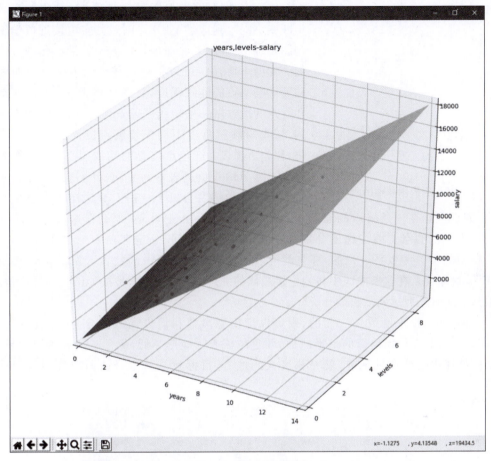

图 3-18　二元拟合平面

　　一维特征向量拟合的是一条直线，二维特征向量拟合的是一个平面，那么三维、四维拟合的结果会是怎样的？对于高维向量，并不能用三维空间坐标表示出来，这个理论的高维平面称为超平面。在实际很多应用中，对于事物的描述往往通过多个特征来描述，训练数据的特征向量也就基本都是高维特征向量了。

　　2. 训练原理

　　模型通过训练，实现了比较准确的预测功能。下面将介绍模型是怎样训练才能达到这样的结果。在这里，大家不必过于担心，我们不会陷入数学的陷阱，只需要了解训练的原理就可以了。

　　想象一下，一个婴儿怎样能够学会辨别猫还是狗呢？首先，他必须接触大量猫和狗的图片，其次，每一次对猫或狗的辨认一定需要家长给予反馈。辨别错了，家长会表现得不开心，语气生硬；而辨别正确，家长则会表现得开心，并给予奖励。正是在这样的反馈当中，婴儿的辨别能力不断加强。在机器学习中扮演这个家长角色的就是损失函数。损失函数是用来估量模型的预测值与真实值的不一致程度，它是一个非负实值函数。损失函数越小，模型的稳健性就越好。训练的过程就是模型通过不断地迭代调整各个参数，使得损失函数达到一

彩色图片

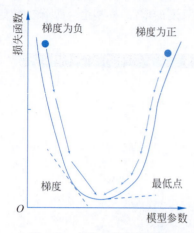

图 3-19 损失函数梯度曲线

个相对最小状态的过程。

1)梯度

接下来的问题是,怎样调整模型参数使得损失函数不断变小呢?到这了个层面,问题其实更接近数学编程问题,只需要理解方法即可。损失函数最小化的方法一般为梯度下降法。可以把梯度想象为表示一个曲线或曲面上某一点的陡峭程度,如图 3-19 所示,分别在紫点和红点的地方做一条切线可以发现,两条切线的方向不同,切线的倾斜角度不同。紫色点位置的切线斜率为负,称为负梯度;红色点位置的切线斜率为正,称为正梯度。这里的正负只表示为方向,并不表示大小,所以红色点位置的梯度会更小一些。有这样一个规律不难看出,如果人走在一条崎岖的道路上,先走下坡路,后走上坡路,那么在这段路中间一定存在一个最低的点。即在梯度分别为正负的两个点之间,一定存在一个梯度为 0 的点。如果模型的损失函数是一元的,那么就可以把模型参数和损失函数表示为图 3-19 中所示的样子,目标就是在这条曲线中找到位置最低的那个点,这个点就是损失函数的最小值点,一般认为此时模型达到了收敛。

同样,如果损失函数是二元的,则可以把模型参数和损失函数拟合为一个曲面。如图 3-20 所示为珠穆朗玛峰的地形曲面,颜色越深表示地形越低,颜色越浅表示地形越高。因此颜色变化幅度大的地方,就是梯度大的地方,目标就是从这个曲面中找到最低的那个点。

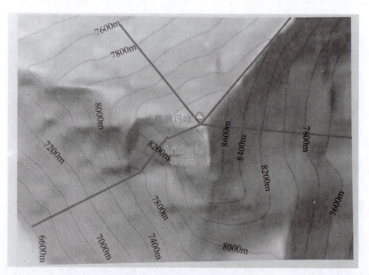

图 3-20 二元梯度曲面

2)梯度下降

在图 3-19 中的梯度曲线中,从紫色的点走到最低的那个点,可以利用下面公式:

$$下一个位置 = 当前位置 - 学习率 \times 梯度$$

当初始位置在左侧时,往右走一段距离(学习率),看看当前位置是不是比原来的位置更低,如果是,就继续往右走;当下一步跨过最低点时就会发现,当前的位置没有更低反而升高时,这就说明走过了,需要反过来再往回走。这样不断循环,最终就会找到最低点。

3)学习率

在上面的公式中可以看出,使用梯度下降法最重要的一个因素是学习率。如图3-21所示,设置不同的学习率。如果学习率定得太高,步子迈得太大,好处是可以走得很快,但总是会在最低点附近跨来跨去,最终找到的最小值离实际的最小值误差会比较大;如果学习率定得太低,步子迈得太小,会更容易接近实际的最小值,但是速度会变慢、效率降低。如何设置学习率则考验机器学习的运用能力和经验。

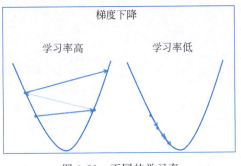

图 3-21　不同的学习率

4)过拟合问题

再次回到工作年限与工资收入的关系这个问题,只用一条直线来拟合年限与工资的关系,如果使用一条曲线来拟合,那么这条曲线会更加贴合每一个样本数据,也就更加精确了,如图3-22所示。

图 3-22　一次多项式拟合曲线

$y=ax+b$ 属于一次多项式,把次数增加为二次多项式,模型就变为 $y=ax^2+bx+c$,此时拟合的预测线就由直线变为图3-23中的曲线。

图 3-23　二次多项式拟合曲线

继续把模型变为三次多项式 $y=ax^3+bx^2+cx+d$，此时预测线就变为图 3-24 中的曲线。

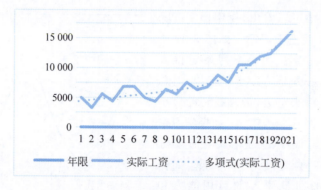

图 3-24　三次多项式拟合曲线

以此类推，不断把模型变为四次、五次、六次，观察如图 3-25～图 3-27 所示的曲线在图中的变化情况。

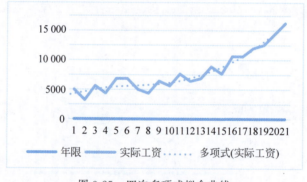

图 3-25　四次多项式拟合曲线

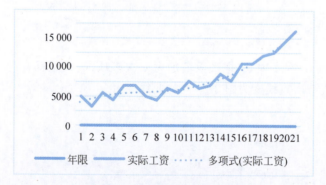

图 3-26　五次多项式拟合曲线

可以看出，随着模型次数的增加，预测线会拟合得越来越好，越来越贴近实际的采样点，但这并不能说明模型越来越好。

因为现实中样本的特征数据并不是完全精确的，其中会有很多干扰因素，例如，有的老板和某些员工更合拍，发的工资就会更高，在这种情况下，年限这个因素相比就是次要因素。

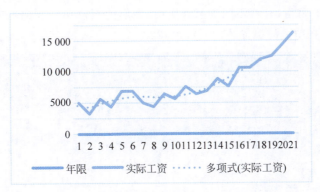

图 3-27　六次多项式拟合曲线

在年限-工资这个模型中,模型拟合得越好,就代表模型把年限和工资建立起更强的联系,越把年限因素看成绝对因素,一些特殊的、不符合规律的样本点越会被采纳。就像是书呆子,只会解答某种试题,稍微一变就不会了。

过拟合就是模型完美地或者很好地拟合了数据集中的有效数据,同时也很好地拟合了数据集中的错误数据,但是此模型很可能不能很好地用来预测数据集的其他部分。如图 3-28 所示,如果拟合的曲线完全符合样本点,不难看出对于大部分位置的预测都是离谱的,这就属于严重的过拟合。

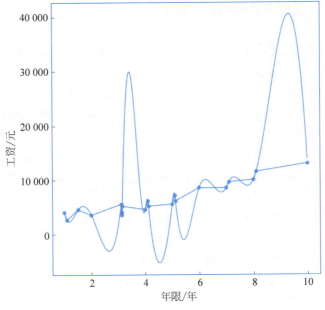

图 3-28　过拟合的极端情况

3.3.2　泰坦尼克号生存预测——逻辑回归

训练流程如下。

1) 场景说明

泰坦尼克号是一艘英国皇家邮轮,如图 3-29 所示。是当时全世界最大的海上船舶。1912 年 4 月 10 日,泰坦尼克号展开首航,乘客身份各种各样,他们有不同的年龄,来自不同的国家,拥有不同的财富,有着不同的家庭成员,他们的票价和所在的船舱等级也不同。在 4 月 14 日凌晨,它在中途岛碰撞冰山后沉没,2224 名船上人员中有 1514 人死亡。

图 3-29　泰坦尼克号

灾难过后,泰坦尼克号所属的白星航运公司统计出了所有乘客的信息和生还情况。在这个案例中乘客的数量较多,而且每个乘客的信息完善,生还情况也做好了标记,可以使用机器学习来建立一个生还概率预测的模型。

2) 观察数据

泰坦尼克号乘客信息数据如表 3-3 所示,只展示数据的一部分。数据中每一列的含义分别是 pclass(客舱等级)、survived(是否生还)、name(乘客姓名)、sex(性别)、age(年龄)、sibsp(同代直系亲属人数)、parch(不同代直系亲属人数)、ticket(船票编号)、fare(票价)、cabin(客舱号)、embarked(登陆港口)、boat、body、home.dest(出发地和目的地)。在这些数据中,可以思考一下,哪些可以用来做特征值,而哪些却不适合。

在接下来的实验中,选择的特征值有 survived、pclass、sex、age、sibsp、parch、ticket、fare、cabin。在这些特征中,有一些特征取值是不连续的分类数据,这类数据没有中间值量化的概念。例如 survived(是否生还)中,用 1 表示生还,用 0 表示死亡,并不存在 0.5 这种数据,中间值是没有意义的。相同的数据类型还有 sex(性别),male 是男性,female 是女性;pclass(船舱等级),1 表示一等舱,2 表示二等舱,3 表示三等舱。

确定了特征向量后,就可以基本确定这是一个多元线性模型。模型最终的训练会拟合为一个超平面。输入一个乘客的详细特征就可以预测该乘客能否在这次事故中生还。

3) 将回归问题转为分类问题

对于泰坦尼克号生存预测的案例,最终的预测结果只有两个:要么为 1 生还,要么为 0 死亡。为了方便理解,用一元线性模型(票价-生存)来说明问题。如果用先前讲的回归模型来处理,拟合出来表示生死的直线一定会是一个连续的值,如图 3-30 所示。

在图 3-30 中,x 轴表示乘客的票价,y 轴表示生存与否,图中的圆点是乘客样本数据,可以看出分类数据只分布在 0 或 1 中。而拟合出来的预测曲线却超过了这个范围,尤其是当票价超过 3200 时,生存状态会大于 1,这说明把线性回归作为模型是存在问题的。

表 3-3 泰坦尼克号乘客信息数据

pclass	survired	name	sex	age	sibsp	parch	ticket	fare	cabin	embarked	boat	body	home, dest
1	1	Allen, Miss. Elisabeth Walton	female	29	0	0	24160	211.3375	B5	S	2		St Louis, MO
1	1	Allison, Master. Hudson Trevor	male	0.9167	1	2	113781	151.5500	C22C26	S	11		Montreal, PQ/Chesterville, ON
1	0	Allison, Miss. Helen Loraine	female	2	1	2	113781	151.5500	C22C26	S			Montreal, PQ/Chesterville, ON
1	0	Allison, Mr. Hudson Joshua Creighton	male	30	1	2	113781	151.5500	C22C26	S		135	Montreal, PQ/Chesterville, ON
1	0	Allison, Mrs. Hudson J C(Bessie Waldo Daniels)	female	25	1	2	113781	151.5500	C22C26	S			Montreal, PQ/Chesterville, ON
1	1	Anderson, Mr. Harry	male	48	0	0	19952	26.5500	E12	S	3		New York, NY
1	1	Andrews, Miss. Komelia Theodosia	female	63	1	0	13502	77.9583	D7	S	10		Hudson, NY
1	0	Andrews, Mr. Thomas Jr	male	39	0	0	112050	0.0000	A36	S			Belfast, NI
1	1	Appleton, Mrs. Edward Dale(Charlotte Lamson)	female	53	2	0	11769	51.4792	C101	S	D		Bayside, Queens, NY
1	0	Artagaveytia, Mr. Ramon	male	71	0	0	PC17609	49.5042		C		22	Montevideo, Uruguay
1	0	Astor, Col. John Jacob	male	47	1	0	PC17757	227.5250	C62C64	C		124	New York, NY
1	1	Astor, Mrs. John Jacob(Madeleine Talmadge Force)	female	18	1	0	PC17757	227.5250	C62C64	C	4		New York, NY
1	1	Aubart, Mme. Leontine Pauline	female	24	0	0	PC17477	69.3000	B35	C	9		Paris, France
1	1	Barber, Miss. Ellen"Nellie"	female	26	0	0	19877	78.8500		S	6		
1	1	Barkworth, Mr. Algemon Henry Wilson	male	80	0	0	27042	30.0000	A23	S	B		Hessle, Yorks
1	0	Baumann, Mr. John D	male		0	0	PC17318	25.9250		S			New York, NY
1	0	Baxter, Mr. Quigg Edmond	male	24	0	1	PC17558	247.5208	B58B60	C			Montreal, PQ
1	1	Baxter, Mrs. James(Helene DeLaudeniere Chaput)	female	50	0	1	PC17558	247.5208	B58B60	C	6		Montreal, PQ
1	1	Bazzani, Miss. Albina	female	32	0	0	11813	76.2917	D15	C	8		
1	0	Beattie, Mr. Thomson	male	36	0	0	13050	75.2417	C6	C	A		Winnipeg, MN
1	1	Beckwith, Mr. Richard Leonard	male	37	1	1	11751	52.5542	D35	S	5		New York, NY
1	1	Beckwith, Mrs. Richard Leonard(Sallie Monypeny)	female	47	1	1	11751	52.5542	D35	S	5		New York, NY
1	1	Behr, Mr. Karl Howell	male	26	0	0	111369	30.0000	C148	C	5		New York, NY
1	1	Bidois, Miss. Rosalie	female	42	0	0	PC17757	227.5250		C	4		

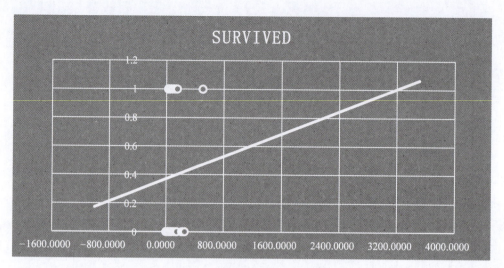

图 3-30　线性回归表示分类问题

为了解决这个二分类问题,最好是能把所有的结果计算出一个[0,1]的值作为概率,当结果为 1 时即为 100% 发生,当结果为 0 时表示没有发生。但仅仅这样还是不够的,想象一下,每当抛出一枚硬币,要么是正面要么是反面,但极为罕见的情况是立在桌面上的。为了符合这个实际情况,避免计算出来的结果在 0.5 附近,因为这种预测是没有意义的,提供不了参考价值,所以使结果尽可能地贴近 0 或者 1。

使用 Sigmoid 函数将线性回归线转为逻辑回归线。Sigmoid 函数如下:

$$\sigma(z)=\frac{1}{1+\mathrm{e}^{-z}}$$

将线性模型 $y=ax_1+bx_2+cx_3+\cdots+d$ 代入 Sigmoid 函数公式,就完成了线性回归到逻辑回归的转换。从图 3-31 可以看出,预测的概率在[0,1],且并不容易聚集在 0.5"似是而非"这个地带。

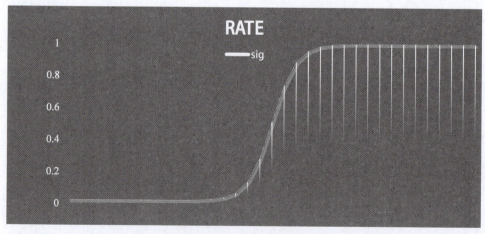

图 3-31　Sigmoid 函数

4) 模型训练与测试

具体的模型训练与搭建过程不在本书介绍,感兴趣的读者可以参照网上利用 KNIME

实现泰坦尼克号数据的预测实验。在 Python 中使用 sklearn 实现逻辑回归模型并做出预测的代码如下：

```
#基于训练集使用逻辑回归建模
classifier = LogisticRegression(random_state = 0)
classifier.fit(X_train, y_train)

#将模型应用于测试集并查看混淆矩阵
y_pred = classifier.predict(X_test)
#在测试集上的准确率
print('Accuracy of logistic regression classifier on test set: {:.2f}'.format(classifier.score(X_test, y_test)))
#运行后得到精度
# Accuracy of logistic regression classifier on test set: 0.77
```

回顾电影中泰坦尼克号中的两个主人公 Jack 和 Rose，按照电影中他俩的身世给予相应的特征值如下，特征向量为[survived, name, pclass, sex, age, sibsp, parch, fare, embarked]。将这两个样本数据交给模型预测的代码如下：

```
#定义 Jack 和 Rose 的特征向量
Jack_info = [0,'Jack',3,'male',23,1,0,5.0000,'S']
Rose_info = [1,'Rose',1,'female',20,1,0,100.0000,'S']
#将 Jack 和 Rose 的特征向量加入新乘客作为预测集，并选取关键特征
new_passenger_pd = pd.DataFrame([Jack_info,Rose_info],columns = selected_cols)
#将新乘客数据集的关键特征与预测标签分离为 x_features 和 y_label
x_features,y_label = prepare_data(new_passenger_pd)
#使用关键特征 x_features 进行预测
surv_probability = model.predict(x_features)
print(surv_probability)
```

最后的输出结果为 Jack：0.118600，Rose：0.986752，可以看出运行结果和电影的结局是吻合的。

3.4 监督学习

前面介绍了线性模型进行回归和分类的原理。线性模型属于监督学习，是非常可靠的首选算法，适用于非常大的数据集，也适用于高维数据。实际上，在监督学习的模型家族中除了线性模型，还有其他各种模型，本节介绍监督学习中的一些经典模型。

3.4.1 支持向量机

视频讲解

在机器学习的分类问题中，有两个非常类似且平分秋色的方法：一个是前面介绍的线性逻辑回归；另一个就是支持向量机，两者在不同的应用场景有着不同的表现。对于二分类问题，线性逻辑回归和支持向量机都是通过训练具有标签的二维特征向量来生成模型的，区别仅在于损失函数的实现上不同。在逻辑回归模型中，损失函数通过 Sigmoid 拟合的曲线与实际标签的差距作为衡量标准，这种损失函数称为 Logistic Loss 函数，如图 3-32 所示。

在支持向量机中，损失函数通过分类支持向量之间的距离作为衡量标准，这种损失函数称为 Hinge Loss 函数。

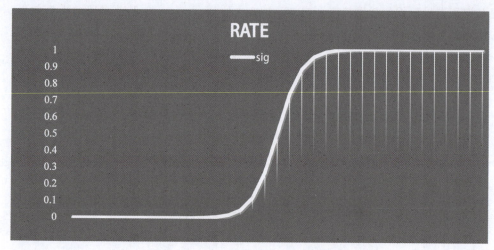

图 3-32　使用 Sigmoid 表示分类问题

1. 支持向量

假如有标签分为蓝球和红球几个样本数据,如图 3-33 所示,画一条直线使得将蓝球和红球进行分开,这条直线就成为支持向量。

随着样本的增加,支持向量的参数也会不断地优化调整位置,如图 3-34 所示。这一过程和线性逻辑回归的原理基本相同。

然而支持向量机相比于线性回归,对于没有明显分界面的样本数据有更好的区分能力。如图 3-35 所示,当蓝球和红球样本交叉混在一起时,使用线性回归无论怎样画出分界线都很难做到正确分类。遇到这种情况,可以将蓝球在三维空间中提高一些,将红球降低一些,然后使用一个平面作为分界面来分类。对于三维空间的样本,此时支持向量就由一条直线变为一个平面了,如图 3-36 所示。

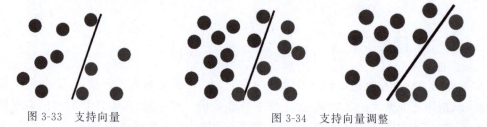

图 3-33　支持向量　　　　　　图 3-34　支持向量调整

彩色图片

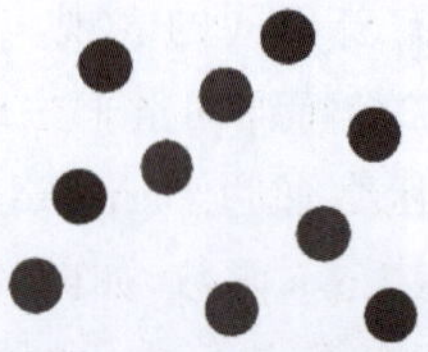

图 3-35　二维支持向量不可分的情况 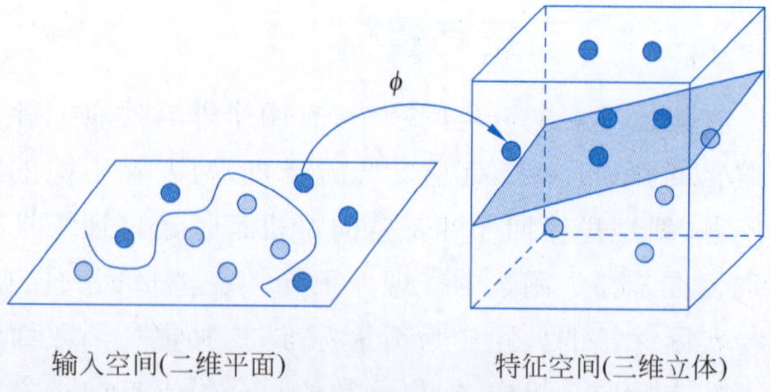　　　　　图 3-36　三维变换

接下来的问题就是该怎样把这些样本点根据类别变换到三维空间。这个时候就需要核函数来转换了，最常用的是利用高斯核函数，如图3-37所示。初学者不需要掌握核函数是如何计算的，只要明白，使用核将数据转换为另一个维度，使二维中不可线性分离的数据转换为三维空间中线性可分离的数据。就好比人们在四周道路都不通的情况下，可以通过翻墙来越过障碍物一样。

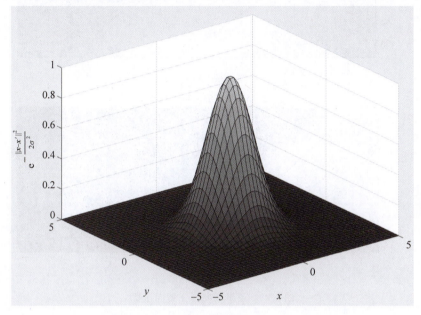

图3-37　高斯核函数

2. 支持向量与回归线的区别

支持向量直线和线性回归拟合的直线看似相似，但由于损失函数的不同，因此优化的目的也是不同的。对于支持向量来说，要求在向量的两侧尽可能地塞下同类的样本，也可以理解为两类样本距离支持向量会尽可能远，中间的空隙尽可能大。而回归拟合的直线则是尽可能远离大多数聚集在一起的样本点。

如图3-38所示，蓝色样本大多数聚集在右上角，红色样本大多聚集在左下角，蓝色和红色背景色的深浅代表预测样本的概率。

在线性回归中，分界线尽可能远离这两个聚集区域，呈现出了向右倾斜的姿态，这代表着逻辑回归的分类更注重将特征明显的样本尽可能地正确分类。而对于中间特征模糊的样本所在区域，背景色较浅，说明线性回归对于特征模糊的样本分类效果不佳。两个样本区域颜色过渡缓慢，这是由于线性回归只告诉概率，决定权还在于人类。

在支持向量机中，分界线则是尽可能地让蓝色和红色样本之间的距离更大，对于特征模糊的样本所在区域，背景色过渡比较剧烈，这主要是由于支持向量机不能预测概率，而是绝对分类。

在实际应用中，对于小规模数据集，支持向量机的效果要好于线性回归，但是在大数据中，支持向量机的计算复杂度受到限制，而线性回归因为训练简单，使用频率更高。

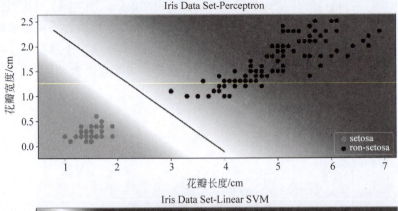

彩色图片

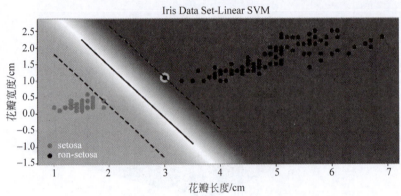

图 3-38　逻辑回归与支持向量机

视频讲解

3.4.2　贝叶斯分类器

贝叶斯分类是一类分类算法的总称,这类算法均以贝叶斯定理为基础,故统称为贝叶斯分类。而朴素贝叶斯分类是贝叶斯分类中最简单,也是常见的一种分类方法。朴素贝叶斯分类的基本原理是贝叶斯定理,通俗来说,就是计算在一个条件下发生某件事的概率。假如一个班级的两个同学到了做毕业设计的时间,两个人能力相同,独立完成毕业设计的概率都为0.8,一位同学去了企业通过实习来完成毕业设计,另一位同学则去了图书馆通过查阅书籍来完成毕业设计。对这两位同学能否完成毕业设计来分类(预测完成的概率),哪一位同学会更容易被分类为能够完成呢?很明显是去企业实习的那位同学,因为他的前提是能够有更高的概率从企业拿到毕业设计的实际案例。下面从统计学的基本概念来说明这个问题。

1. 基本术语

1) 概率

概率是指用来描述某些不确定问题发生的可能性,这种可能性用 0~1 的数值来表示。例如抛硬币,正面朝上和背面朝上的概率是相同的,每个概率都是 0.5。如果用事件 A 表示正面朝上,那么 $P(A)$ 表示正面朝上的概率,即 $P(A)=0.5$。

2) 样本空间

样本空间表示一个事情发生的所有可能结果的集合,比如抛硬币结果的样本空间为{正面,反面},这个集合称为全集。如果是投掷骰子,每个骰子一共有 6 个面,那么样本空间就是{1,2,3,4,5,6},这个空间也是全集,如图 3-39 所示。

3) 条件概率

条件概率是指事件 A 在另外一个事件 B 已经发生条件下的发生概率。在掷骰子的案例中,出现 4 或 5 或 6 任一面的概率为 0.5,记作 $P(4,5,6) =$ $P(4) + P(5) + P(6) = 1/6 + 1/6 + 1/6 = 0.5$。假如有人对骰子做了手脚,使得 4、5、6 面更容易出现,假设概率增大到 $P(4,5,6) = 0.8$,在这样的条件下,出现 6 这一面的概率明显会增大。

图 3-39 骰子的 6 个面

用 A 表示出现第 6 面的事件,用 B 表示骰子被做了手脚这个条件。那么在 B 条件下发生 A 的概率记作 $P(A|B)$。其中的 B 可以理解为特征的概率,而 A 是分类的概率,如图 3-40 所示。

4) 全概率和贝叶斯公式

如图 3-41 所示,全集空间划分为 A_1、A_2、A_3 3 个子空间时,阴影区域 B 的概率就为

$$P(B) = P(A_1)P(B|A_1) + P(A_2)P(B|A_2) + P(A_3)P(B|A_3)$$

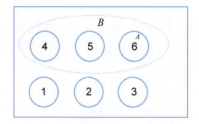

图 3-40 样本空间中的条件事件

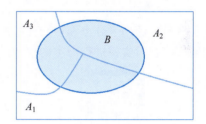

图 3-41 子空间中的条件事件

根据概率公式可得贝叶斯公式:

$$P(A_3 | B) = \frac{P(A_3 B)}{P(B)} = \frac{P(B|A_3)P(A_3)}{P(B)}$$

$P(A_3|B)$ 是已知 B 发生后 A 的条件概率,也由于得到 B 的取值而被称作 A 的后验概率。$P(A_3)$ 是 A 的先验概率(或边缘概率),之所以称为"先验"是因为不考虑任何 B 方面的因素。$P(B|A_3)$ 是已知 A 发生后 B 的条件概率,也由于得自 A 的取值而被称作 B 的后验概率。$P(B)$ 是 B 的先验概率或边缘概率。

2. 贝叶斯分类应用

按照图 3-41 中的案例说明概率表示为面积比例。已知一个样本空间分成 3 类,分别是 A_1、A_2、A_3,并且知道概率分别为 $P(A_1)$、$P(A_2)$、$P(A_3)$。浅灰色阴影部分表示样本中具有 B 特征的概率,在 A_1 类别中具有 B 特征的样本概率为 $P(B|A_1)$,在 A_2 类别中具有 B 特征的样本概率为 $P(B|A_2)$,在 A_3 类别中具有 B 特征的样本概率为 $P(B|A_3)$。问题就变成了,具有 B 特征的样本是 A_1、A_2、A_3 的概率是多少,利用贝叶斯公式,就可以计算出它们的概率。哪个概率大,就认为属于哪一类。

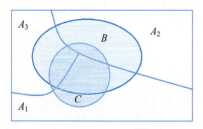

图 3-42 子空间中多个条件事件

在实际应用过程中,仅有一个 B 特征时最终的预测结果并不准确,当增加一个 C 特征时,如图 3-42 所示,得到了在 A_1、A_2、A_3 类别中具有 C 特征的样本概率分别为 $P(C|A_1)$、$P(C|A_2)$、

$P(C|A_3)$,此时样本同时具有了 B 特征和 C 特征,那么它的分类概率就变成如下公式:

$$P(A_1|B\wedge C) = P(B\wedge C|A_1) \times P(A_1)/P(B\wedge C)$$
$$= P(B|A_1) \times P(C|A_1) \times P(A_1)/P(B)/P(C)$$
$$P(A_2|B\wedge C) = P(B\wedge C|A_2) \times P(A_2)/P(B\wedge C)$$
$$= P(B|A_2) \times P(C|A_2) \times P(A_2)/P(B)/P(C)$$
$$P(A_3|B\wedge C) = P(B\wedge C|A_3) \times P(A_1)/P(B\wedge C)$$
$$= P(B|A_3) \times P(C|A_3) \times P(A_3)/P(B)/P(C)$$

可以看出,随着新特征加入,样本在整体空间的面积不断缩小,概率的计算会更加准确。贝叶斯分类器只适用于分类问题,比线性模型速度快,适用于非常大的数据集和高维数据,但精度通常低于线性模型。

3.4.3 决策树

1. 决策树简介

决策树是广泛用于分类和回归任务的模型,主要用于分类。决策树模型呈现树形结构,是基于输入特征对实例进行分类的模型。下面通过一个判定客户是否买车的案例来了解决策树,如图 3-43 所示。

图 3-43 决策树

决策树是一棵树,每个父节点都有两个或两个以上子节点,决策树中最末端的节点称为叶节点,而叶节点就是分类结果,除了叶节点外的其他节点代表了样本的特征。在这个例子中,只要给出客户的样本信息(性别,年龄)就可以对他是否买车做出预测。本质上,在掌握了程序设计基础相关的知识点后就可以比较简单地实现决策树模型,就是从一层层的 if/else 问题中进行学习,并得出结论。

2. 决策树生成

在实际的应用案例中,决策树模型的使用流程一般分为 4 个步骤:生成决策树模型、产生分类规则、测试模型、预测模型。与线性模型不同的是,决策树模型的生成过程是一个从根节点到叶节点不断深入迭代生成的过程。下面通过一组数据来分析,如表 3-4 所示。

表 3-4 样本数据

用户ID	年 龄	性 别	收入/万	婚姻状况	是否买房
1	27	男	15	否	否
2	47	女	30	是	是
3	32	男	12	否	否
4	24	男	45	否	是
5	45	男	30	是	否
6	56	男	32	是	是
7	31	男	15	否	否
8	23	女	30	是	否

由表 3-4 可以直观看出，数据的特征空间为{年龄，性别，收入，婚姻状况}，而要预测的分类是一个二分类问题。在决策树中，级别越高的节点包含的信息量越小，不确定性越大，因此分类越模糊；而级别越低的节点包含的信息量越大，不确定性越小，因此分类就会越具体。根据决策树的原理，目的就是要把信息量小的特征尽可能放到级别高的节点上，把信息量大的特征尽可能放到级别低的节点上。

1) 熵

熵是一个热力学概念，用来描述事物的混乱程度，可以理解为描述一个信息是否具体。如图 3-44 所示，3 个图中鸡蛋的数量是一样的，很明显是第一幅图能够更明显地数出鸡蛋的数量，因为信息更具体，事物更有序，称为"熵最小"。而对于第三张图，信息不明显，事物更无序，称为"熵最大"。

图 3-44 不同程度的熵

2) 类别熵与特征类别熵

案例中是否买房的情况分成了两类，且买房与不买房的人数是不同的。为了衡量样本空间中分类的分离度，引入了类别熵的概念，公式如下：

$$H(X) = -\left(P(x_1)\log_2\frac{1}{P(x_1)} + P(x_2)\log_2\frac{1}{P(x_2)} + \cdots + P(x_n)\log_2\frac{1}{P(x_n)}\right)$$

在买房的数据中心，一共 3 人买房，5 人没买，那么依据公式，就可以计算出买房情况的类别熵为 $H(C) = -\frac{3}{8}\log_2\frac{3}{8} - \frac{5}{8}\log_2\frac{5}{8} = 0.288$。

同贝叶斯分类思想类似，类别熵必然受到特征的影响，比如引入年龄这个因素时，类别熵的情况就会发生变化，称为特征类别熵，用 $H(C|X)$ 表示。

对于年龄因素，可以分为 3 个区间(特征类别)，分别是 x_{11}：20~30 岁，x_{12}：30~40 岁和 x_{13}：大于 40 岁，此时的数据表则变为 3 个数据表，如表 3-5~表 3-7 所示。

表 3-5　x_{11} 区间样本

用户 ID	年　　龄	性　别	收入/万	婚姻状况	是 否 买 房
1	27	男	15	否	否
4	24	男	45	否	是
8	23	女	30	是	否

表 3-6　x_{12} 区间样本

用户 ID	年　　龄	性　别	收入/万	婚姻状况	是 否 买 房
3	32	男	12	否	否
7	31	男	15	否	否

表 3-7 x_{13} 区间样本

用户 ID	年　　龄	性　　别	收入/万	婚姻状况	是否买房
2	47	女	30	是	是
5	45	男	30	是	否
6	56	男	32	是	是

根据类别熵的公式可以计算出三者的特征熵为

$$H(C|x_{11}) = -\frac{1}{3}\log_2\frac{1}{3} - \frac{2}{3}\log_2\frac{2}{3} = 0.278$$

$$H(C|x_{12}) = -\frac{0}{2}\log_2\frac{0}{2} - \frac{2}{2}\log_2\frac{2}{2} = 0$$

$$H(C|x_{13}) = -\frac{2}{3}\log_2\frac{2}{3} - \frac{1}{3}\log_2\frac{1}{3} = 0.278$$

样本中在 30～40 岁这个年龄区间，特征熵为 0，实际意义就表示这个特征的信息混乱无序度为 0，给予的信息是确定的，30～40 岁这个年龄段没有人买房。

最终可以计算出年龄 X_1 的特征类别熵为

$$H(C|X_1) = P(x_{11})H(C|x_{11}) + P(x_{12})H(C|x_{12}) + P(x_{13})H(C|x_{13})$$

$$= \frac{3}{8} \times 0.278 + \frac{2}{8} \times 0 + \frac{3}{8} \times 0.278$$

$$= 0.209$$

同理，计算出的性别 X_2、收入 X_3、婚姻状况 X_4 的特征类别熵分别为

$$H(C|X_2) = 0.284$$

$$H(C|X_3) = 0.151$$

$$H(C|X_4) = 0.274$$

3) 信息增益

信息增益就是在某个特征条件下，信息熵减少的程度。直观的理解是，当知道确定某个特征时，由于信息量提高，那么分类的结果会更加具体，无序程度也就降低了。它的意义表示为特征 X 对分类 C 的贡献度大小，用公式表示为

$$G(X) = H(C) - H(C|X)$$

通过公式计算可得年龄、性别、收入、婚姻状况 4 个特征的薪资增益为

$$G(X_{年龄}) = 0.079$$

$$G(X_{性别}) = 0.004$$

$$G(X_{收入}) = 0.137$$

$$G(X_{婚姻状况}) = 0.014$$

可以看到，收入这个特征的信息增益最大，所以将收入作为根节点，此时生成的分支如图 3-45 所示。

当生成新的页节点时，可以看到，在收入大于 40 万元的节点中，分类只有一种情况——买，这时就可以生成最终节点"买"；在收入介于 10 万～20 万元的节点中，分类也只有一种情况——不买，这时也可以生成最终节点"不买"。在 20 万～40 万元这个节点，分类有多种

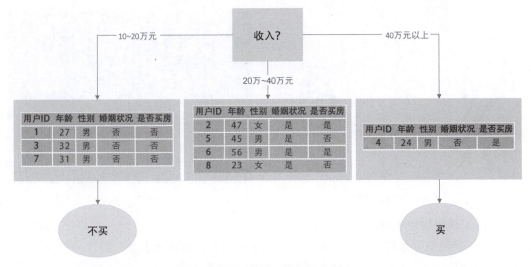

图 3-45　确定根节点后的决策树

情况,这时对于这个节点的样本重复决策树生成的过程就可以。

决策树有两个优点:一是得到的模型很容易可视化,非专家也很容易理解(至少对于较小的树而言);二是算法完全不受数据缩放的影响。

决策树的主要缺点在于很容易过拟合,泛化性能很差。因此,在大多数应用中,往往使用集成方法来替代单棵决策树。

3.4.4　神经网络

应用于人工智能领域的神经网络一般称为人工神经网络(Artificial Neural Network,ANN)。人工神经网络的研究很早就出现了,当时是从信息处理角度通过对人脑神经元及其网络进行模拟、简化和抽象,建立某种模型,按照不同的连接方式组成不同的网络。人工神经网络是一种运算模型,由大量的节点(或称神经元)相互连接构成。神经网络研究的进展,在很大程度上并不是受益于计算机科学家的贡献,而是来源于生物学家、心理学家。随着人们对大脑研究的不断进步,人们意识到如果要让机器模拟人类的智能,突破点应该是让机器模拟人类的神经结构。可以看出,人工智能已是一个规模相当大的、多学科交叉的学科领域。

1. 神经元模型

人类的智能活动主要是靠大脑来实现的,大脑中的神经系统是由 140 亿～160 亿个神经元细胞构成的,如图 3-46 所示。神经元中的树突用来接收其他神经元发来的信号(神经递质),这些树突可以看作神经元的输入部分。出当神经元接收到信号的刺激后,就会通过轴突末梢发出信号,这些轴突末梢可以看作神经元的输出部分,这些信号再去刺激其他的神经元。比较神奇的是,只有当神经元受到足够强度的刺激,才会响应并释放出刺激其他神经元的递质,如果受到的刺激不足,神经元将不会有输出。这样的输出其实等同于一个二分类,并不会出现中间值。上亿的神经元细胞按照不同的结构连接在一起,就形成了一个神经网络,如图 3-47 所示。

视频讲解

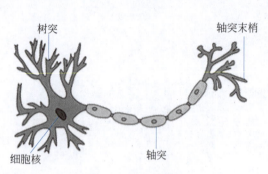

图 3-46 神经元细胞

图 3-47 神经元之间的连接情况

2. 人工神经网络模型

人工神经网络是如何模拟生物神经网络的呢？回顾之前讲到的多元线性分类模型。假如样本空间为 $\{x_1, x_2, x_3, x_4\}$，那么线性模型就可以表示为 $y = w_1 x_1 + w_2 x_2 + w_3 x_3 + w_4 x_4 + b$。线性模型的训练过程就是求出参数 $(w_1, w_2, w_3, w_4, \theta)$。这个计算模型称为感知器，如图 3-48 所示。为了模拟神经元的二分类输出，再将 y 值进行 Sigmoid 处理，如图 3-49 所示。在这里，Sigmoid 称为激活函数。

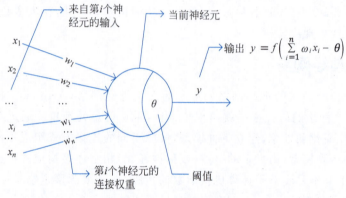

图 3-48 感知器模型

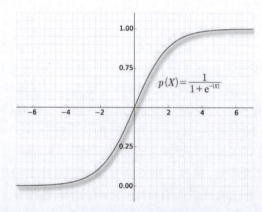

图 3-49 Sigmoid 激活函数

可以看出,上面的线性逻辑分类模型,就是最基本的神经元模型的实现,有 n 个输入,每一个输入对应一个权值 w,神经元内会对输入与权重做乘法后求和,求和的结果加上偏置 θ(阈值,减少误差),最终将结果放入激活函数中,有激活函数给出最后的输入,输出的结果往往是二进制的,0 代表一致,1 代表激活。这样的机制称为感知机。如果将这些神经元按照有层次地组织起来,就形成了神经网络,如图 3-50 所示。在图中,Layer1 代表输入的 3 个特征,可以发现每一个特征都会与后面每一个神经元做连接,这些连接都有不同的权重 w,这样的连接成为全连接。Layer2 表示 5 个神经元组成的第二层网络,与第三层全连接。在最后一层 Layer4,表示输出层,这一层的 4 个神经元往往代表不同的分类,每个神经元的输出是自己所代表分类的概率。

图 3-50 中的 Layer2 和 Layer3 在输入层和输出层中间,称为隐层。想象大脑的工作机制,当看图片来说出图片内容时,实际上是眼睛视网膜的神经元作为输入层受到刺激,这些信号在大脑中穿过多层的神经网络后,刺激才传到嘴巴上,从而说出了结果,隐层的作用就在于此。早期的神经网络,由于计算机性能较弱,计算效率低,对于一个三层网络训练就会花费大量的时间和成本。随着现在计算机性能

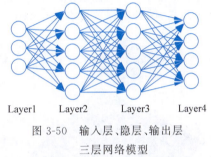

图 3-50　输入层、隐层、输出层三层网络模型

的提高,增加多个隐层渐渐变得可行(模型也是算法)这种有更多隐层神经网络的模型称为深度学习。

3. 神经网络种类

由于神经元的有多个输入和一个输出,可以像拼积木一样以非常高的自由度组建各种形状的模型。上面介绍的网络模型是一个标准的完全连接神经网络。在实际应用中,不同的组建方式在不同的案例上性能会有不同的适应性。根据连接方式的不同,可以将神经网络分为卷积神经网络(Convolutional Neural Networks, CNN)、循环神经网络(Recurrent Neural Network, RNN) 和深度信念网络(Deep Belief Network, DBN)。

1) 卷积神经网络

当用神经网络来进行图片识别时,输入的特征向量就是图片中的每一个像素。用手机拍到的照片,不可以直接输入模型。对于一个只有 32 像素的图片,建立的三层模型如图 3-51 所示,一条连接便代表一个需要计算的权重值。现在的手机拍照像素都很高,一张 2000 万像素的照片就意味着要把 2000 万个特征输入模型,那么所需要计算的权重值就会成为一个天文数字,这是不能接受的。

针对这种情况,要实现两个目的:第一,尽可能地缩小原始图片的尺寸;第二,在缩小原始尺寸图片的时候要保证尽可能地保留图片中的特征细节。

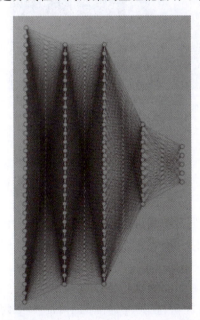

图 3-51　32×32 图像的全连接网络模型

这时，就需要用到卷积。

卷积的原理可以理解为某一确定条件下的值，是由其他条件共同决定的。举一个例子，某同学在前天向喜欢的女生表白找到了女朋友，这件事使他的开心度为 x_1；这位同学在昨天得知自己考试成绩是第一名，这件事使他的开心度为 x_2；在今天，他又知道自己在技能大赛中获得了第一名，这件事使他的开心度为 x_3，试问这位同学在今天到底有多开心？是 x_3 吗，当然不是，因为前两天的开心"余韵"还在，只是程度降低了。所以他在今天的开心度可以表示为 $x_3 + w_2 x_2 + w_1 x_1$，这样的计算过程就是卷积。

在图 3-52 中把下方的 7×7 大小的图片缩小为 3×3 的图片，并不是简单地去掉多余的像素，而是每一个新像素都是由邻域的像素共同计算得出的。使用卷积缩放图片，在改变图片大小后，图片清晰度没有发生变化。

由此可知，卷积的值是由于邻域的值按照不同的权重共同计算而得出来的。那么应该计算哪些邻域，权重又该是多少，这就是卷积核的概念。不同的卷积核不仅决定了图片缩放的大小，还可以提取不同的图片特征。在图 3-53 中，图 3-53(b)为应用低通滤波器，会看到图片变得更模糊；图 3-53(c)表示应用卷积核为高通滤波器，图片的细节得到加强；图 3-53(d)表示使用的卷积核为边缘检测，丢掉了图像中的色彩信息，加强了轮廓信息。可以看出，对于边缘检测卷积核，即使图片缩小后，这些特征信息也非常明显，因此常用来作为神经网络的输入特征。

图 3-52 卷积原理

(a) Lena原图　　(b) 低通滤波器　　(c) 高通滤波器　　(d) 边缘检测

图 3-53 不同卷积核的效果

LeNet-5 是 Yann LeCun 在 1998 年设计的用于手写数字识别的卷积神经网络。当年美国大多数银行使用它来识别支票上面的手写数字，它是早期卷积神经网络中最具代表性的模型之一。

LeNet-5 共有 7 层（不包括输入层），每层都包含不同数量的训练参数，如图 3-54 所示。

然而，由于当时缺乏大规模的训练数据，计算机的计算能力也跟不上，而且网络结构相对过于简单，LeNet-5 对于复杂问题的处理结果并不理想。

CNN 在机器学习、语音识别、文档分析、语言检测和图像识别等领域有着广泛的应用。其中，CNN 在图像处理和图像识别领域取得了很大的成功，在国际标准的 ImageNet 数据集上，许多成功的模型都是基于 CNN 的。CNN 相较于传统的图像处理算法的好处之一在

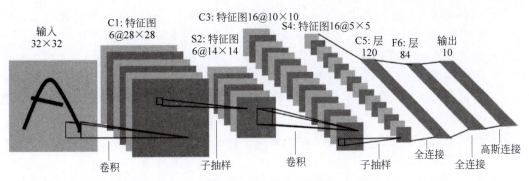

图 3-54　LeNet-5 模型

于：避免了对图像复杂的前期预处理过程，可以直接输入原始图像。

2）循环神经网络

有了像卷积网络这样表现非常出色的网络，为什么还需要其他类型的网络呢？传统的神经网络对于很多问题难以处理。比如用卷积神经网络做一个人脸识别的宿舍门禁系统，可以很好地识别出某个同学来决定是否放行。假如有校外人员，想拿着某同学的照片骗过门禁系统，该如何防止呢？这里就存在一个序列顺序问题。一般情况下，同学们都结伴而行，比如 a、b、c、d 4 名同学经常一起回宿舍，而有一天校外人员拿着同学 e 的照片，按照 a、b、c、e、d 的顺序混入宿舍，就不符合正常的序列顺序。卷积神经网络并没有考虑到这个序列问题，而循环神经网络就能很好地解决这个问题。之所以称为循环神经网路，即一个序列当前的输出与前面的输出也有关。再比如要预测句子的下一个单词是什么，一般需要用到前面的单词，因为一个句子中前后单词并不是独立的。具体的表现形式为网络会对前面的信息进行记忆并应用于当前输出的计算中，即隐层之间的节点不再是无连接而是有连接的，并且隐层的输入不仅包括输入层的输出还包括上一时刻隐层的输出。理论上，RNN 能够对任何长度的序列数据进行处理。如图 3-55 所示，这是一个简单的 RNN 的结构，可以看到隐层自己是可以跟自己进行连接的。

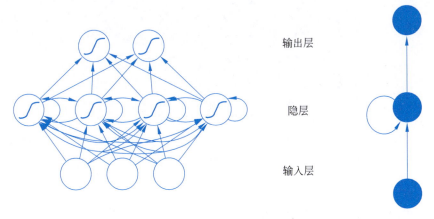

图 3-55　循环网络模型

RNN 多用于序列前后有关联的领域。

- 语言建模和文本生成——给出一个词语序列，试着预测下一个词语的可能性。这在翻译任务中是很有用的，因为最有可能的句子将是可能性最高的单词组成的句子。

- 机器翻译——将文本内容从一种语言翻译成其他语言使用了一种或几种形式的 RNN。所有日常使用的实用系统都用了某种高级版本的 RNN。
- 语音识别——基于输入的声波预测语音片段,从而确定词语。
- 生成图像描述——RNN 一个非常广泛的应用是理解图像中发生了什么,从而做出合理的描述。这是 CNN 和 RNN 相结合的作用。CNN 做图像分割,RNN 用分割后的数据重建描述。这种应用虽然基本,但可能性是无穷的。
- 视频标记——可以通过一帧一帧地标记视频进行视频搜索。

3)深度信念网络

深度信念网络是一个概率生成模型,与传统的判别模型的神经网络相对,生成模型是建立一个观察数据和标签之间的联合分布,对 $P(Observation|Label)$ 和 $P(Label|Observation)$ 都做了评估,而判别模型仅仅评估了后者,也就是 $P(Label|Observation)$。

深度信念网络(DBN)通过采用逐层训练的方式,解决了深层次神经网络的优化问题,通过逐层训练为整个网络赋予了较好的初始权值,使得网络只要经过微调就可以取得最优解。模型如图 3-56 所示,DBN 主要有多个受限玻尔兹曼机构成,在这里只做了解即可。

深度信念网络诞生于 2006 年,是为了解决当时神经网络的性能问题而提出的新方法,相对于传统的神经网络,它的特点主要有训练时间短,在样本数据量少时预测更精确。

随着近几年计算机硬件设备性能的提高,同时也出现了很多适合于神经网络运算的专用处理器,神经网络的发展进入了一个繁荣时期。很多优秀模型不断被提出,它们往往不是单一的网络类型,更多的是不同网络模型以不同的维度组合,这种灵活的创新方式创造了机器学习领域许多更加实用的案例,如图 3-56 所示。

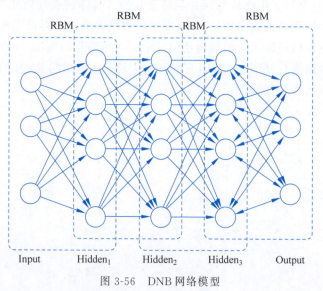

图 3-56 DNB 网络模型

3.5 机器学习案例——猫狗分类

本节内容使用 TensorFlow 和 Keras 建立一个猫狗图片分类器,如图 3-57 所示。

图 3-57　猫狗图片

3.5.1　安装 TensorFlow 和 Keras 库

TensorFlow 是一个采用数据流图（data flow graphs），用于数值计算的开源软件库。节点（Node）在图中表示数学操作，图中的线（edges）则表示在节点间相互联系的多维数据数组，即张量（tensor）。这种灵活的架构让用户可以在多种平台上展开计算，例如，台式计算机中的一个或多个 CPU（或 GPU）、服务器、移动设备等。TensorFlow 最初由 Google 大脑小组（隶属于 Google 机器智能研究机构）的研究员和工程师开发出来，用于机器学习和深度神经网络方面的研究，但这个系统的通用性使其也可广泛用于其他计算领域，如图 3-58 所示。

运行 Anaconda Prompt 工具，在该工具命令窗口下安装数值计算开源库（tensorflow），如图 3-59 和图 3-60 所示，输入以下 pip 命令：

```
pip install tensorflow
```

Keras 是一个由 Python 编写的开源人工神经网络库，可以作为 TensorFlow、Microsoft-CNTK 和 Theano 的高阶应用程序接口，进行深度学习模型的设计、调试、评估、应用和可视化，即高层神经网络 API。

Keras 的命名来自古希腊语"κέρας（牛角）"或"κραίνω（实现）"，意为将梦境化为现实的"牛角之门"。Keras 的最初版本以 Theano 为后台，设计理念参考了 Torch 但完全由 Python 编写，自 2017 年起，Keras 得到了 TensorFlow 团队的支持，其大部分组件被整合至 TensorFlow 的 Python API 中。在 2018 年 TensorFlow 2.0.0 公开后，Keras 被正式确立为 TensorFlow 高阶 API，即 tf.keras。此外自 2017 年 7 月开始，Keras 也得到了 CNTK 2.0 的后台支持。

Keras 在代码结构上由面向对象方法编写，完全模块化并具有可扩展性，其运行机制和说明文档有将用户体验和使用难度纳入考虑，并试图简化复杂算法的实现难度。Keras 支持现代人工智能领域的主流算法，包括前馈结构和递归结构的神经网络，也可以通过封装参与构建统计学习模型。在硬件和开发环境方面，Keras 支持多操作系统下的多 GPU 并行计算，可以根据后台设置转化为 TensorFlow、Microsoft-CNTK 等系统下的组件。Keras 为支持快速实验而生，能够把用户的设想迅速转换为结果。

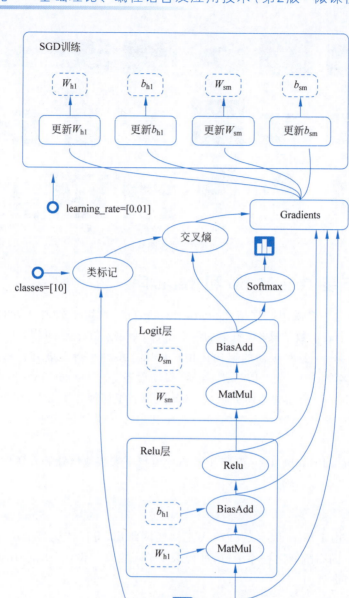

图 3-58　TensorFlow 数据流图

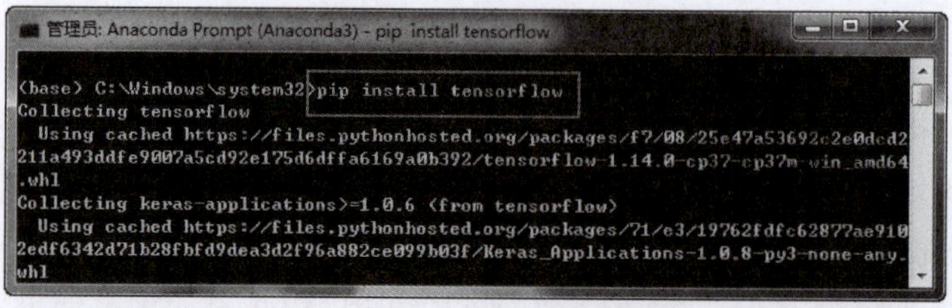

图 3-59　安装 TensorFlow 库

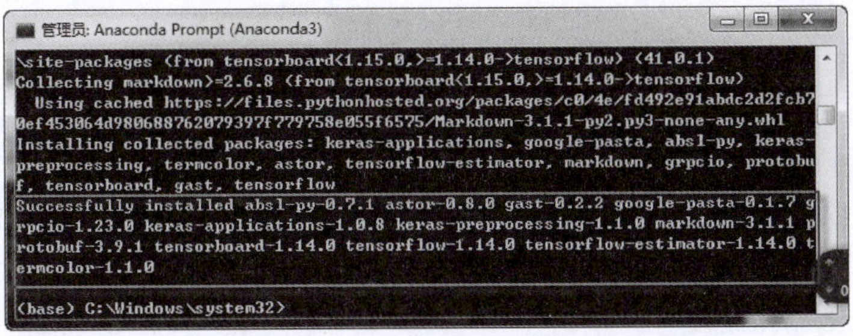

图 3-60　TensorFlow 库安装成功

运行 Anaconda Prompt 工具，在该工具命令窗口下安装开源人工神经网络库(keras)，输入以下 pip 命令：

```
pip installkeras
```

keras 库的安装如图 3-61 和图 3-62 所示。

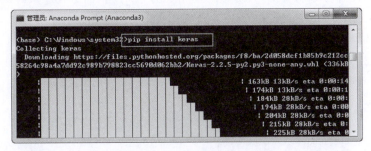

图 3-61　安装 keras 库

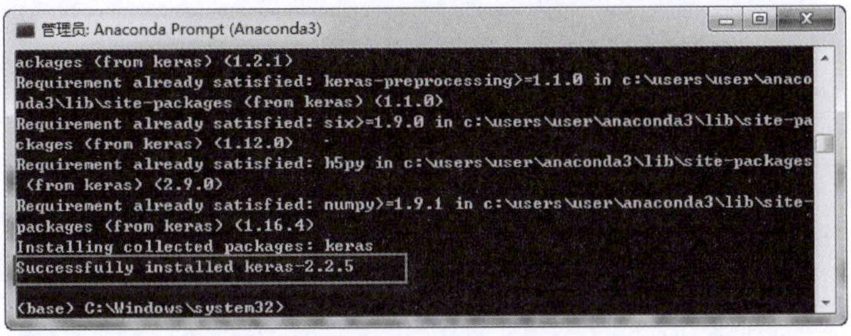

图 3-62　keras 库安装成功

环境配置好后，开始着手建立一个可以将猫狗图片分类的卷积神经网络，并使用到深度学习框架 TensorFlow 和 Keras，配置网络以便远程访问 Jupyter Notebook。

3.5.2　案例实现

【目的】
- 面向小数据集，使用 Keras 进行数据增强。
- 使用 Keras 构建两层卷积神经网络，实现猫狗分类。
- 对学习模型进行性能评估。

【原理】
基于 Keras 框架，构建顺序神经网络，包含三层卷积，使用 ReLU 激活函数，同时使用

max 池化，后接 2 个全连接层，中间使用 Dropout 进行降采样。

【训练时长】

50 个 epoch，每个 epoch 大概需要 50s，在 it1080 下训练过程共需要 40min 左右。

【数据资源】

cat_dog 数据集，从 kaggle 猫狗数据集中随机抽取 3000 个样本，其中训练集包含猫狗各 1000 个，测试集包含猫狗各 500 个。

【步骤 1】 数据预处理

使用小数据集（几百张到几千张图片）构造高效、实用的图像分类器的方法，需要通过一系列随机变换进行数据增强，可以抑制过拟合，使得模型的泛化能力更好。

在 Keras 中，这个步骤可以通过 keras.preprocessing.image.ImageGenerator 来实现：

（1）在训练过程中，设置要施行的随机变换。

（2）通过 .flow 或 .flow_from_directory(directory) 方法实例化一个针对图像 batch 的生成器，这些生成器可以被用作 Keras 模型相关方法的输入，如 fit_generator、evaluate_generator 和 predict_generator。

导入相关资源的代码如下。

```
import numpy as np
from keras.preprocessing.image import ImageDataGenerator  #图像预处理
import keras.backend as K
K.set_image_dim_ordering('tf')
from keras.models import Sequential
from keras.layers import Convolution2D, MaxPooling2D
from keras.layers import Activation, Dropout, Flatten, Dense
加载数据的代码如下：
使用.flow_from_directory()来从 jpgs 图片中直接产生数据和标签
#用于生成训练数据的对象
train_gen = ImageDataGenerator(
        rescale = 1./255,
        shear_range = 0.2,
        zoom_range = 0.2,
        horizontal_flip = True)

#用于生成测试数据的对象
test_datagen = ImageDataGenerator(rescale = 1./255)
```

参数解释如下。

- rotation_range 是一个 0~180 的度数，用来指定随机选择图片的角度。
- width_shift 和 height_shift 用来指定水平和竖直方向随机移动的程度，这是两个 0~1 的比例。
- rescale 值将在执行其他处理前乘到整个图像上，图像在 RGB 通道都是 0~255 的整数，这样的操作可能使图像的值过高或过低，所以将这个值定为 0~1 的数。
- shear_range 是用来进行剪切变换的程度。
- zoom_range 用来进行随机放大。
- horizontal_flip 随机地对图片进行水平翻转，这个参数适用于水平翻转不影响图片语义的时候。

- fill_mode 用来指定当需要进行像素填充，如旋转、水平和竖直位移时，如何填充新出现的像素。

```
# 从指定路径小批量读取数据
train_data = train_gen.flow_from_directory(
        '../datas/min_data/train',          # t 路径
        target_size = (150, 150),           # 图片大小
        batch_size = 32,                    # 每次读取的数量
        class_mode = 'binary')              # 标签编码风格

# 从测试集中分批读取验证数据
val_data = test_gen.flow_from_directory(
        '../datas/min_data/test',
        target_size = (150, 150),
        batch_size = 32,
        class_mode = 'binary')
```

【步骤2】 构建神经网络

模型包含三层卷积加上 ReLU 激活函数，再接 max-pooling 层，代码如下。

```
model = Sequential()
model.add(Convolution2D(32, 3, 3, input_shape = (3, 150, 150)))
model.add(Activation('relu'))
model.add(MaxPooling2D(pool_size = (2, 2)))

model.add(Convolution2D(32, 3, 3))
model.add(Activation('relu'))
model.add(MaxPooling2D(pool_size = (2, 2)))

model.add(Convolution2D(64, 3, 3))
model.add(Activation('relu'))
model.add(MaxPooling2D(pool_size = (2, 2)))
```

两个全连接网络，并以单个神经元和 Sigmoid 激活结束模型。这种选择会产生二分类的结果，与这种配置相适应，使用 binary_crossentropy 作为损失函数，每个卷积层的滤波器数目并不多。为了防止过拟合，需要添加 Dropout 层，代码如下。

```
model.add(Flatten())                        # 展平
model.add(Dense(64))                        # 全连接
model.add(Activation('relu'))               # 激活
model.add(Dropout(0.5))                     # 降采样
model.add(Dense(1))                         # 全连接
model.add(Activation('sigmoid'))            # 激活

model.compile(loss = 'binary_crossentropy',
              optimizer = 'rmsprop',
              metrics = ['accuracy'])
```

投入数据，训练网络，代码如下。

```
model.fit_generator(
        train_data,                         # 训练集
        samples_per_epoch = 2000,           # 训练样本数量
        nb_epoch = 50,                      # 训练次数
```

```
            validation_data = val_data,           #验证数据
            nb_val_samples = 800                  #验证集大小
)
model.save_weights('../model/cat_dog.h5')         #保存模型文件
```

完整代码如下。

【案例 3-1】 Conv_3.ipynb

```
from keras.preprocessing.image import ImageDataGenerator
from keras.models import Sequential
from keras.layers import Conv2D, MaxPooling2D
from keras.layers import Activation, Dropout, Flatten, Dense
from keras import backend as K


#图片大小
img_width, img_height = 150, 150

train_data_dir = '../datas/min_data/train'
validation_data_dir = '../datas/min_data/test'
nb_train_samples = 2000
nb_val_samples = 1000
epochs = 50
batch_size = 16

if K.image_data_format() == 'channels_first':
    input_shape = (3, img_width, img_height)
else:
    input_shape = (img_width, img_height, 3)

#数据读取、数据增强
train_gen = ImageDataGenerator(
    rescale = 1. / 255,
    shear_range = 0.2,
    zoom_range = 0.2,
    horizontal_flip = True)
val_gen = ImageDataGenerator(rescale = 1. / 255)

train_data = train_gen.flow_from_directory(
    train_data_dir,
    target_size = (img_width, img_height),
    batch_size = batch_size,
    class_mode = 'binary')

val_data = val_gen.flow_from_directory(
    validation_data_dir,
    target_size = (img_width, img_height),
    batch_size = batch_size,
    class_mode = 'binary')

#构建三层卷积神经网络
model = Sequential()
model.add(Conv2D(32, (3, 3), input_shape = input_shape))
```

```python
model.add(Activation('relu'))
model.add(MaxPooling2D(pool_size = (2, 2)))

model.add(Conv2D(32, (3, 3)))
model.add(Activation('relu'))
model.add(MaxPooling2D(pool_size = (2, 2)))

model.add(Conv2D(64, (3, 3)))
model.add(Activation('relu'))
model.add(MaxPooling2D(pool_size = (2, 2)))

#添加铺平层、全连接层、降采样层
model.add(Flatten())
model.add(Dense(64))
model.add(Activation('relu'))
model.add(Dropout(0.5))
model.add(Dense(1))
model.add(Activation('sigmoid'))

#定义损失函数和优化策略
model.compile(loss = 'binary_crossentropy',
              optimizer = 'rmsprop',
              metrics = ['accuracy'])

#开始训练
model.fit_generator(
    train_data,
    steps_per_epoch = nb_train_samples // batch_size,
    epochs = epochs,
    validation_data = val_data,
    validation_steps = nb_val_samples // batch_size)
#保存
yaml_string = model.to_yaml()
with open('cat_dog.yaml', 'w') as outfile:
    outfile.write(yaml_string)
model.save_weights('cat_dog.h5')
```

运行结果如下。

```
Found 2000 images belonging to 2 classes.
Found 1000 images belonging to 2 classes.
WARNING:tensorflow:From /home/yangrh/anaconda3/lib/python3.6/site-packages/keras/backend/
tensorflow_backend.py:1208: calling reduce_prod (from tensorflow.python.ops.math_ops) with
keep_dims is deprecated and will be removed in a future version.
Instructions for updating:
keep_dims is deprecated, use keepdims instead
WARNING:tensorflow:From /home/yangrh/anaconda3/lib/python3.6/site-packages/keras/backend/
tensorflow_backend.py:1297: calling reduce_mean (from tensorflow.python.ops.math_ops) with
keep_dims is deprecated and will be removed in a future version.
Instructions for updating:
keep_dims is deprecated, use keepdims instead
Epoch 1/50
125/125 [==============================] - 40s - loss: 0.7057 - acc: 0.5140 -
val_loss: 0.6797 - val_acc: 0.5363
```

```
Epoch 2/50
125/125 [==============================] - 40s - loss: 0.6851 - acc: 0.5865 - val_loss: 0.6391 - val_acc: 0.6839
…
Epoch 50/50
125/125 [==============================] - 40s - loss: 0.3996 - acc: 0.8370 - val_loss: 0.5988 - val_acc: 0.7947
```

【性能评估】

50 个 epoch,每个 epoch 大概需要 50s,在 it1080 下训练过程共需要 40min 左右,在验证集上的准确率达到 80%,训练准确率与错误率如图 3-63 所示。

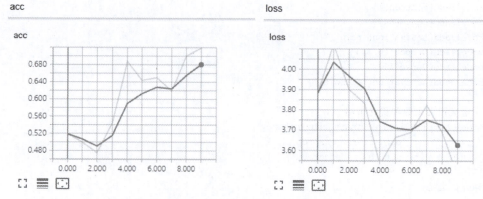

图 3-63　准确率与错误率

下面案例代码使用训练好的模型对猫狗图片进行分类。

【案例 3-2】　Predict_Model.ipynb

```python
import os
import keras
import keras.backend as K
from tables.tests.test_tables import LargeRowSize
K.set_image_dim_ordering('tf')
import numpy as np
from keras import callbacks
from keras.models import Sequential, model_from_yaml, load_model
from keras.layers import Dense, Conv2D, Flatten, Dropout, MaxPool2D
from keras.optimizers import Adam, SGD
from keras.preprocessing import image
from keras.utils import np_utils, plot_model
from sklearn.model_selection import train_test_split
from keras.applications.resnet50 import preprocess_input, decode_predictions

img_h, img_w = 150, 150
image_size = (150, 150)
nbatch_size = 256
nepochs = 48
nb_classes = 2

def pred_data():
```

```python
    with open('cat_dog.yaml') as yamlfile:
        loaded_model_yaml = yamlfile.read()
    model = model_from_yaml(loaded_model_yaml)
    model.load_weights('cat_dog.h5')

    sgd = Adam(lr = 0.0003)
    model.compile(loss = 'categorical_crossentropy',optimizer = sgd, metrics = ['accuracy'])

    images = []
    path = '../datas/pred/'
    for f in os.listdir(path):
        img = image.load_img(path + f, target_size = image_size)
        img_array = image.img_to_array(img)

        x = np.expand_dims(img_array, axis = 0)
        x = preprocess_input(x)
        result = model.predict_classes(x,verbose = 0)

        print(f,result[0])

#0 表示猫,1 表示狗
pred_data()
```

运行结果如下。

```
c7.jpg [0]
dog.33.jpg [0]
dog.34.jpg [1]
dog.41.jpg [0]
c3.jpg [0]
c1.jpg [1]
dog.36.jpg [0]
c4.jpg [0]
dog.35.jpg [0]
dog.39.jpg [0]
c5.jpg [0]
dog.38.jpg [0]
c2.jpg [0]
dog.40.jpg [0]
c6.jpg [1]
c0.jpg [0]
dog.37.jpg [0]
```

本章总结

- 机器学习(Machine Learning,ML)是人工智能的核心分支。
- 机器学习的核心就是数据、算法(模型)和算力(计算机计算能力)。
- 赫布学习理论是神经网络(Neural Network,NN)形成记忆痕迹的首要基础,也是最简单的神经元(Neuron)学习规则。
- 从功能上来说,机器学习的功能大致可分为回归、分类和聚类。

- 机器学习的学习方式大体分为 3 类：监督学习、无监督学习和弱监督学习。
- 机器学习的流程包括分析案例、数据获取、模型训练和模型验证这 4 个过程。
- 线性模型(Linear Model)蕴含了机器学习中一些重要的基本思想，线性模型形式简单、易于建模，具有很好的解释性。
- 特征不明显、小规模数据集，采用支持向量机的效果要好于线性回归。
- 贝叶斯分类以贝叶斯定理为基础。
- 决策树模型呈现树形结构，是基于输入特征对实例进行分类的模型。
- 人工神经网络(Artificial Neural Network，ANN)是从信息处理角度通过对人脑神经元及其网络进行模拟、简化和抽象，建立某种模型，按照不同的连接方式组成不同的网络。
- 根据连接方式的不同，可以将神经网络分为卷积神经网络、循环神经网络和深度信念网络。

本章习题

1. 机器学习的简称是(　　)。
   A. AI　　　　　　B. ML　　　　　　C. DL　　　　　　D. NN
2. 机器学习的核心要素包括(　　)。
   A. 数据　　　　　B. 操作人员　　　C. 算法　　　　　D. 算力
3. 按照学习方式的不同，可以将机器学习分为以下哪几类？(　　)
   A. 监督学习　　　B. 无监督学习　　C. 弱监督学习　　D. 聚类
4. 决策树中的分类结果是最末端的节点，这些节点称为(　　)。
   A. 根节点　　　　B. 父节点　　　　C. 子节点　　　　D. 叶节点
5. 机器学习的流程包括分析案例、数据获取、(　　)和模型验证这 4 个过程。
   A. 数据清洗　　　B. 数据分析　　　C. 模型训练　　　D. 模型搭建
6. 梯度为(　　)的点，就是损失函数的最小值点，一般认为此时模型达到了收敛。
   A. −1　　　　　　B. 0　　　　　　C. 1　　　　　　D. 无穷大
7. 使用下面哪个函数可以将线性回归线转为逻辑回归线？(　　)
   A. Sigmoid　　　　B. 高斯核函数　　C. P(A)　　　　　D. H(x)
8. 支持向量机的简称是(　　)。
   A. AI　　　　　　B. ML　　　　　　C. ANN　　　　　D. SVM
9. 下面不属于人工神经网络的是(　　)。
   A. 卷积神经网络　　　　　　　　　B. 循环神经网络
   C. 网络森林　　　　　　　　　　　D. 深度信念网络
10. 当数据特征不明显、数据量少的时候，采用下面哪个模型？(　　)
    A. 线性回归　　　B. 逻辑回归　　　C. 支持向量机　　D. 神经网络

第 4 章　计算机视觉及应用

CHAPTER 4

本章思维导图

视频讲解

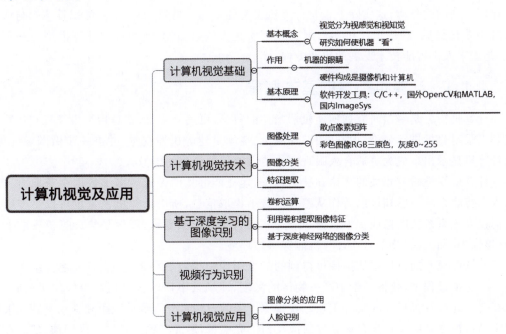

本章目标

- 了解计算机视觉的定义及基本原理。
- 理解图像的特征及图像分类的技术原理。
- 理解基于深度学习的目标检测与特征提取。
- 了解计算机视觉的应用。

4.1 计算机视觉基础

视觉是人类感知外界信息的重要渠道,据统计,人类约有75%的信息是通过视觉获取的,视觉是人类思维最基本的一种工具。成语"眼见为实"表达了视觉对人类的重要性。不难想象,具有视觉的机器是人工智能系统不可或缺的重要组成部分,视觉技术日新月异,视觉应用也愈加广泛。

视觉进一步可以分为视感觉和视知觉,相对而言,感觉是较低层次的,主要接收外部刺激,对外部刺激是基本不加区别地完全接收;而知觉则处于较高层次,要确定由外界刺激的哪些部分组合成关心的目标,将外部刺激转化为有意义的内容。

视觉的最终目的从狭义上说是要能对客观场景做出对观察者有意义的解释和描述;从广义上讲,还包括基于这些解释和描述并根据周围环境和观察者的意愿来制定出行为规划,并作用于周围的环境,这实际上也是计算机视觉的目标。另外,如何从人类视觉感知与认知机理中获得灵感,利用现代机器学习与物理实现方法,构建有效的视觉计算模型与视觉系统,是未来人工智能技术发展的重要方向。

4.1.1 计算机视觉的基本概念

计算机视觉是一门研究如何使机器"看"的科学,更进一步说,就是指用摄像机和计算机代替人眼对目标进行分类、识别、跟踪和测量、空间重建等机器视觉,并进一步做图像处理,用计算机显示出来成为更适合人眼观测或传送给仪器检测的图像。

计算机视觉研究相关的理论和技术,试图建立能够从图像或者多维数据中获取"信息"的人工智能系统。感知可以看作从感官信号中提取信息,所以计算机视觉也可以看作研究如何使人工系统从图像或多维数据中"感知"的科学。形象地说,就像是给计算机安装上眼睛(摄像头)和大脑(算法),让计算机能够感知环境。

计算机视觉的目标是从摄像机得到的二维图像中提取三维信息,从而重建三维世界模型。在这个过程中,获得场景中某一物体的深度,即场景中物体各点相对于摄像机的距离,无疑会成为计算机视觉的研究重点。获得深度图的方法可分为被动测距和主动测距。被动测距是指视觉系统接收来自场景发射或反射的光能量,形成有关场景的二维图像,然后在这些二维图像的基础上恢复场景的深度信息。具体实现方法可以使用两个或多个相隔一定距离的照相机同时获取场景图像,也可使用一台照相机在不同空间位置上分别获取两幅或两幅以上的图像。主动测距与被动测距的主要区别在于视觉系统是否是通过增加自身发射的能量来测距,雷达测距系统、激光测距系统则属于主动测距。主动测距的系统投资巨大,成本太高,而被动测距方法简单,并且容易实施,从而得到了广泛的应用。利用被动测距的计算机视觉主要分为4个步骤,如图4-1所示。

(1) 图像获取。一般情况下,人类通过双眼来获得图像,双眼可近似为平行排列,在观察同一场景时,左眼获得左边的场景信息多一些,在左视网膜中的图像偏右;而右眼获得右边场景信息多一些,在右视网膜中的图像偏左。同一场景点在左视网膜上和右视网膜上的图像点

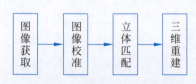

图 4-1 计算机视觉的 4 个步骤

位置差异即为视差,也是感知物体深度的重要信息。

计算机视觉的获取图像的原理与人眼相似,是通过不同位置上的相机来获得不同的图像,左摄像机拍摄的图像称为左图像,右摄像机拍摄的图像称为右图像。左图像得到左边的场景信息多一些,右图像得到右边场景的信息多一些。

(2) 图像校准。在图像获取过程中,有许多因素会导致图像失真,如成像系统的像差、畸变、带宽有限等造成的图像失真;由于成像器件拍摄姿态和扫描非线性引起的图像几何失真;由于运动模糊、辐射失真、引入噪声等造成的图像失真。

(3) 立体匹配。在两幅或多幅不同位置下拍摄的且对应同一场景的图像中,建立匹配基元之间关系的过程称为立体匹配。例如,在双目立体匹配中,匹配基元选择像素,然后获得对应于同一个场景的两个图像中两个匹配像素的位置差别(即视差),并将视差按比例转换为 0~255,以灰度图的形式显示出来,即为视差图。

(4) 三维重建。根据立体匹配得到的像素的视差,如果已知照相机的内外参数,则根据摄像机几何关系得到场景中物体的深度信息,进而得到场景中物体的三维坐标。

4.1.2　计算机视觉的作用

提起"视觉",就会想到人眼。机器视觉通俗点说就是机器眼。同理,由人眼在人身上的作用,也可以联想到机器视觉在机器上的作用,虽然功能大同小异,但是也有一些本质的差别。相同点在于都是主体(人或者机器)获得外界信息的器官,不同点在于获得信息和处理信息的能力不同。

对于人眼,一眼望去,人可以马上知道看到了什么东西,其种类、数量、颜色、形状、距离等的大致信息都呈现在人的脑海里。由于人有从小到大的长期积累,不假思索就可以说出所看到东西的大致信息,这是人眼的优势。但是请注意前面所说的人眼看到的只是大致信息,而不是准确信息。例如,你一眼就能看出自己视野里有几个人,甚至知道有几个男人,几个女人,以及他们的胖瘦和穿着打扮,包括目标以外的环境都很清楚,但是你说不准他们的身高、腰围、与你的距离等具体数据,最多能说个大概。这就是人眼的劣势。如让一个人到工厂的生产线上去挑选有缺陷的零件,即使在人能反应过来的慢速生产线上,干一会儿也会发牢骚"这哪是人干的事儿",对于那些快速生产线就更不用说了。是的,这些不是人眼能干的事,是机器视觉干的事。

对于机器视觉来说,前面所讲的工厂在线检测就是它的强项,能够检测产品的缺陷,还能精确地检测出产品的尺寸大小,只要相机的分辨率足够,精度可达到 0.001mm,甚至更高都不是问题,而像人那样一眼判断出视野中的全部物品,机器视觉一般没有这样的能力。如果没有给它输入相关的分析判断程序,机器就是个盲人,什么都不知道,可以通过输入学习程序,让它不断学习,尽管如此,它也不可能像人那样,什么都懂,起码目前还没有达到这个水平。

机器视觉是机器的眼睛,可以通过程序实现对目标物体的分析判断,可以检测目标的缺陷,可以测量目标的尺寸大小和颜色,可以为机器的特定动作提供特定的精确信息。机器视觉具有广阔的应用前景,可以使用在社会生产和人们生活的各个方面,在替代人的劳动方面,所有需要用人眼观察、判断的事物,都可以用机器视觉来完成,最适合用于大量重复动作(例如工件质量检测)和眼睛容易疲劳的判断(例如电路板检查)。对于人眼不能做到的准确测量、精细判断、微观识别等,机器视觉也能够实现。

视频讲解

4.1.3 计算机视觉的基本原理

人之所以能看到大千世界,缤纷万物,这是因为人有着精密的智能成像系统——眼睛。眼睛是敏感的光感应器官,是一切动物与外界联系的信息接收器。

人眼的结构是个球体,通常也称为眼球。眼球内具有特殊的折光系统,使进入眼内的可见光汇聚在视网膜上,视网膜上含有感光的视杆细胞和视锥细胞,这些感光细胞把接收到的色光信号传到神经节细胞,再由视神经传导大脑皮层枕叶视觉神经中枢,产生色感。

对于人的视觉系统来说,首先由硬件系统——眼球,利用凸透镜成像的原理,在视网膜上形成倒立、缩小的实像,而视网膜上的视神经细胞感受到光的刺激,把这个信号传输给软硬件系统——大脑,通过大脑软件功能进行分析处理,人就可以看到这个物的正像了。同样,对于计算机视觉系统,也是由硬件系统和软件系统构成的。

1. 计算机视觉的硬件构成

人眼的硬件构成笼统地说,就是眼球和大脑,机器视觉的硬件构成也可以大概说成是摄像机和计算机。作为图像采集设备,除了摄像机之外,还有图像采集卡、光源等设备。

对于计算机来说,有台式机、笔记本电脑、工控机、平板电脑、微型处理器等,但是其核心部件都是中央处理器,内存硬盘和显示器,只不过不同计算机核心部件的形状、大小和性能不一样,此处不再赘述。

对于图像采集设备,主要包括摄像装置、图像采集卡和光源等,目前基本上都是数码摄像装置,而且种类很多,包括PC摄像头、工业摄像头、监控摄像头、扫描仪、摄像机、手机等。摄像头的关键部件是镜头,如图4-2所示,镜头的焦距越小,近处看得越清楚;焦距越大,远处看得越清楚,相当于人的眼角膜。对于一般的摄像设备,镜头的焦距是固定的,一般PC摄像头、监控摄像头等常用摄像设备镜头的焦距是4~12mm,工业镜头和科学仪器镜头有定焦镜头,也有调焦镜头。

定焦镜头　　　　　　　　　调焦镜头　　　　　　　　　长焦镜头

图 4-2　镜头

摄像装置与计算机的连接一般是通过专用图像采集卡、IEEE 1394接口和USB接口,如图4-3所示。随着计算机和USB接口性能的不断提高,一般数码设备都趋向于采用USB接口。而IEEE 1394接口多用于高性能摄像设备。对于特殊的高性能工业摄像头,一般都自带配套的图像采集卡。

除此之外,在室内生产线上进行图像检测一般都需要配置一套光源,可以根据检测对象的状态选择适当的光源,这样不仅可以降低软件开发难度,也可以提高图像处理速度。图像处理的光源一般是需要直流电光源,特别是在高速图像采集时必须用直流电光源,如果是交流电光源,就会产生图像一会儿亮一会儿暗的闪烁现象。直流光源一般采用发光二极管

LED，根据具体使用要求，做成圆环形、长方形、正方形等不同形状，如图 4-4 所示。

图像采集卡　　IEEE 1394接口　　USB接口

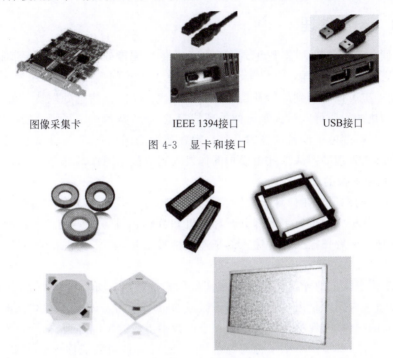

图 4-3　显卡和接口

图 4-4　光源

将机器视觉的硬件连接在一起，即使通上电，如果没有软件也无法运转。就像人体，人眼要起作用，必须首先是活人，也就是说心脏要跳动供血，这相当于给计算机插电源供电。但是只是人活着还不行，如果是脑死亡，人眼也不能起作用。机器视觉的软件功能就相当于人脑的功能。人脑功能可以分为基本功能和特殊功能基本功能一般指人的本性功能，只要活着不用学习就会，而特殊功能是需要学习才能实现的功能。图像处理软件就是机器视觉的特殊功能是需要开发商或者用户来开发完成的功能，而计算机的操作系统和软件开发工具是由专业公司供应的，可以认为是计算机的基本功能。

2. 计算机视觉的软件开发工具

计算机的软件开发工具包括 C、C++、Visual C++、C＃、Java、BASIC、FORTARN 等。由于图像处理与分析的数据处理量很大，而且需要编写复杂的运算程序，从运算速度和编程的灵活性来考虑，C 和 C++是最佳的图像处理与分析的编程语言。目前的图像处理与分析的算法程序，多数利用这两种计算机语言来实现。常用的图像处理算法软件，例如国外的 OpenCV 和 MATLAB，国内的通用图像处理系统 ImageSys 开发平台等。

因此，机器视觉就是利用摄像机和计算机等硬件，实现对目标的图像采集、分类、识别跟踪、测量，并利用计算机软件开发工具，进行处理从而得到所需的检测图像。

4.2　计算机视觉技术

计算机视觉就是用各种成像系统代替视觉器官作为输入敏感手段，由计算机来代替大脑完成处理和解释。计算机视觉的最终研究目标就是使计算机像人那样通过视觉观察和理解世界，具有自主适应环境的能力。

4.2.1 图像处理

视频讲解

图像处理是个古老的话题，以记录和宣传为目的的图像处理，可以追溯到旧石器时代的西班牙阿尔塔米拉石窟壁画，在以埃及、美索不达米亚为首的古代文明中也能够看到很多实例，中国的绘画史可以追溯到原始社会的新石器时代。从图像信息处理技术角度来说，活字印刷术和复印机的发明可以认为是图像处理的起点，这些技术奠定了当今的电子排版、扫描仪、摄像机、照相机等电子设备的技术基础。现在所谓的图像处理，一般是指通过电子设备进行的图像处理，处理的图像形式由模拟图像发展到了数字图像。

1. 计算机中图像的表示

图像表示是图像信息在计算机中的表示和存储方式。图像表示和图像运算一起组成图像模型，是模式分析中的重要组成部分。计算机和数码相机等数码设备中的图像都是数字图像，在拍摄照片或者扫描文件时输入的是连续模拟信号，需要经过采样和量化，将输入的模拟信号转化为最终的数字信号。

采样就是把空间上的连续图像分割成离散像素的集合。如图 4-5 所示，如果把一个图像放大，可以看到该图像是由一个个小格子组成的，每个小格子是一个色块。如果用不同的数字表示不同的颜色，图像就可以表示为一个由数字组成的矩阵阵列，称为矩阵。这样就可以在计算机中存储，这里的小格子称为像素，格子的行数与列数统称为分辨率。采样越细，像素越小，越能精确地表现图像。常说的某个图像的分辨率为 1280×720 像素，指的是这个图是由 1280 行、720 列的像素组成的；反之，如果给出的是一个数字组成的矩阵，则将数值转换为对应的颜色，并显示出来，就可以复现这个图像。

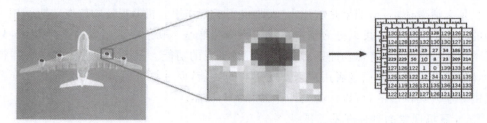

图 4-5 图像的像素表示

量化是把像素的亮度（灰度）变换成离散的整数值的操作。最简单是用黑（0）和白（1）这两个值来量化，成为二值图像，量化越细致，灰度级数表现越丰富。

最简单的图就是单通道的灰度图。在一张灰度图中，每像素位置 (x,y) 对应一个灰度值 I，图像在计算机中就存储为数值矩阵。一张宽度为 640 像素、高度为 480 像素的灰度图就可以表示为

```
1  unsigned char image[480][640]
```

在程序中，图像以二维数组形式存储。它的第一个下标则是指数组的行，而第二个下标是列。在图像中，数组的行数对应图像的高度，而列数对应图像的宽度。

2. 色彩的表示

视频讲解

照片分黑白和彩色，在图像中有相应的灰度图像和彩色图像。对于灰度图像只有明暗

的区别，只需要一个数字就可以表示出不同的灰度，通常用 0 表示最暗的黑色，255 表示最亮的白色，介于 0～255 的则表示不同明暗程度的灰色。

对于彩色图像，根据三原色原理，技术人员创造了 RGB 模式（R：Red,G：Green,B：Blue），并用三原色按不同比例混合形成高达 1600 万种颜色，这已经远远超出了人眼能够识别的颜色种类，所以没有眼睛的计算机反而会比人类看得更多。对于每种基本颜色，也用 0～255 的正数表示这个颜色分量的明暗程度，如图 4-6 所示。在 RGB 颜色模式，颜色由表明红色、绿色和蓝色各成分强度的 3 个数值表示。从最小值 0 到最大值 255，当所有颜色都在最小值时被显示的颜色将是黑色，当所有颜色都在其最大值时被显示的颜色将是白色。

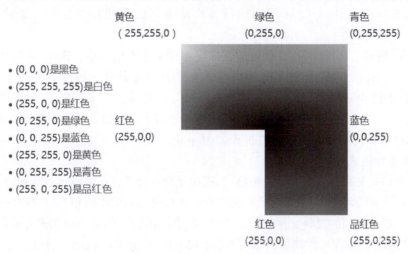

图 4-6　特殊 RGB 值对应的颜色

一个彩色图像可以用一个由正数组成的立方体矩阵来表示。成这样按立方体摆列的数字排列为三阶张量，这个三阶张量的长度和宽度即为图像的分辨率。对数字图像而言，三阶张量的高度也称为通道数，因此，彩色图像有 3 个通道，矩阵可以看作高度为 1 的三阶张量，灰度图像只有一个通道。

3. 图像文件格式

图像文件格式是记录和存储影像信息的格式。对数字图像进行存储、处理、传播，必须采用一定的图像格式，也就是把图像的像素按照一定的方式进行组织和存储，把图像数据存储成文件就得到图像文件。图像文件格式决定了应该在文件中存放何种类型的信息，文件如何与各种应用软件兼容，文件如何与其他文件交换数据。

图像文件格式有很多，主要格式有 BMP、TIFF、GIF、PNG、JPEG 等，现在开发的几乎所有的图像处理软件都支持这些格式，以下分别进行说明。

（1）BMP 格式。BMP 位图格式是 Windows 上画图软件（Paint）使用的格式，BMP 格式支持 RGB、索引颜色、灰度和位图颜色模式，但不支持 Alpha 通道。BMP 格式支持 1、4、24、32 位的 RGB 位图。有非压缩格式和压缩格式，多数是非压缩格式。文件扩展名为 .bmp。

（2）TIFF 格式。TIFF（标记图像文件格式）用于在应用程序之间和计算机平台之间交换文件。TIFF 是一种灵活的图像格式，被所有绘画、图像编辑和页面排版应用程序支持。几乎所有的桌面扫描仪都可以生成 TIFF 图像。而且 TIFF 格式还可加入作者、版权、备注等信息，存放多幅图像。属于一种数据不失真的压缩文件格式。文件扩展名为 .tiff、.tif。

(3) GIF 格式。GIF(图像交换格式)是一种压缩格式,用来最小化文件大小和电子传递时间。在网络 HTML(超文本标记语言)文档中,GIF 文件格式普遍用于现实索引颜色和图像,支持多图像文件和动画文件。缺点是存储色彩最高只能达到 256 种。文件扩展名为.gif。

(4) JPEG 格式。JPEG(联合图片专家组)是目前所有格式中压缩率最高的格式。大多数彩色和灰度图像都使用 JPEG 格式压缩图像,压缩比很大(约 95%),而且支持多种压缩级别的格式,当对图像的精度要求不高而存储空间又有限时,JPEG 是一种理想的压缩方式。在网络 HTML 文档中,JPEG 用于显示图片和其他连续色调的图像文档。JPEG 支持 CMYK、RGB 和灰度颜色模式。JPEG 格式保留 RGB 图像中的所有颜色信息,通过选择性地去掉数据来压缩文件。JPEG 是数码设备广泛采用的图像压缩格式。文件扩展名为.jpg、.jpeg。

(5) PNG 格式。PNG 图片以任何颜色深度存储单个光栅图像。PNG 是与平台无关的格式。优点:PNG 支持高级别无损耗压缩。支持 alpha 通道透明度、支持伽马校正等。PNG 得到最新的 Web 浏览器支持。缺点:较旧的浏览器和程序可能不支持 PNG 文件。作为 Internet 文件格式,与 JPEG 的有损耗压缩相比,PNG 提供的压缩量较少,对多图像文件或动画文件不提供任何支持。文件扩展名为.png。

4. 视频文件格式

视频文件格式是指视频保存的一种格式,视频是现在计算机中多媒体系统中的重要一环。为了适应储存视频的需要,人们设定了不同的视频文件格式来把视频和音频放在一个文件中,以方便同时回放。常用的视频文件格式有 AVI、WMV、MPEG 等,以下分别进行说明。

(1) AVI 格式。AVI(音频视频交错)是由 Microsoft 开发的,历史比较悠久。其含义是把视频和音频编码混合在一起储存。AVI 格式调用方便、图像质量好,压缩标准可以任意选择,应用非常广泛。文件扩展名为.avi。

(2) WMV 格式。WMV(视窗多媒体视频)是微软公司开发的一组数位视频编解码格式的通称,ASF(Advanced Systems Format)是其封装格式。ASF 封装的 WMV 文档具有"数位版权保护"功能。文件扩展名为.wmv/asf、.wmvhd。

(3) MPEG 格式。MPEG(运动图像专家组)格式是国际标准化组织(ISO)认可的媒体封装形式,得到大部分机器的支持。其存储方式多样,可以适应不同的应用环境。MPEG 系列标准对 VCD、DVD 等视听消费电子及数字电视和高清晰度电视(DTV&HDTV)、多媒体通信等信息产业的发展产生了巨大而深远的影响。MPEG 的控制功能丰富,可以有多个视频(即角度)、音轨、字幕(位图字幕)等。MPEG 的一个简化版本 3GP 还广泛用于准 3G 手机上。文件扩展名为 dat(用于 DVD)、voB、mpg/mpeg、3gp/3g2(用于手机)等。

5. 常用图像处理算法

图像处理的基本算法包括图像增强、去噪声处理、图像分割、边缘检测、特征提取、几何变换等,经典算法有 Hough(哈夫)变换、傅里叶变换、小波(wavelet)变换、模式识别、神经网络、遗传算法等。图像处理最大的难点在于,没有任何一种算法能够独立完成千差万别的图像处理。针对不同的处理对象,需要对多种图像处理算法进行组合和修改不同的处理对象和环境,图像处理的难点不同。例如,工业生产的在线图像检测,其难点在于满足生产线的快速流动检测;农田作业机器人,其图像处理的难点在于适应复杂多变的自然环境和光照条件。一个优秀的图像处理算法开发者,可以设计出巧妙的算法组合和处理方法,使图像处理既准确又快速。

4.2.2 图像分类

图像分类是指根据各自在图像信息中所反映的不同特征,把不同类别的目标区分开的图像处理方法。它利用计算机对图像进行定量分析,把图像或图像中的每个像元或区域划归为若干个类别中的某一种,以代替人的视觉判读。

如图4-7所示,在铭铭的相册中,有小猫、小狗,也有汽车、飞机,但是里面也有一些一眼不是很确定的事物识别,比如图中第一张是企鹅还是别的鸟呢?第二张是什么种类的猫呢?识别照片中的物体是什么类别,就是一个图像的分类任务。

图4-7 相册图片

看到图4-8中的第一张图片,分辨图片上是猫还是狗;唱一首歌曲,区分是古典音乐还是流行音乐;看到一段视频,区分人是在跳舞,还是在跑步。在生活中,经常会判断一个事物的类型,这样的过程在人工智能领域被称为分类。

图4-8 各种状态的图片

人工智能系统处理的是各式各样的数据:图像、文字、声音、视频等,如图4-9所示。数据是信息的载体,分类就是要根据数据的不同特点,判断它属于哪个类别。

图4-9 各种类型的数据

在鸢尾花特征的提取中,通过测量花瓣的长和宽,从一个鸢尾花样本中提取一个二维的特征向量,随后这个特征向量被输入分类器,经过一系列计算,分类器就可以判断出这朵鸢尾花的类别,如图 4-10 所示。可以遵循同样的流程,设计一个用于图片进行分类的系统。

图 4-10　鸢尾花特征提取过程

特征是在分类器乃至于所有人工智能系统中非常重要的概念。对同样的事物,可以提取出各种各样的特征,也可以根据物体和数据本身具有的特点,考虑不同类别之间的差异,并在此基础上设计出有效的特征,如图 4-11 所示。特征的质量在很大程度上决定了分类器最终分类的好坏。

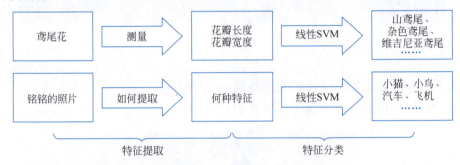

图 4-11　特征提取

视频讲解

4.2.3　特征提取

判断目标为何物或者测量其尺寸大小的第一步是将目标从复杂的图像中提取出来。例如,在街景中对行人的提取;在川流不息的道路中识别过往车辆和交通标志;在车间生产线上零件的识别;在农作物中根据果实大小分类等。

人眼在杂乱的图像中搜寻目标物体,主要依靠颜色和形状差别,具体过程是人们在无意识中完成的,其实利用了人们日积月累的常识。同样的道理,计算机视觉在提取物体时,也是依靠颜色和形状差别,也即图像特征。只不过计算机里没有这些知识积累,需要人们利用计算机语言,通过某种方法,将目标物体的知识输入或计算出来,形成判断依据。

1. 图像特征

图像特征是指图像的原始特性或属性,主要有图像的颜色特征、纹理特征、形状特征和空间关系特征。颜色特征是一种全局特征,描述了图像或图像区域所对应的景物的表面性质;纹理特征也是一种全局特征,它也描述了图像或图像区域所对应景物的表面性质;形状特征有两类表示方法:一类是轮廓特征,另一类是区域特征,图像的轮廓特征主要针对物体的外边界,而图像的区域特征则关系到整个形状区域;空间关系特征是指图像中分割出来的多个目标之间的相互的空间位置或相对方向关系,这些关系也可分为连接/邻接关系、交叠/重叠关系和包含/包容关系等。

2. 特征提取

通过对图像的特征分析，计算机就可以识别物体，对物体分类或者对物体是否符合标准进行判别实现质量监控等，也就是所谓的图像特征提取。特征提取是计算机视觉和图像处理中的一个概念。它指的是使用计算机提取图像信息，决定每个图像的点是否属于一个图像特征。特征提取的结果是把图像上的点分为不同的子集，这些子集往往属于孤立的点、连续的曲线或者连续的区域。

常用的特征提取方法有主成分分析法、傅里叶变换、小波变换法、最小二乘法、边界方向直方图法、Gabor 变换和纹理特征提取等。

对于图 4-7 中的照片，我们如何区分这些照片？怎么样从图片中有效地提取？如图 4-12 所示，根据是否有翅膀，就可以区分小鸟和小猫，也可以区分汽车和飞机；再根据是否有眼睛，就可以区分这 4 类照片了。人类靠经验常识"一看便知"，但对计算机而言，就需要"特定计算"进行图像特征提取，如图 4-13 所示。

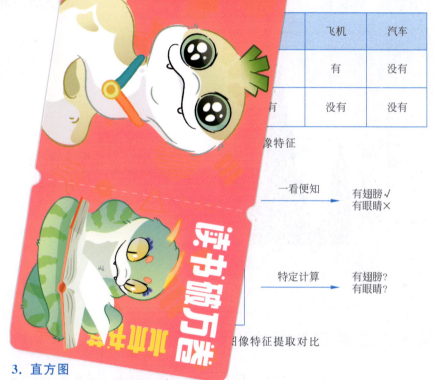

	飞机	汽车
	有	没有
有	没有	没有

图像特征

一看便知 → 有翅膀√ 有眼睛×

特定计算 → 有翅膀？ 有眼睛？

图像特征提取对比

3. 直方图

更进一步地，研究者们设计了一些更加复杂但有效的特征，方向梯度直方图（HOG）是一种经典的图像特征，在物体识别和物体检测中有较好的应用。方向梯度直方图使用边缘检测技术和一些统计学方法，可以表示出图像中物体的轮廓。由于不同的物体轮廓有所不同，因此可以利用方向梯度直方图特征区分图像中不同的物体。如图 4-14 所示，方向梯度直方图的原理就是利用卷积运算，从图像中提取一些边缘特征，然后将这些特征划分为若干区域，并对边缘特征按照方向和幅度进行统计，形成直方图，最后将所有区域内的直方图拼接起来，就形成了特征向量。

对于灰度图像，其像素的最大值是 255（白色），最小值是 0（黑色），从 0～255 共有 256

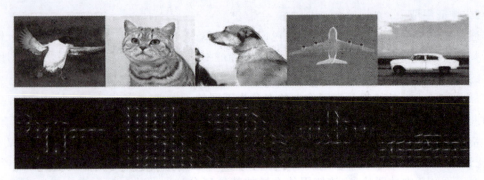

图 4-14 图片的直方图

级,一个图像上每级有多少个像素,把这些数统计出来(计算机程序可以瞬间完成),做个图表,就是图片的灰度直方图。灰度直方图的横坐标表示 0~255 的像素级,纵坐标表示像素的个数或者占总像素的比例,如图 4-15 所示。计算出直方图,是灰度图像目标提取的重要步骤之一。对于背景单一的图像,一般在直方图上有两个峰值:背景的峰值和目标的峰值。

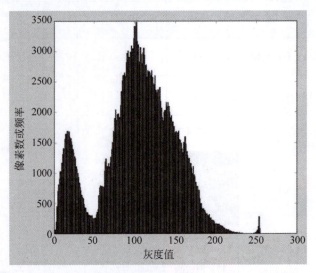

图 4-15 灰度直方图

4.3 基于深度学习的图像识别

在深度学习出现之前,图像特征的设计一直是计算机视觉领域中一个重要的研究课题。在这个领域,人们在初期手工设计了各种图像特征,这些特征可以描述图像的颜色、边缘、纹理、轮廓、角点、斑点等基本性质,结合机器学习技术,能解决物体识别和物体检测等实际问题。深度学习出现后,进行图像识别的一般步骤是:先进行卷积运算;再利用卷积提取图像特征;然后基于深度神经网络图像分类;最后进行目标检测。

4.3.1 卷积运算

前面已介绍过,彩色图像可以由三阶张量表示,其长度和宽度即为图像的分辨率,高度为通道数(灰度图像可以看作高度为1的三阶张量),那么从图像中提取特征便是对这个三阶张量进行运算的过程,其中非常重要的一种运算是卷积。

卷积运算在图像处理以及其他许多领域有着广泛的应用,卷积和加减乘除一样,是通过两个函数 f 和 g 生成第三个函数的一种数学算子,是数字信号处理中常用到的运算。参与卷积运算的可以是向量、矩阵或者三阶张量。

首先,从向量的卷积入手,如图 4-16 所示,是两个向量间的卷积运算过程,由短向量跟长向量做内积。首先将两个向量中的第一个元素对齐,并且截去长向量中多余的元素,计算这两个向量的内积,然后在长向量中进行活动,往下移动截取元素,最后计算内积,得到的结果仍然是一个向量。如果需要卷积之后的位数跟长向量的位数一致,那么可以在长向量的两端补一些0,然后再去做卷积运算。

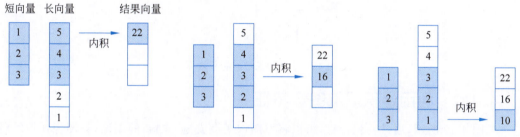

图 4-16　向量的卷积运算

对于矩阵的卷积运算,如图 4-17 所示,是需要在大矩阵中,将截取的与小矩阵大小一致的矩阵部分向横向和纵向两个方向进行滑动,进行卷积运算。即对应位置的数去求内积然后进行相加($1×5+2×4+3×3=22$),得到的结果仍然是一个矩阵。由此可知,矩阵间的卷积是利用与小矩阵相同的矩阵部分在大矩阵中沿横向和纵向两个方向滑动,其实可以设置步长(默认步长是1),然后依次去滑动。

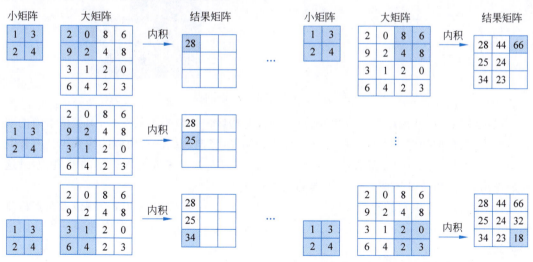

图 4-17　矩阵的卷积运算

以此类推,对于三阶张量的卷积运算也是同样的理念。在这里,讨论一种简单的情形,如图 4-18 所示,当两个张量的通道数相同时,滑动操作和矩阵卷积一样,只需要在长和宽两个方向上进行,卷积的结果是一个通道数为1的三阶张量。当两个张量的通道数相同的时候,滑动操作和矩阵卷积是一样的,只需要在长和宽两个方向进行。最终卷积的结果就是一个通道数为1的三阶张量,这样通过卷积运算就可以提取出图像的特征。

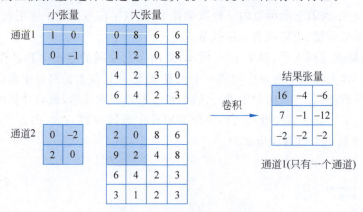

图 4-18　三阶张量的卷积运算

4.3.2　利用卷积提取图像特征

如图 4-19 所示,通过卷积计算,可以将原图像变换成为一幅新的图像,新图像比原图像更清楚地表现了某些性质,就可以把它当作原图像的一个特征,这里的小矩阵就叫作卷积核。卷积核中的元素可以是任意实数。

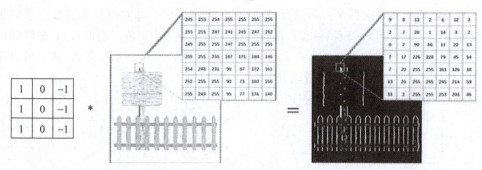

图 4-19　利用卷积提取图像特征

通过卷积可以从图像中提取边缘特征,在没有边缘的比较平坦的区域,图像像素值的变化比较小,而横向边缘上下两侧的像素差异比较明显,竖向边缘左右两侧的像素也会有较大差别,用卷积核分别计算了原图像上每个 3×3 区域内左右像素或上下像素的差值,通过这样的减法运算,可以从图像中提取不同的边缘特征。

针对图像进行识别的问题,可以人工设计出一些特征,包括一些边缘检测或者角点检测等去提取。如果用卷积的方式去提取图像特征,那么其实质就是基于深度神经网络的图像分类问题。

4.3.3　基于深度神经网络的图像分类

从图 4-20 中可以看出,2010 年开始利用传统的方式进行图像分类,它的分类错误率为 20%~30%,随着深度学习的出现,识别的分类错误率就越来越减少,甚至超过了人类。如

图 4-20 所示是 ImageNet 的一个挑战赛(计算机视觉领域的世界级竞赛)的结果。比赛的任务之一就是让计算机去自动完成对 1000 类图像的分类。2012 年,来自多伦多大学的参赛团队首次使用了深度神经网络,将图像分类的错误率降低到 10%,所以 ImageNet 这个挑战赛其实就是深度神经网络比拼的一个舞台。

图 4-20 图像分类错误率对比

深度神经网络之所以有这么强大的能力,就是因为它可以自动地从图像中学习有效的特征,可以很好地解决图像分类问题。其实对于原始的图像来讲,先要去提取它的特征,然后再采用分类器进行分类,因此可以通过卷积运算搭建深度神经网络。

深度神经网络降低了人工智能的复杂度。在传统模式分类的系统中,特征的提取和分类是两个独立的步骤。而深度神经网络将两者合并在了一起,如图 4-21 所示,只需要将一张图像输入给神经网络,就可以得出对于图像类别的预测,不再需要分布完成图像的特征提取和分类。所以从这个角度来说,深度神经网络并不是对传统模式分类系统的颠覆,而是对它的改进与增强。

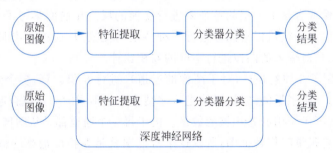

图 4-21 深度神经网络的特征提取

首先要了解深度神经网络的结构。一个深度神经网通常由多个顺序的层组成,第一层一般以图像为输入通过特定运算从图像中提取特征。接下来用上一层输出提取出的特征输入,对其进行特定形式的变换,就可以得到更复杂一些的特征。这种层次化的特征提取过程可以累加,赋予神经网络强大的特征提取能力,所以经过很多层的变换之后,神经网络就可以将原始图像变换为高层次的抽象的特征。这种由简单到复杂、由低级到高级抽象的过程,其实可以通过生活中一些例子来体会。例如,在学习英语的时候,通过字母之间的组合可以得到单词,通过单词的组合可以得到句子,句子的分析可以理解它的一些语义,通过语义的分析就可以获得表达的思想和目的,而这种语义包括思想其实就是更高级别的抽象。

图 4-22 中展示出来的就是 2012 年获得 ImageNet 挑战赛冠军的 AlexNet 这个神经网络。这个神经网络它的主体是由 5 个卷积层和 3 个全连接层组成,5 个卷积层位于网络的最前端,依次对于图像进行变换以提取特征,每个卷积层之后都有一个 ReLU 非线性激活层,作为激活层完成非线性变换,在第 1、2、5 层之后连接有最大池化层,它的作用就是降低特征图的分辨率。那么经过 5 个卷积层以及相连的非线性激活层与池化层之后,特征图最终就被转换成了 4096 维的特征向量,在经过两次全连接层和 ReLU 的变换之后,成为最终的特征向量,最后再经过一个全连接层和一个 softmax 归一化指数层后,就得到了对于图像所属类别的预测。

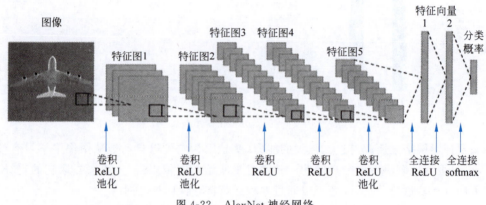

图 4-22 AlexNet 神经网络

接下来就分别介绍一下这个过程中提到的不同层。

1. 卷积层

卷积层是深度学习神经网络中在处理图像的时候十分常用的一种层,当一个深度神经网络以卷积层为主体的时候也称其为卷积神经网络。神经网络中的卷积层就是采用卷积运算,然后对原始图像或者是上一层的特征来进行变换的层。在前面学习了卷积核去提取边缘特征,一种特定的卷积核可以对图像进行一种特定的变换,从而提取出某种特定的特征。通常使用多个卷积核对输入的图像进行不同的卷积运算。

图 4-23 中采用了 3 种卷积核,对于图像的通道来进行卷积运算,多个卷积核就可以得到多个通道为一的三阶张量的结果,最终把这些结果作为不同的通道组合起来,这个三阶张量最终的通道数就等于使用的卷积核的数量。由于每一个通道都是从图像中提取到的一种特征,也将这个三阶张量叫作特征图,所以这个特征图就是卷积层最终的输出,经过全连接层变成了 4096 维的向量。

特征图和彩色图像都是三阶张量,有若干个通道,所以卷积层不仅作用于最开始输入的图像,也作用于其他层输出的特征图,因为对于图像而言,经过一个卷积层之后最终生成的就是一个特征图。一个深度神经网络的第一个卷积是以图像作为输入,而之后的卷积层会以前面层所输出的某个特征图作为输入。

2. 全连接层

全连接层表示在图像分类任务中,输入图像在经过若干个卷积层之后,会将特征图转换为特征向量。如果需要对特征向量进行变换,那么经常用到的就是全连接层。在全连接层会使用若干个维数相同的向量,与输入的向量做内积的操作,会将所有结果拼接成一个向量

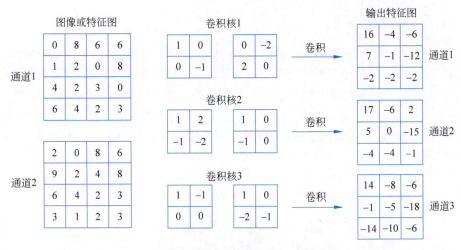

图 4-23　卷积层

作为输出。具体来说，如果一个全连接层以一个向量 X 作为输入，会用总共 K 个维数相同的参数向量 W 与输入的向量 X 做内积运算，再在结果上加上一个标量 b，即完成 $Y=X\times W+b$ 的运算，最后将 K 个标量的结果 y 组成整个向量 Y 作为这一层的输出。

全连接层就是把前面的局部特征重新通过权重的矩阵组装成完整的图，此时用到了所有的局部特征。打个比方，假如你是一只小蚂蚁，你的任务是去找面包渣儿，你的视野比较窄，只能看到很小的一片区域，当你找到一块面包渣儿之后，你不知道你找到的是不是全部的面包，所以全部的蚂蚁在一起就开了个会，把所有面包都拿出来分享了，全连接层就相当于是这个蚂蚁大会。因为全连接相当于把以前经过每一层卷积提取到的一些局部特征重新通过权重矩阵，或者运算组装成一个完整的图。

3. 归一化指数层

归一化指数层的作用就是完成多类线性分类器中的规划指数函数的计算，是分类网络的最后一层，它是以一个长度和类别的个数相等的特征向量作为输入，这个特征向量通常来自一个全连接层的输出，输出图像属于各个类别的概率。

4. 非线性激活层

其实每次做完卷积层之后还要加一个激活函数，即需要在每一个卷积层后面都连接一个非线性的激活层，其实不管是卷积运算还是全连接的运算，它们都是关于自变量的一次函数，也就是所谓的线性函数。线性函数有一个性质，在每次线性运算之后再进行一次非线性的运算，每次变换的效果就可以保留。常用到的有 Sigmoid 和 ReLU 等函数。换句话说，如果只是将卷积层和全连接层直接堆叠起来，那么它们对输入的图像产生的效果其实可以被全连接层替代。所以说通常会加入一些非线性的因素，就是用到非线性的激活层。

5. 池化层

在卷积运算的时候会将卷积核滑过图像或者是特征图的每像素，如果图像或者特征图的分辨率很大，那么卷积层的计算量就会很大，所以为了解决这个问题通常会在几个卷积层之后插入池化层，以降低特征图的分辨率。

基于以上所搭建的深度神经网络，其实就可以完成一个分类的任务，实现图像的分类。

4.3.4 目标检测

前面讲到的分类是只需要判断给定的图像属于哪一类,而检测则是用来判断固定的区域中是否包含物体,并且还要判断出其中的物体是属于哪一类的。因此,比如说给到了一个目标的类别的集合,然后判断所圈出的边界框中是否包含目标,目标的名称物体的类别是什么,如图 4-24 所示。第一个问题是边界框,第二个是物体的类别,即圈中物体的类别。第三个通常对目标检测还要输出属于指定类别的置信度。对于目标检测而言首先给定目标类别集合,然后判断边界框中是否包含目标。

图 4-24　图像的目标检测

如图 4-25 所示,是一个实时对象检测,是运动中的物体的目标监测。对于这样的运动中的物体,在目标检测中同样是圈出了 bounding box,并且指定它的类别以及该类别的置信度。这是用 R-CNN(Regions with CNN features)做的一个实时对象检测。R-CNN 的解决方法是使用所谓的"区域检测",通过在固定的区域里先圈出一些候选区域,这些候选区域就能先过滤掉那些大概率不包含物体的区域,然后选择一个深度神经网络提取特征,包括完成分类或者是检测的任务,这里用到了回归的方法,对包含物体的 bounding box 进行回归。

图 4-25　图像(运动物体)的目标检测

4.4　视频行为识别

随着互联网的发展,视频数量日益增长,视频内容日渐丰富,视频技术的应用日趋广泛,面对浩如烟海的视频资源,如何让计算机自动且准确地分析内容,进而方便地使用呢?视频理解作为这一切的基础,理所当然地成为计算机视觉领域的热门方向,从光流特征到轨迹特征,从传统方法到深度学习,新方法的出现不断推动着视频理解技术的发展。

1. 视频的表示

视频的本质是连续播放的图像,由于人眼具有视觉暂留机制,即光对视网膜所产生的视觉在光停止作用后,仍会保留一段时间,这样就产生了一个画面延续的感觉,形成动态的效果。对于计算机而言,视频其实就是按照时间顺序排列起来的图像,在播放的时候只需要按照一定的速度依次将图像显示出来,就能呈现出运动的视频画面。

行为是人类在执行某一个任务的时候所发生的一连串的动作,视频行为识别是计算机分析给定的视频数据,辨别出用户行为的过程。行为本身就是由一连串的动作组成的。摄像头把动作按照时间顺序的发展给它记录下来,作为行为识别的输入,行为识别的输出就是给定行为集合在某个行为的名称。视频行为的识别就和图像分类的任务一样,是计算机视觉领域的基础问题。

比如给定一个视频,判断这个人是在跳舞还是在行走,即为一种视频行为的识别。其实这方面面临很多挑战,因为人类的行为本身就是一个非常复杂的过程,让计算机去理解起来难度较大,再加上拍摄视频时的距离、光照、角度或者是一些遮挡的因素,也会给视频行为识别造成很大的影响。

视频行为识别在很多领域都有重要的应用价值。比如在人机交互领域,行为识别可以让人机交互系统更准确地理解人的行为,从而给出精确的反应;在视频监控领域,行为识别可以识别监控视频中特殊与异常的行为,大大减轻警察的工作量;在基于内容的视频索引方面,行为识别可以根据视频里的人物发生了什么行为,自动把视频归类。当然这个前提是首先要识别出它是一个什么样的行为。怎么样去判断行为的类别呢?它的特征是什么呢?其实就是运动,运动就是判断行为类别的重要特征,是区分不同行为动作的重要依据。那么该如何从视频中来提取运动信息呢?

在计算机看来,视频是一帧一帧图像的序列,但它并不知道这些图像的人在哪儿,更无从知道这些目标做出来的是怎样的运动,所以需要设计出一种算法,让计算机可以从序列化的图像中得到人体的运动特征。在视频处理中,采用光流来描述运动的情况,光流描述的是三维的运动点投影到二维图像之后的相应的一些投影点的运动。所以针对这个特征,研究者们提出来光流直方图特征,对视频中的光流信息进行统计,从而表示出视频中物体的运动信息,以便计算机对视频中的行为进行区分。

2. 基于深度学习的视频行为识别

视频的信息可以分为静态和动态两个方面,静态信息指图像中物体的外观,包含场景和物体,可以通过静态图像帧获得,动态信息指视频序列中物体的运动信息,包含观察者和物体的运动,可以通过光流灰度图获得。

视频行为识别中广泛应用的是双流卷积神经网络,就是利用这两个不同的网络同时实时处理静态和动态信息。对于单个彩色图像帧作为输入的网络叫作空间卷积神经网络,而把多帧的光流图像作为输入的网络称为时间流卷积神经网络。

针对长视频中的行为识别任务,可以采用稀疏采样策略以及时序分段网络。

4.5 计算机视觉应用

4.5.1 图像分类的应用

下面以鸢尾花的分类为例介绍图像分类的应用。通过一些样本的训练,从而得到好的分类器,来判别测试集里的数据是属于变色鸢尾还是山鸢尾,如图 4-26 所示。

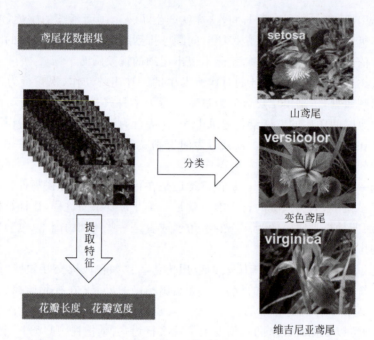

图 4-26　鸢尾花分类

对于鸢尾花这样一个物品,直接去测量,将它花瓣的长和宽来作为它的特征,如图 4-27 所示。

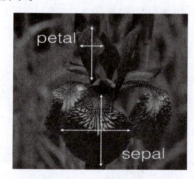

图 4-27　鸢尾花特征

通过尺子测量得到的鸢尾花的一个特征,从一个鸢尾花样本中提取一个二维的特征向量,如图 4-28 所示。随后这个特征向量就组成一个特征空间并把它放到直角坐标系中。

然后再输入分类器中去训练。训练分类器有很多算法,分为有监督的和无监督的,有监督的算法比如 KNN、支持向量机、感知机、决策树等,无监督的算法比如聚类、K 均值、主成分分析等。

训练好的分类器就可以用来判断鸢尾花的类别,比如说针对测试集的数据就可以进行判断,如图 4-29 所示。那么同样可以遵循这个同样的流程,设计一个用于图像进行分类的系统。最重要的部分就是特征提取这一部分,对于鸢尾花是通过测量然后得到其花瓣的长度和宽度,在这里是基于一个线性分类 SVM 去判断它是哪种鸢尾,包括可以做二分类、多分类。

下述内容通过朴素贝叶斯算法完成鸢尾花的分类,具体步骤如下。

【步骤1】　导入所需的包

将程序所需的包导入。

```
from sklearn import datasets
import matplotlib.pyplot as plt
from sklearn.model_selection import train_test_split
from sklearn.naive_bayes import GaussianNB
```

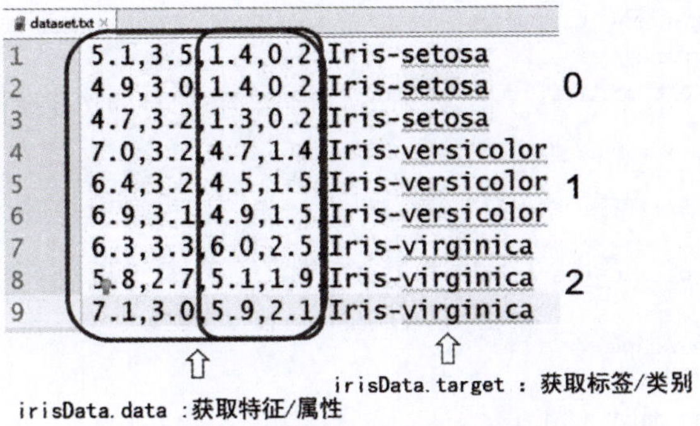

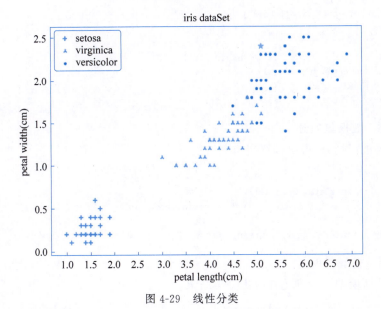

图 4-28　特征向量

图 4-29　线性分类

【步骤 2】　获取数据

使用 sklean.datasets.load_iris()函数实现鸢尾花数据集的导入。

```
#数据集获取
def dataGet():
    #获取完整数据集
    irisDataSet = datasets.load_iris()
    print(irisDataSet)
    #获取特征指标数据集
    irisData = irisDataSet.data
    #获取标签
    irisTar = irisDataSet.target
    return irisDataSet, irisData, irisTar
```

【步骤 3】　数据集可视化

对数据进行可视化，以便观察数据的分布。

```
#数据可视化
def dataShow(irisData, irisTar):
```

```python
        for ind in range(len(irisTar)):
            if irisTar[ind] == 0:
                p1 = plt.scatter(irisData[ind, 2], irisData[ind, 3], c = 'darkviolet', marker = '.', s = 50)
            elif irisTar[ind] == 1:
                p2 = plt.scatter(irisData[ind, 2], irisData[ind, 3], c = 'm', marker = '2', s = 50)
            else:
                p3 = plt.scatter(irisData[ind, 2], irisData[ind, 3], c = 'indigo', marker = '+', s = 50)
        print(irisData.shape)
        #设置题目
        plt.title("iris dataSet")
        #设置 x 轴坐标
        plt.xlabel('petal length (cm)')
        #设置 y 轴坐标
        plt.ylabel('petal width (cm)')
        plt.grid()
        ##设置题注
        l = ['setosa', 'virginica', 'versicolor']
        plt.legend([p1, p2, p3], l)
        #显示图像
        plt.show()
```

【步骤 4】 数据集划分

对数据集进行划分,得出训练集与测试集。

```python
#数据集划分
def dataSplit(irisData, irisTar):
    X_train, X_test, y_train, y_test = train_test_split(irisData, irisTar, test_size = 0.2, random_state = 0)
    return X_train, X_test, y_train, y_test
```

【步骤 5】 模型调用

调用贝叶斯模型进行训练并得出分类结果。

```python
#调用 Bayes 模型进行训练并得出分类结果
def bayesMain(X_train, X_test, y_train, y_test):
    bayesClass = GaussianNB()
    bayesClass.fit(X_train, y_train)
    #获取预测结果
    yPredict = bayesClass.predict(X_test)
    #获取各类别概率的结果
    yProba = bayesClass.predict_proba(X_test)
    #获取各类别对数概率
    yLogProb = bayesClass.predict_log_proba(X_test)
    print(" == True result == ")
    print(y_test[-1])
    print(" == Predict result by predict == ")
    print(yPredict[-1])
    print(" == Predict result by predict_proba == ")
    print(yProba[-1])
    return yPredict
```

【步骤 6】 模型评估

对结果进行评估。

```python
#贝叶斯模型评估
def bayesScore(y_test,yPredict):
    #输出朴素贝叶斯分类器的召回率、f1_score
    bayesEval = metrics.classification_report(y_test, yPredict)
    print("Bayes Evaluation Result:")
    print(bayesEval)
    #计算混淆矩阵以评估分类的准确性
    bayesMat = metrics.confusion_matrix(y_test, yPredict)
    print('Bayes CONFUSION MATRIX is:')
    print(bayesMat)
```

编写 main 函数，实现各鸢尾花的分类，本案例的完整代码如下。

【案例 4-1】 Iris.py

```python
from sklearn import datasets            #导包
import matplotlib.pyplot as plt
from sklearn.model_selection import train_test_split
from sklearn.naive_bayes import GaussianNB
from sklearn import metrics
def dataGet():
    #获取完整数据集
    irisDataSet = datasets.load_iris()
    #获取特征指标数据集
    irisData = irisDataSet.data[:,[2,3]]
    #获取标签
    irisTar = irisDataSet.target
    return irisData,irisTar
#数据可视化
def dataShow(irisData, irisTar):
    for ind in range(len(irisTar)):
        if irisTar[ind] == 0:
            p1 = plt.scatter(irisData[ind, 0], irisData[ind, 1], c = 'r', marker = 'o', s = 50)
        elif irisTar[ind] == 1:
            p2 = plt.scatter(irisData[ind, 0], irisData[ind, 1], c = 'b', marker = 'D', s = 50)
        else:
            p3 = plt.scatter(irisData[ind, 0], irisData[ind, 1], c = 'k', marker = '>', s = 50)
    #设置题目
    plt.title("iris dataSet")
    #设置 x 轴坐标
    plt.xlabel('petal length (cm)')
    #设置 y 轴坐标
    plt.ylabel('petal width (cm)')
    #设置题注
    l = ['setosa', 'virginica', 'versicolor']
    plt.legend([p1, p2, p3], l)
    #显示图像
    plt.show()
#数据集划分
def dataSplit(irisData, irisTar):
    X_train, X_test, y_train, y_test = train_test_split(irisData,irisTar, test_size = 0.2, random_state = 0)
    return X_train, X_test, y_train, y_test
#调用 Bayes 模型进行训练并得出分类结果
def bayesMain(X_train, X_test, y_train, y_test):
    bayesClass = GaussianNB()
```

```python
    bayesClass.fit(X_train, y_train)
    #获取预测结果
    yPredict = bayesClass.predict(X_test)
    #获取各类别概率的结果
    yProba = bayesClass.predict_proba(X_test)
    #获取各类别对数概率
    yLogProb = bayesClass.predict_log_proba(X_test)
    print(" == True result == ")
    print(y_test[-1])
    print(" == Predict result by predict == ")
    print(yPredict[-1])
    print(" == Predict result by predict_proba == ")
    print(yProba[-1])
    return yPredict
#贝叶斯模型评估
def bayesScore(y_test,yPredict):
    #输出朴素贝叶斯分类器的召回率、f1_score
    bayesEval = metrics.classification_report(y_test, yPredict)
    print("Bayes Evaluation Result:")
    print(bayesEval)
    #计算混淆矩阵以评估分类的准确性
    bayesMat = metrics.confusion_matrix(y_test, yPredict)
    print('Bayes CONFUSION MATRIX is:')
    print(bayesMat)
#main 主函数
if __name__ == '__main__':
    #获取数据集
    irisData, irisTar = dataGet()
    #数据集可视化
    dataShow(irisData, irisTar)
    #数据集划分
    X_train, X_test, y_train, y_test = dataSplit(irisData, irisTar)
    #调用贝叶斯模型进行分类
    y_predict = bayesMain(X_train, X_test, y_train, y_test)
    bayesScore(y_test, y_predict)
    plt.show()
```

执行程序代码,结果如图 4-30 所示。

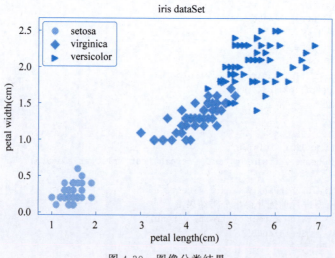

图 4-30 图像分类结果

控制台打印信息如下。

```
== True result ==
0
== Predict result by predict ==
0
== Predict result by predict_proba ==
[1.00000000e + 00 7.12102762e − 12 1.65561430e − 21]
Bayes Evaluation Result:
              precision    recall   f1 − score   support

           0      1.00      1.00       1.00         11
           1      1.00      1.00       1.00         13
           2      1.00      1.00       1.00          6

   micro avg      1.00      1.00       1.00         30
   macro avg      1.00      1.00       1.00         30
weighted avg      1.00      1.00       1.00         30

Bayes CONFUSION MATRIX is:
[[11  0  0]
 [ 0 13  0]
 [ 0  0  6]]
```

4.5.2 人脸识别

人脸识别是基于人的脸部特征信息进行身份识别的一种生物识别技术。用摄像机或摄像头采集含有人脸的图像或视频流，并自动在图像中检测和跟踪人脸，进而对检测到的人脸进行脸部识别的一系列相关技术，通常也叫作人像识别、面部识别。人脸识别如图 4-31 所示。

1. 人脸识别技术的"前世今生"——发展历程

萌芽阶段(1964—1990)：这一阶段的人脸识别通常只是作为一个一般性的模式识别问题来研究，所采用的主要技术方案是基于人脸几何结构特征(Geometric Feature Based)的方法。这集中体现在人们对于剪影(Profile)的研究上，如图 4-32 所示，人们对面部剪影曲线的结构特征提取与分析进行了大量研究。人工神经网络也一度曾经被研究人员用于人脸识别问题中。

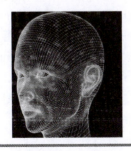

图 4-31 人脸识别

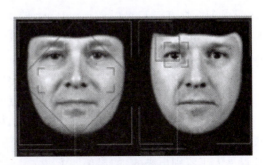

图 4-32 萌芽阶段

发展阶段(1991—1997)：这一阶段尽管时间相对短暂，但却是人脸识别研究的高潮期，可谓硕果累累：不但诞生了若干代表性的人脸识别算法，美国军方还组织了著名的 FERET 人脸识别算法测试，并出现了若干商业化运作的人脸识别系统，比如最为著名的 Visionics（现为 Identix）的 FACEIT 系统，如图 4-33 所示。美国麻省理工学院(MIT)媒体实验室的特克(Turk)和潘特(Pentland)提出的"特征脸"方法无疑是这一时期内最负盛名的人脸识别方法。

成熟阶段(1998年至今)最近几年来，由于计算机技术的发展，人脸识别研究引起了学术界越来越多的关注，如图 4-34 所示。而在众多研究方向中，研究最多的是关于人脸正面模式的研究，主要可以分为 3 个发展阶段：第一阶段是对人脸识别所需要的面部特征进行研究。第二阶段是人机交互式识别阶段。第三阶段是自动识别阶段。

图 4-33　发展阶段

图 4-34　成熟阶段

2. 人脸识别技术的分类

1) 二维人脸识别技术

人脸识别法主要集中在二维图像方面，主要利用分布在人脸上从低到高 80 个节点或标点，通过测量眼睛、颧骨、下巴等之间的间距来进行身份认证。人脸识别算法如下。

(1) 基于模板匹配的方法。模板分为二维模板和三维模板，核心思想：利用人的脸部特征规律建立一个立体可调的模型框架，在定位出人的脸部位置后用模型框架定位和调整人的脸部特征部位，解决人脸识别过程中的观察角度、遮挡和表情变化等因素影响的问题。

(2) 基于奇异值特征方法。人脸图像矩阵的奇异值特征反映了图像的本质属性，可以利用它来进行分类识别。

(3) 子空间分析法。因其具有描述性强、计算代价小、易实现及可分性好等特点，被广泛地应用于人脸特征提取，成为当前人脸识别的主流方法之一。

(4) 局部保持投影(Locality Preserving Projections，LPP)。这是一种新的子空间分析方法，它是非线性方法 Laplacian Eigen map 的线性近似，既克服了 PCA 等传统线性方法难以保持原始数据非线性流形的缺点，又克服了非线性方法难以获得新样本点低维投影的缺点。

2) 三维人脸识别技术

三维人脸识别可以极大地提高识别精度，真正的三维人脸识别是利用深度图像进行研究，自 20 世纪 90 年代初期开始，已经有了一定的进展。三维人脸识别方法如下。

(1) 基于图像特征的方法。采取从三维结构中分离出姿态的算法，首先匹配人脸整体的尺寸轮廓和三维空间方向；然后，在保持姿态固定的情况下，去做脸部不同特征点(这些特征点是人工鉴别出来的)的局部匹配。

(2) 基于模型可变参数的方法。使用将通用人脸模型的三维变形和基于距离映射的矩阵迭代最小相结合,去恢复头部姿态和三维人脸。随着模型形变的关联关系的改变不断更新姿态参数,重复此过程直到最小化尺度达到要求。基于模型可变参数的方法与基于图像特征的方法的最大区别在于:后者在人脸姿态每变化一次后,需要重新搜索特征点的坐标,而前者只需调整三维变形模型的参数。

3. 人脸识别技术的算法与原理

1) 基于几何特征的方法(见图 4-35)

采用几何特征进行正面人脸识别一般是通过提取人眼、口、鼻等重要特征点的位置和眼睛等重要器官的几何形状作为分类特征,几何特征只描述了部件的基本形状与结构关系,忽略了局部细微特征,只适合于做粗分类。

2) 局部特征分析方法(见图 4-36)

图 4-35　基于几何特征的识别

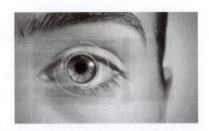

图 4-36　局部特征分析

局部性和拓扑性对模式分析和分割是理想的特性,似乎这更符合神经信息处理的机制,因此寻找具有这种特性的表达十分重要。这种方法在实际应用中取得了很好的效果,它构成了 FACEIT 人脸识别软件的基础。

3) 特征脸方法(见图 4-37)

特征脸方法具有简单有效的特点,也称为基于主成分分析的人脸识别方法。从统计的观点,寻找人脸图像分布的基本元素,即人脸图像样本集协方差矩阵的特征向量,以此近似地表征人脸图像,这些特征向量称为特征脸。

图 4-37　特征脸方法

4) 基于弹性模型方法(见图 4-38)

弹性图匹配技术是一种基于几何特征和对灰度分布信息进行小波纹理分析相结合的识别算法,由于该算法较好地利用了人脸的结构和灰度分布信息,而且还具有自动精确定位面部特征点的功能,因而具有良好的识别效果。

5) 神经网络方法(见图 4-39)

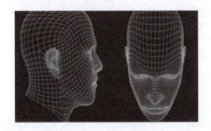

图 4-38　弹性模型

图 4-39　神经网络方法

Lee 等将人脸的特点用 6 条规则描述出来,然后根据这 6 条规则进行五官的定位,将五官之间的几何距离输入模糊神经网络进行识别,神经网络方法在人脸识别上的应用比起前述几类方法来有一定的优势,它的适应性更强,一般也比较容易实现。

4. 人脸识别技术的特点

传统的人脸识别技术主要是基于可见光图像的人脸识别,这也是人们熟悉的识别方式,至今已有 30 多年的研发历史。但这种方式有着难以克服的缺陷,尤其在环境光照发生变化时,识别效果会急剧下降,无法满足实际系统的需要。解决光照问题的方案有三维图像人脸识别,和热成像人脸识别。但这两种技术还远不成熟,识别效果不尽人意。

迅速发展起来的一种解决方案是基于主动近红外图像的多光源人脸识别技术。它可以克服光线变化的影响,已经取得了卓越的识别性能,在精度、稳定性和速度方面的整体系统性能超过三维图像人脸识别。这项技术在近两三年发展迅速,使人脸识别技术逐渐走向实用化。

人脸与人体的其他生物特征(指纹、虹膜等)一样与生俱来,其唯一性和不易被复制的良好特性为身份鉴别提供了必要的前提,与其他类型的生物识别比较人脸识别具有如下特点。

- 非强制性——用户不需要专门配合人脸采集设备,几乎可以在无意识的状态下就可获取人脸图像,这样的取样方式没有"强制性"。
- 非接触性——用户不需要和设备直接接触就能获取人脸图像。
- 并发性——在实际应用场景下可以进行多个人脸的分拣、判断及识别。

除此之外,还符合视觉特性:"以貌识人"的特性,以及操作简单、结果直观、隐蔽性好等特点。

5. 人脸识别系统

人脸识别系统主要包括 5 个组成部分,分别为人脸图像采集、人脸检测、人脸图像预处理、人脸图像特征提取以及匹配与识别。

1) 人脸图像采集

人脸图像采集是指不同的人脸图像都能通过摄像镜头采集下来,比如静态图像、动态图像、不同的位置、不同表情等方面都可以得到很好的采集。当用户在采集设备的拍摄范围内时,采集设备会自动搜索并拍摄用户的人脸图像,如图 4-40 所示。

图 4-40 人脸图像

2) 人脸检测

人脸检测在实际中主要用于人脸识别的预处理,即在图像中准确标定出人脸的位置和大小。人脸图像中包含的模式特征十分丰富,如直方图特征、颜色特征、模板特征、结构特征及哈尔特征等。人脸检测就是把这其中有用的信息挑出来，并利用这些特征实现人脸检测。

主流的人脸检测方法基于以上特征采用 Adaboost 学习算法。Adaboost 算法是一种用来分类的方法，它把一些比较弱的分类方法合在一起，组合出新的很强的分类方法。人脸检测过程中使用 Adaboost 算法挑选出一些最能代表人脸的 Haar-like 矩形特征(弱分类器)，按照加权投票的方式将弱分类器构造为一个强分类器，再将训练得到的若干强分类器串联组成一个级联结构的层叠分类器，有效地提高分类器的检测速度。

3) 人脸图像预处理

人脸图像预处理是指基于人脸检测结果，对图像进行处理并最终服务于特征提取的过程。系统获取的原始图像由于受到各种条件的限制和随机干扰，往往不能直接使用，必须在图像处理的早期阶段对它进行灰度校正、噪声过滤等图像预处理。对于人脸图像而言，其预处理过程主要包括人脸图像的光线补偿、灰度变换、直方图均衡化、归一化、几何校正、滤波以及锐化等。

4) 人脸图像特征提取

人脸图像特征提取是指人脸识别系统可使用的特征，通常分为视觉特征、像素统计特征、人脸图像变换系数特征、人脸图像代数特征等。人脸特征提取就是针对人脸的某些特征进行的。人脸特征提取也称人脸表征，它是对人脸进行特征建模的过程。人脸特征提取的方法归纳起来分为两大类：一种是基于知识的表征方法；另一种是基于代数特征或统计学习的表征方法。

基于知识的表征方法主要是根据人脸器官的形状描述以及它们之间的距离特性来获得有助于人脸分类的特征数据，其特征分量通常包括特征点间的欧氏距离、曲率和角度等。人脸由眼睛、鼻子、嘴、下巴等局部构成，对这些局部和它们之间结构关系的几何描述，可作为识别人脸的重要特征，这些特征被称为几何特征。基于知识的人脸表征主要包括基于几何特征的方法和模板匹配法。

5) 人脸图像匹配与识别

人脸图像匹配与识别是指提取的人脸图像的特征数据与数据库中存储的特征模板进行搜索匹配，通过设定一个阈值，若相似度超过这一阈值，则输出匹配得到的结果。人脸识别就是将待识别的人脸特征与已得到的人脸特征模板进行比较，根据相似程度对人脸的身份信息进行判断。这一过程又分为两类：一类是确认，是一对一进行图像比较的过程；另一类是辨认，是一对多进行图像匹配对比的过程。

人脸识别需要积累采集到的大量人脸图像相关的数据，用来验证算法，不断提高识别准确性，这些数据诸如 A Neural Network Face Recognition Assignment(神经网络人脸识别数据)、ORL 人脸数据库、麻省理工学院生物和计算学习中心人脸识别数据库、埃塞克斯大学计算机与电子工程学院人脸识别数据等。

6. 人脸识别的应用

人脸识别主要用于身份识别。由于视频监控正在快速普及，众多的视频监控应用迫切需要一种远距离、用户非配合状态下的快速身份识别技术，以求远距离快速确认人员身份，实现智能预警。人脸识别技术无疑是最佳的选择，采用快速人脸检测技术可以从监控视频图像中实时查找人脸，并与人脸数据库进行实时比对，从而实现快速身份识别。

生物识别技术已广泛用于政府、军队、银行、社会福利保障、电子商务、安全防务等领域。

例如,一位储户走进银行,他既没带银行卡,也忘记了密码,当他在提款机上提款时,一台摄像机对该用户的眼睛进行扫描,然后迅速而准确地完成用户身份鉴定,使其办理完业务。银行所使用的正是现代生物识别技术中的"虹膜识别系统"。

当前社会上入室偷盗、抢劫、伤人等案件频繁发生。鉴于此,防盗门开始走进千家万户,给家庭带来安宁。然而,随着社会的发展,技术的进步,生活节奏的加速,消费水平的提高,人们对于家居安全的期望也越来越高,对便捷的要求也越来越迫切。基于传统的纯粹机械设计的防盗门,除了坚固耐用外,很难快速满足这些新兴的需求,如便捷、开门记录等功能。人脸识别技术已经得到广泛认同,但其应用门槛仍然很高——技术门槛高(开发周期长)、经济门槛高(价格高)。

人脸识别产品已广泛应用于金融、司法、军队、公安、边检、政府、航天、电力、教育、医疗及众多企事业单位等领域。随着技术的进一步成熟和社会认同度的提高,人脸识别技术将应用在更多的领域。

(1) 企业、住宅安全和管理。如人脸识别门禁考勤系统、人脸识别防盗门等。
(2) 电子护照及身份证。中国的电子护照计划正在加紧规划和实施。
(3) 公安、司法和刑侦。如利用人脸识别系统和网络,在全国范围内搜捕逃犯。
(4) 信息安全。如计算机登录、电子政务和电子商务。在电子商务中交易全部在网上完成,电子政务中的很多审批流程也都搬到了网上。而当前,交易或者审批的授权都是靠密码来实现,如果密码被盗,就无法保证安全。但是使用生物特征,就可以做到当事人在网上的数字身份和真实身份统一,从而大大提高电子商务和电子政务系统的可靠性。

本章总结

- 视觉进一步可以分为视感觉和视知觉。
- 机器视觉的硬件构成是摄像机和计算机。
- 机器视觉就是,利用摄像机和计算机等硬件,实现对目标的图像采集、分类、识别跟踪、测量,并利用计算机软件开发工具,进行处理从而得到所需的检测图像。
- 三原色原理 RGB(R:Red,G:Green,B:Blue)模式。
- 基于深度学习的图像识别一般步骤:先进行卷积运算;再利用卷积提取图像特征;然后基于深度神经网络图像分类;最后进行目标检测。

本章习题

1. 用什么范围可以表示颜色的明暗程度?RGB分别代表什么颜色?(   )
    A. 范围:0~255;RGB:蓝,绿,红
    B. 范围:-255~255;RGB:红,绿,蓝
    C. 范围:1~256;RGB:黄,绿,蓝
    D. 范围:0~255;RGB:红,绿,蓝
2. 卷积层的作用是(   )。
    A. 降低图片的分辨率   B. 提高图片的分辨率

C. 把图片变为灰度　　　　　　　　D. 提取图片的特征

3. 深度神经网络中,(　　)可以降低特征图的分辨率。
   A. 卷积层　　　　B. 池化层　　　　C. 全连接层　　　　D. 非线性激活层
4. 对于对比普通 CNN 网络,R-CNN 的最大特点是(　　)。
   A. 提高了任何图像的识别准确率
   B. 可以定位图片中某个图像的位置并识别
   C. 提高了识别速度
   D. 简单高效
5. 以下属于行为识别特征的是(　　)。
   A. 光流　　　　　B. 图像　　　　　C. 像素　　　　　　D. 以上都不对
6. 人类视觉系统与计算机视觉系统有哪些关系？
7. 调查一下计算机视觉近年来的发展趋势和特点,比较重要的事件有哪些？
8. 什么是像素？怎么理解手机摄像头是 1000 万像素？
9. 简述如何从视频中提取运动信息。

第 5 章
CHAPTER 5

语音识别及应用

本章思维导图
视频讲解

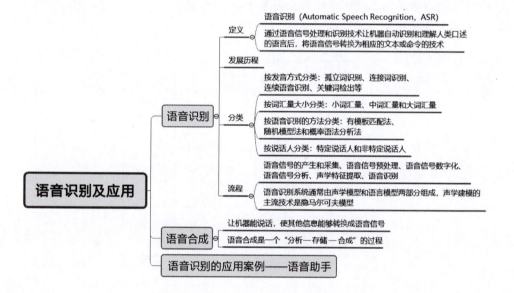

本章目标

- 了解语音识别的发展、概念。
- 理解语音识别的分类、基本原理。
- 理解语音合成的基本原理。

5.1 语音识别

语言是人类最重要的交流工具,而语音是语言的声学表现形式,是人类最自然的交互方式,具有准确高效、自然方便的特点。随着社会的发展,越来越多的机器参与到了人类的生产活动和社会活动中,因此改善人们和机器之间的关系,让人们对机器的操纵更加方便、灵活就显得越来越重要。随着人工智能的发展,人们发现,语音通信是人和机器之间最好的通信方式,如图 5-1 所示。

图 5-1　语音通信

5.1.1　语音识别的定义

语音识别(Automatic Speech Recognition,ASR)是以语音为研究对象,通过语音信号处理和识别技术让机器自动识别和理解人类口述的语言后,将语音信号转变为相应的文本或命令的技术,使得人机用户界面更加自然和容易使用。语音识别技术是指,与机器进行语音交流,让机器明白人说什么,这是人们长期以来梦寐以求的事情。可以形象地把语音识别比作"机器的听觉系统"、人工智能的"耳朵"。

语音识别是一门涉及面很广的交叉学科,与声学、语音学、语言学、信息理论、模式识别理论以及神经生物学等学科都有非常密切的关系。语音识别技术主要包括特征提取技术、模式匹配准则及模型训练技术 3 个方面。

语音识别技术已经在现实生活中得到了广泛应用,具有广阔的应用前景,如语音检索、命令控制、自动客户服务、机器自动翻译等。

下面是语音识别技术的五大应用领域。

- 电信。话务员协助服务的自动化、国际国内远程电子商务、语音呼叫分配、语音拨号、分类订货。
- 医疗。由声音来生成和编辑专业的医疗报告、语音医疗记录等。
- 制造业。在质量控制中,语音识别系统可以为制造过程提供一种"不用手""不用眼"的检控(部件检查),增加人与机器的语音交互界面,由语音对机器发出命令,机器用语音做出应答。
- 办公室或商务系统。填写数据表格、数据库管理和控制、键盘功能增强、语音会议记录等。
- 其他。由语音控制和操作的游戏和玩具,以及帮助残疾人的语音识别系统等。

当今信息社会的高速发展迫切需要性能优越的、能满足各种不同需求的自动语音识别技术。

5.1.2　语音识别发展历程

语音识别技术的目标是研究出一种具有听觉功能的机器,能够接收人类的语音,理解人的意图。由于语音识别本身所固有的难度,人们提出了各种限制条件下的研究任务,并由此产生了不同的研究领域。

1952年，贝尔实验室的Davis等人研制出了特定说话人孤立数字识别系统。这个系统能够利用每个数字元音部分的频谱特征进行语音识别。1959年，Fry和Denes等人尝试构建音素识别器，用于识别4个元音和9个辅音，采用频谱分析和模式匹配来进行识别决策，其突出贡献在于，使用了英语音素序列中的统计信息来改进词中音素的精度。

20世纪60年代初期，日本的研究者开发了相关的特殊硬件来进行语音识别，如东京无线电研究实验室研制的通过硬件来进行元音识别的系统。在此期间开展的很多研究工作对后来近二十年的语音识别研究产生了很大的影响。

20世纪70年代以前，语音识别的研究特点是以孤立词的识别为主。20世纪70年代，语音识别研究在很多方面取得了诸多成就。在孤立词识别方面，日本学者Sakoe给出了使用动态规划方法进行语音识别的途径——DTW算法，这是语音识别中一种非常成功的匹配算法，当时在小词汇量的研究中获得了成功，从而掀起了语音识别的研究热潮。也是在这个时期，人工智能技术开始被引入到语音识别中。

20世纪80年代，识别算法从模式匹配技术转向基于统计模型的技术，是语音识别研究的一个重要进展，更倾向于从整体统计的角度来建立最好的语音识别系统。隐马尔可夫模型（Hidden Markov Model，HMM）就是其中的一个典型，该模型被广泛地应用到语音识别研究中。到目前为止，HMM模型仍然是语音识别研究中的主流方法。这些研究工作开创了语音识别的新时代。

从20世纪80年代后期和90年代初开始，人工神经网络（Artificial Neural Network，ANN）的研究异常活跃，并且被应用到语音识别的研究中。进入20世纪90年代后，相应的研究工作在模型设计的细化、参数提取和优化，以及系统的自适应技术等方面取得了一些关键性的进展，使语音识别技术进一步成熟，并且出现了一些很好的产品。

进入21世纪，基于深度学习理论的语音识别得到了全面突破，识别性能显著提高。随着深度学习技术的发展，卷积神经网络和循环神经网络等网络结构成功地应用到语音识别任务中，目前能够彻底摆脱HMM框架的端到端语音识别技术正日益成为语音识别研究的焦点，无论是学术机构，还是工业界都投入大量的人力和财力，致力于此方面的研究。

我国语音识别研究工作起步于20世纪50年代，近年来发展速度很快，研究水平也从实验室逐步走向实用。从1986年开始执行863计划后，国家863智能计算机专家组为语音识别技术研究专门立项，每两年滚动一次。我国语音识别技术的研究水平已经基本上与国外同步，在汉语语音识别技术上还有自己的特点与优势，并达到国际先进水平。其中具有代表性的研究单位为清华大学电子工程系与中科院自动化研究所模式识别国家重点实验室。

清华大学电子工程系语音技术与专用芯片设计课题组，研发的非特定人汉语数码串连续语音识别系统的识别精度，达到94.8%（不定长数字串）和96.8%（定长数字串）。在有5%拒识率的情况下，系统识别率可以达到96.9%（不定长数字串）和98.7%（定长数字串），这是目前国际最好的识别结果之一，其性能已经接近实用水平。研发的5000词邮包校核非特定人连续语音识别系统的识别率达到98.73%，前三项识别率达99.96%；并且可以识别普通话与四川话两种语言，达到实用要求。

采用嵌入式芯片设计技术研发了语音识别专用芯片系统，该芯片以8位微控制器（MCU）核心，加上低通滤波器、模/数（A/D）、数/模（D/A）、功率放大器、RAM、ROM、脉宽调幅（PWM）等模块，构成了一个完整的系统芯片，这是国内研发的第一块语音识别专用芯片。芯片中包括了语音识别、语音编码、语音合成功能,可以识别30条特定人语音命令,识别率超过95%,其中的语音编码速率为16kb/s。该芯片可以用于智能语音玩具,也可以与普通电话机结合构成语音拨号电话机。这些系统的识别性能完全达到国际先进水平。研发的成果已经进入实用领域,一些应用型产品正在研发中,其商品化的过程也越来越快。

5.1.3 语音识别的分类

视频讲解

语音识别技术有多种不同的分类方法。

(1) 按发音方式进行分类,可以分为孤立词识别、连接词识别、连续语音识别、关键词检出等几种类型。在孤立词识别中,机器仅识别一个个孤立的音节、词或短语等,并给出具体识别结果;在连续语音识别中,机器识别连续自然的书面朗读形式的语音;而连接词识别中,发音方式介于孤立词和连续语音之间,它表面上看像连续语音发音,但能明显地感觉到音到音之间有停顿。这时通常可以采用孤立词识别的技术进行串接来实现;对关键词检出,通常用于说话人以类似自由交谈的方式发音,称为自发发音方式时;在这种发音方式下,存在着各种各样影响发音不流畅的因素,如犹豫、停顿、更正等,并且说话人发音中存在着大量的不是识别词中的词,判断理解说话人的意思,只从其中一些关键的部分就可做出决定,因此只需进行其中的关键词的识别。

(2) 按词汇量大小进行分类,每一个语音识别系统都有一个词汇表,语音识别系统只能识别出词汇表中所包含的词条。通常按词汇量大小可以分为小词汇量(一般包括10~100个词条)、中词汇量(一般包括100~500个词条)和大词汇量(包括500个以上的词条)3类。通常情况下,随着语音识别系统中词汇量的增大,语音识别的识别率会降低,因此,在这种分类下语音识别的研究难度会随着词汇量的增多而增加。

(3) 按语音识别的方法进行分类,有模板匹配法、随机模型法和概率语法分析法。这些方法都属于统计模式识别方法。其识别过程大致如下:首先提取语音信号的特征构建参考模型,然后用一个可以衡量未知模板和参考模板之间似然度的测度函数,选用一种最佳准则和专家知识作出识别决策,给出识别结果。其中模板匹配法是将测试语音与参考模型的参数一一进行比较与匹配,判决的依据是失真测度最小准则。随机模型法是一种使用隐马尔可夫模型来对似然函数进行估计与判决,从而得到相应的识别结果的方法。由于隐马尔可夫模型具有状态函数,所以这个方法可以利用语音频谱的内在变化(如说话速度、不同说话人特性等)和它们的相关性。概率语法分析法适用于大范围的连续语音识别,它可以利用连续语音中的语法约束知识来对似然函数进行估计和判决。其中,语法可以用参数形式来表示,也可以用非参数形式来表示。

(4) 按说话人进行分类,可以分为特定说话人和非特定说话人两种。前者只能识别固定某个人的声音。其他人要想使用这样的系统,必须事先输入大量的语音数据,对系统进行训练;而对后者,机器能识别任意人的发音。由于语音信号的可变性很大,这种系统要能从大量的不同人(通常为30~40人)的发音样本中学习到非特定人的发音速度、语音强度、发音方式等基本特征,并归纳出其相似性作为识别的标准。使用者无论是否参加过训练都可以共用一套参考模板进行语音识别。从难度上看,特定说话人的语音识别比较简单,能得到较高的识别率,并且目前已经有商品化的产品;而非特定人识别系统,通用性好、应用面广,但难度也比较大,不容易获得较高的识别率。

在语音识别中,最简单的是特定人、小词汇量、孤立词的语音识别,最复杂、最难解决的是非特定人、大词汇量、连续语音识别。无论是哪一种语音识别,当今采用的主流算法仍然是隐马尔可夫模型方法。

5.1.4 语音识别的流程

语音识别的流程分为语音信号的产生和采集、语音信号预处理、语音信号数字化、语音信号分析、声学特征提取、语音识别等,如图 5-2 所示。

图 5-2 语音识别流程图

下面分别介绍语音识别流程中各部分的内容。

1. 语音信号的产生和采集

物理课上曾学习过声波的产生和传播原理——声波是由物体振动产生。说话人的发声器官做出发音动作,在空气中振动形成声波,通过空气传到听者的耳朵,最后到达人耳被人感知,声波由耳郭收集之后经一系列结构的传导到达耳蜗,耳蜗内有丰富的听觉感受器,可将声音传导到听神经,最后引起听者的听觉反应,语音的传递就是这样一个过程。人类耳朵结构图如图 5-3 所示。

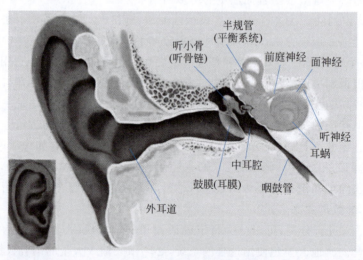

图 5-3 人类耳朵结构图

频率是声音的重要特征,代表了发生物体在一秒内振动的次数,单位是赫兹,人耳的精妙结构也决定了对不同频率的声音有着不同的敏感。如图 5-4 所示,横坐标代表频率,纵坐标代表引起人耳听觉的声音强度,单位是分贝,这个值越小代表人对频率的声音越敏感。声音作为一种波,频率在 20Hz~20kHz 的声音是可以被人耳识别的。

首先,说话人在头脑中产生想要用语言表达的信息,然后将这些信息转换成语言编码,

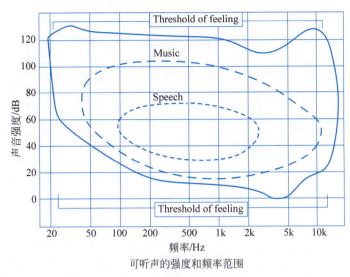

图 5-4 人的听觉频率范围

即将这些信息用其所包含的音素(音素是指发出各不相同音的最小单位)序列、韵律、响度、基音周期的升降等表示出来。一旦这些信息编码完成后,说话人就会用一些神经肌肉命令在适当的时候控制声带振动,并塑造声道的形状以便可以发出编码中指定的声音序列。神经肌肉命令必须同时控制调音运动中涉及的各个部位,包括唇、舌头等,以及控制气流是否进入鼻腔的软腭。

语音是以声波的方式在空气中传播。语音信号一旦产生,并传递到计算机时,计算机通过话筒对语音信息进行采集。话筒将声波转换为电压信号,然后通过 A/D 装置(如声卡)进行采样,从而将连续的电压信号转换为计算机能够处理的数字信号。模数转换器即 A/D 转换器,是指一个将模拟信号转变为数字信号的电子元件。一般是将一个输入电压信号转换为一个输出的数字信号。

2. 语音信号预处理

语音信号数字化之前,必须先进行预处理,包括防混叠滤波及防工频干扰滤波。在得到的声波信号输入中需要实际处理的信号并不一定占满整个时域(一个信号的时域波形可以表达信号随着时间的变化),会有静音和噪声的存在,因此,必须先对得到的输入信号进行一定的预处理,进行防混叠滤波和防工频干扰滤波,其中防混叠滤波是指滤除高于 1/2 采样频率的信号成分或噪声,使信号带宽限制在某个范围内,否则如果采样率不满足采样定理,则会产生频谱混叠,此时信号中的高频成分将产生失真,而工频干扰是指 50Hz 的电源干扰。

3. 语音信号数字化

如何让计算机感知声音,这时候就需要将声波转换为便于计算机存储和处理的音频文件(比如 mp3 文件),这个过程如图 5-5 所示,从声波到最终的 mp3 文件主要经历了采样、离散化、量化和编码等步骤。

语音信号是时间和幅度都连续变化的一维模拟信号,要想在计算机中对模拟信号进行处理,就要先进行采样和量化,将其变成时间和幅度都离散的数字信号。现今得到广泛应用的音频文件格式(如 mp3 等)都经过了压缩而无法直接识别。语音识别所使用的音频文件

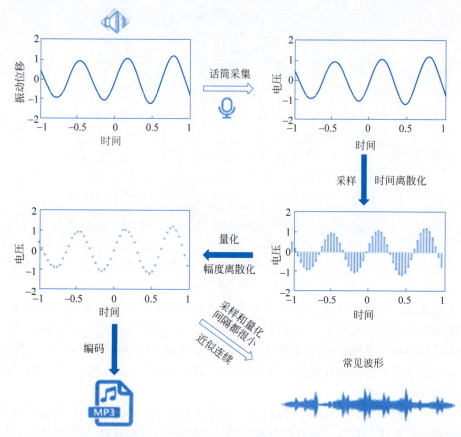

图 5-5　声音的数字化

格式必须是未经压缩处理的 wav 格式文件。计算机里面的音频文件描述的实际上是一系列按时间先后顺序排列的数据点,所以也称为时间序列。把时间序列可视化出来就是常见的波形,其横坐标表示时间,纵坐标没有直接的物理意义,反映了传感器在传导声音时的振动位移。

在进行语音信号数字处理时,最先接触、最直观的是它的时域波形。通常是将语音用话筒转换成电信号,再用模数转换器将其转换成离散的数字采样信号后,存入计算机中。由于数字信号本身不具有实际意义,仅仅表示一个相对大小。因此,任何一个模数转换器都需要一个参考模拟量作为转换的标准,比较常见的参考标准为最大的可转换信号大小,而输出的数字量则表示输入信号相对于参考信号的大小。

经常采样和量化过程后,一般还要对语音信号进行一些预加重。由于语音信号的平均功率谱受声门激励和口鼻辐射的影响,高频端大约在 800Hz 以上按 −6dB/倍频程跌落,为此要在预处理中进行预加重。其目的就是提升高频部分,使信号的频谱变得平坦,便于进行频谱分析或声道参数分析,如图 5-6 所示。

数字化之后的语音信号还需要进行一些处理工作,最常用的前端处理有端点检测和语音增强。端点检测是指在语音信号中将语音和非语音信号时段区分开来,准确地确定出语音信号的起始点。经过端点检测后,后续处理就可以只对语音信号进行,这对提高模型的精确度和识别正确率有重要作用。语音增强的主要任务就是消除环境噪声对语音的影响。目

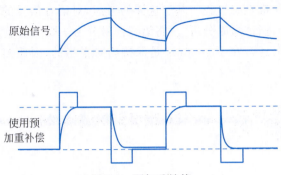

图 5-6　预加重补偿

前通用的方法是采用维纳滤波,该方法在噪声较大的情况下效果好于其他滤波器。从连续的(或离散的)输入数据中滤除噪声和干扰以提取有用信息的过程称为滤波,这是信号处理中经常采用的主要方法之一,具有十分重要的应用价值,相应的装置称为滤波器。

只有消去静音的部分并且滤除噪声的干扰,才能使处理后的信号更能反映语音的本质特征,才能对实际需要处理的有效语音进行识别,所以在开始语音识别之前,通常需要把首尾端的静音切除,降低对后续步骤造成的干扰。

4. 语音信号分析

语音是一种特殊的声音,所以它具有声学特征的物理性质。语音的声学特征是指音色、音高、音长和音强,简称语音的四要素。音色也称为音质,是一种声音区别于其他声音的基本特征。从物理学角度来分析,音调的变化其实对应频率的变化,也就是基频随着声调的变化而变化。

语音识别的前提是对语音信号的分析。只有将语音信号分析表示成其本质特性的参数,才有可能利用这些参数进行高效的语音通信,才能建立用于语音合成的语音库,也才可能建立用于识别的模板或知识库。而且,语音合成的音质好坏、语音识别率的高低,都取决于对语音信号分析的准确性和精度。所以,应该先对语音信号进行特征分析,得到提高语音识别率的有用数据,并据此来设计语音识别系统的硬件和软件。

语音分析的工作必须先于其他的语音信号处理工作。根据所分析的参数不同,语音信号分析可以分为时域、频域、倒谱域等方法。进行语音信号分析时,最先接触到的、最直观的是它的时域波形。语音信号本身就是时域信号,因而时域分析是最早使用且应用范围最广的一种方法。时域分析具有简单直观、清晰易懂、运算量小、物理意义明确等优点,但更为有效的分析多是围绕频域进行的,因为语音中最重要的感知特性反映在其功率谱中,而相位变化只起着很小的作用。

根据语音学的观点,可将语音信号分析分为模型分析法和非模型分析法两种。模型分析法是指依据语音信号产生的数学模型,来分析和提取表征这些模型的特征参数;共振峰模型分析及线性预测分析即属于这种方法。凡不进行模型化分析的其他方法都属于非模型分析法,包括时域分析法、频域分析法及同态分析法等。

贯穿语音信号分析全过程的是"短时分析技术"。根据对语音信号的研究,其特性是随时间而变化的,所以它是一个非稳态过程。从另一方面看,虽然语音信号具有时变特性,但不同的语音是由人的口腔肌肉运动构成声道的某种形状而产生的声响,而这种肌肉运动频率相对于语音频率来说是缓慢的,因而在短时间范围内,其特性基本保持不变,即相对稳定,所以可以将其看作一个准稳态过程。基于这样的考虑,对语音信号的分析和处理必须建立在"短时"的基础上,即进行"短时分析"。将语音信号分为一段一段来分析,其中每一段称为一"帧"。由于语音信号通常在 10～30ms 是保持相对平稳的,因而帧长一般取 10～30ms,如图 5-7 所示。

图 5-7　分帧

取出来的一帧信号,在做傅里叶变换之前,要先进行"加窗"的操作,即与一个"窗函数"相乘,如图 5-8 所示。数字化仪器采集到的有限序列的边界会呈现不连续性。加窗可减少这些不连续部分的幅值。加窗包括将时间记录乘以有限长度的窗,窗的幅值逐渐变小,在边沿处为 0。加窗的结果是尽可能呈现出一个连续的波形,减少剧烈的变化。

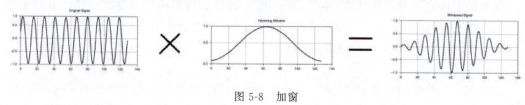

图 5-8　加窗

加窗的目的是让一帧信号的幅度在两端渐变到 0。渐变对傅里叶变换有好处,可以提高变换结果(即频谱)的分辨率。加窗的代价是一帧信号两端的部分被削弱了,没有像中央的部分那样得到重视。弥补的办法是,帧不要背靠背地截取,而是相互重叠一部分。相邻两帧的起始位置的时间差叫作帧移,常见的取法是取为帧长的一半,或者固定取为 10ms。否则,由于帧与帧连接处的信号会因为加窗而被弱化,这部分的信息就丢失了。

对一帧信号做傅里叶变换,得到的结果叫频谱(一般只保留幅度谱,丢弃相位谱),如图 5-9 所示的蓝线,该图中的横轴是频率,纵轴是幅度。频谱上就能看出这帧语音在 480Hz 和 580Hz 附近的能量比较强。语音的频谱,常常呈现出"精细结构(音高)"和"包络(音素)"两种模式。"精细结构"就是蓝线上的一个个小峰,它们在横轴上的间距就是基频,它体现了语音的音高——峰越稀疏,基频越高,音高也越高。"包络"则是连接这些小峰峰顶的平滑曲线(红线),它代表了口型,即发的是哪个音。包络上的峰叫共振峰(共振峰是指声音频谱上能量相对集中的一些区域),图中能看出 4 个,分别在 500Hz、1700Hz、2450Hz、3800Hz 附近。有经验的人,根据共振峰的位置,就能看出发的是什么音。

彩色图片

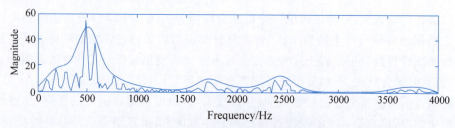

图 5-9　傅里叶变换后的频谱图

5. 声学特征提取

声学特征的提取与选择是语音识别的一个重要环节。模拟的语音信号进行采样得到波形数据之后，首先要送到特征提取模块，提取出合适的声学特征参数，供后续声学模型训练使用。好的声学特征应当考虑以下三方面的因素。首先，应当具有比较优秀的区分特性，以使声学模型不同的建模单元可以方便准确地建模；其次，特征提取也可以认为是语音信息的压缩编码过程，既需要将信道、说话人的因素消除，保留与内容相关的信息，又需要在不损失过多有用信息的情况下使用尽量低的参数维度，便于高效准确地进行模型的训练；最后，需要考虑鲁棒性，也就是对环境噪声的抗干扰能力。

经过数字化的语音信号实际上是一个时变信号，这是由于人在发音时声道一直处于变化状态，因此实际上的语音信号产生系统可以近似看作线性时变系统。典型的语音信号特性是随着时间变化而变化的。例如，浊音和清音之间激励的改变，会使信号峰值幅度有很大的变化，在浊音范围内基频有相当大的变化。在一个语音信号的波形图中，这些变化十分明显，所以要求能用简单的时域处理技术来对这样的信号特征进行有效的描述。

在语音识别和说话人识别中，常用的语音特征是基于 Mel 频率的倒谱系数（Mel Frequency Cepstrum Coefficient，MFCC），是在 Mel 标度频率域提取出来的倒谱参数，Mel 标度描述了人耳频率的非线性特性，一定程度上模拟了人耳对语音的处理特点，MFCC 所处的位置如图 5-10 所示。由于 MFCC 参数是将人耳的听觉感知特性和语音的产生机制相结合，因此大多数语音识别系统都使用了这种特征。MFCC 特征是基于人耳对声音的敏感特性而提出的常用的一种方法，叫作梅尔频率倒谱系数，通过 L 维（L 可以取值为 12～16）的向量来描述一帧的波形，L 维向量是根据耳朵的生理特征提取的，这一过程称为声学特征提取。声音就被转换成了 L 行 N 列的矩阵（观察序列）。

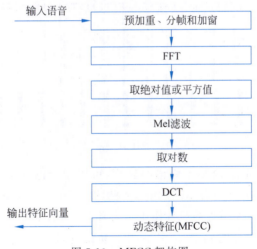

图 5-10 MFCC 架构图

前面做完傅里叶变换之后，接下来把频谱与图 5-11 中每个三角形相乘并积分，求出频谱在每一个三角形下的能量。将能量谱通过一组 Mel 尺度的三角形滤波器组，定义一个有 M 个滤波器的滤波器组（滤波器的个数和临界带的个数相近），采用的滤波器为三角滤波器，第 m 个滤波器的中心频率为 $f(m)$。M 通常取 22～26。各 $f(m)$ 之间的间隔随着 m 值的减小而缩小，随着 m 值的增大而增宽，如图 5-11 所示。

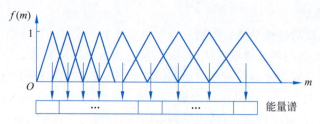

图 5-11　Mel 频率滤波器组

三角带通滤波器有两个主要目的。

(1) 对频谱进行平滑化,并消除谐波的作用,突显原先语音的共振峰(因此一段语音的音调或音高不会呈现在 MFCC 参数内,换句话说,以 MFCC 为特征的语音辨识系统,并不会受到输入语音的音调不同而有所影响)。

(2) 此外,还可以只保留需要的信息,降低运算量。如此一来,就把一帧语音信号用一个 L 维向量简洁地表示出来;一整段语音信号,就被表示为这种向量的一个序列。这时,语音就可以通过一系列的倒谱向量来描述了,每个向量就是每帧的 MFCC 特征向量,如图 5-12 所示。语音识别中下面要做的事情,就是对这些向量及它们的序列进行建模了。

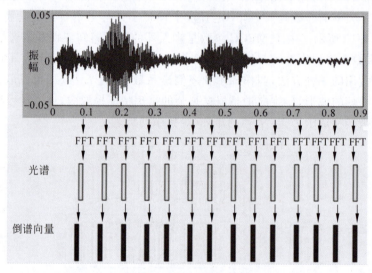

图 5-12　MFCC 特征提取

MFCC 是一组特征向量,反映了频谱的轮廓,可用于音色分类。对人耳听觉机理的研究发现,人耳对不同频率的声波有不同的听觉敏感度。200～5000Hz 的语音信号对语音的清晰度影响最大。两个响度不等的声音作用于人耳时,则响度较高的频率成分的存在会影响到对响度较低的频率成分的感受,使其变得不易察觉,这种现象称为掩蔽效应。一般来说,低音容易掩蔽高音,而高音掩蔽低音较困难。在低频处的声音掩蔽的临界带宽较高频要小。所以,人们从低频到高频这一段频带内按临界带宽的大小由密到疏安排一组带通滤波器,对输入信号进行滤波。将每个带通滤波器输出的信号能量作为信号的基本特征,对此特征经过进一步处理后就可以作为语音的输入特征。由于这种特征不依赖信号的性质,对输入信号不做任何假设和限制,因此,这种参数具有更好的鲁棒性,更符合人耳的听觉特性,而且当信噪比降低时仍然具有较好的识别性能。

6. 语音识别

将待识别的语音经特征提取后,逐一与参考模板库中的各个模板按某种原则进行比较,找出最相像的参考模板所对应的发音,即为识别结果。

语音识别系统的模型通常由声学模型和语言模型两部分组成,分别对应于语音到音节概率的计算和音节到字概率的计算,如图 5-13 所示。音素一般就是熟知的声母和韵母,而状态则是比音素更加细节的语音单位,把帧识别成状态,把状态组合成音素,把音素组合成单词。每帧音素对应哪个状态,看某帧对应哪个状态的概率最大,这帧就属于哪个状态。这些概率可以从声学模型里读取,里面存了许多参数,通过这些参数,就可以知道帧和状态对应的概率。获取这一大堆参数的方法叫"训练"。一个音素通常会包含 3 个状态(起始音、持续音、结束音),把一系列语音帧转换为若干音素的过程利用了语音的声学特性,因此这部分叫作声学模型。隐马尔可夫模型是目前进行声学建模的主流技术。从音素到文字的过程需要用到语言表达的特点,这样才能从同音字中挑选出正确的文字,组成意义明确的语句,这部分被称为语言模型。

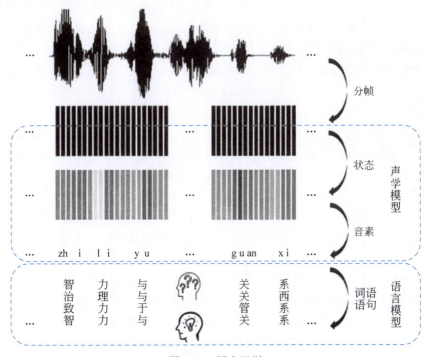

图 5-13 语音识别

语音识别系统的前提是需要建立参考模板库。在训练阶段,对特征参数形式表示的语音信号进行相应的技术处理,获得表示识别基本单元共性特点的标准数据,以此来构成参考模板,参考模板库是由所有能识别的基本单元的参考模板综合在一起形成的。

如图 5-14 所示,语音识别系统中的模型训练分为声学模型训练和语言模型训练两部分。

1)声学模型训练

声学模型训练也称为建模的过程。声学模型是语音识别系统的底层模型,是语音识别系统中最关键的部分。声学模型表示一种语言的发音,可以通过训练来识别某个特定用户

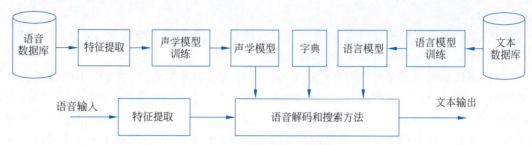

图 5-14　模型训练示意图

的语音模式和发音环境的特征。根据训练语音库的特征参数训练出声学模型参数,在识别时可以将待识别的语音的特征参数同声学模型进行匹配与比较,得到最佳识别结果。

基本声学单元的选择是声学模型建模中一个基本而重要的问题。在汉语连续语音识别中,可以选择的基本声学单元包括词、音节、半音节、声韵母、音素等。

一般来说,声学单元越小,其数量也就越少,训练模型的工作量也就越小,但是另一方面,单元越小,对上下文的敏感性越大,越容易受到前后相邻的影响而产生变异,因此其类型设计和训练样本的采集就更加困难。通常要根据不同的语音识别系统有针对性地选择适合的基本声学单元。其中,声韵母是适合汉语特点建模的基本声学单元。

为了得到满意、有效的模型,必须有很多训练数据。目前主流的训练技术是隐马尔可夫模型。

2) 语言模型训练

语音识别中的语言模型主要解决两个问题:一是如何使用数学模型来描述语音中词的语音结构;二是如何结合给定的语言结构和模式识别器形成识别算法。语言模型是用来计算一个句子出现概率的概率模型,主要用于决定哪个词序列的可能性更大,或者在出现了几个词的情况下预测下一个即将出现的词语的内容。换句话说,语言模型是用来约束单词搜索的,定义了哪些词能跟在上一个已经识别的词的后面(匹配是一个顺序的处理过程),这样就可以为匹配过程排除一些不可能的单词。语言模型一般指在匹配搜索时用于字词和路径约束的语言规则,它包括由识别语音命令构成的语法网络或由统计方法构成的语言模型,语言处理则可以进行语法和语义分析。

语言建模能够有效地结合汉语语法和语义的知识,描述词之间的内在关系,从而提高识别率,减少搜索范围。语言模型分为 3 个层次:字典知识、语法知识、句法知识。对训练文本数据库进行语法和语义分析,经过基于统计模型训练得到语言模型。

前面介绍的语音识别系统均由多个模块组成,一般包括声学模型、语言模型、发音词典等。其中声学模型和语言模型需要分别独立训练得到,它们各自有不同的目标函数。

另外,目前语音识别一个热门的研究方向是端到端的语音识别技术。近年来,研究者正在探索端到端的语音识别技术,它试图用一个神经网络来承担原来所有模块的功能。这样,系统中将不再有多个独立的模块,而仅通过神经网络来实现从输入端(语音波形或特征序列)到输出端(单词、音素或音符的序列)的直接映射。端到端的识别技术能有效减少人工预处理和后续处理,避免了分阶段学习问题,能给模型提供更多的基于数据驱动的自动调节空间,从而有助于提高模型的整体契合度。

5.2 语音合成

语音合成的主要目的是让机器能说话,以便使一些其他存储方式的信息能够转化成语音信号,让人能够简单地通过听觉获得大量的信息。语音合成技术除了在人机交互中的应用外,在自动控制、测控通信系统、办公自动化、信息管理系统、智能机器人等领域也有广阔的应用前景。

语言合成应用场景如下。

- 阅读类 App——通过阅读类 App 阅读小说或新闻时,使用语音合成技术为用户提供多种发音人的朗读功能,获得更好的阅读体验。
- 订单播报——可应用于打车软件、餐饮叫号、排队软件等场景,通过语音合成进行订单播报,让用户便捷地获得通知信息。
- 智能硬件——可集成到儿童故事机、早教机、智能机器人、平板设备等智能硬件设备,使用户与设备的交互更自然、更亲切。
- 呼叫中心——为满足各行业声音需求,企业可以根据自身品牌需求定制个性化音色服务。
- 其他——合成特定人的声音,验证码内容语言合成,各场景的语言提示(如导航软件、大厅、售货机),便携式穿戴设备(播报每日的健康指数)。

目前各种语音报警器、语音报时器、公共汽车上的自动报站、股票信息的查询、电话查询业务等均已实现商品化。另外,语音合成技术还可以作为听觉、视觉和语音表达有障碍的伤残人士的通信辅助工具。

语音合成是一个"分析-存储-合成"的过程。一般是选择合适的基元,将基元用一定的参数编码方式或波形方式进行存储,形成一个语音库。合成时,根据待合成的语音信息,从语音库中取出相应基元进行拼接,并将其还原成语音信号。在语音合成中,为了便于存储,必须先将语音信号进行分析或变换,因而在合成前还必须进行相应的反变换。其中,基元是语音合成系统所处理的最小的语音学基本单元,待合成词语的语音库就是所有合成基元的集合。根据基元的选择方式及其存储形式的不同,可以将合成方式笼统地分成波形合成方法和参数合成方法。

(1) 波形合成方法是一种相对简单的语音合成技术。它把人的发音波形直接存储或者进行简单波形编码后存储,组成一个合成语音库;合成时,根据待合成的信息,在语音库中取出相应单元的波形数据,拼接或编辑到一起,经过解码还原成语音。这种系统中的语音合成器主要完成语音的存储和回放任务。如果选择如词组或者句子这样较大的合成单元,则能够合成高质量的语句,并且合成的自然度好,但所需要的存储空间也相当大。虽然在波形合成方法中,可以使用波形编码技术压缩一些存储量,但由于存储容量的限制,词汇量不可能做到很大。通常,波形合成方法可合成的语音词汇量约在 500 字以下,一般以语句、短句、词或者音节为合成基元。

(2) 参数合成方法也称为分析合成方法,是一种比较复杂的方法。为了减少存储空间,必须先对语音信号进行各种分析,用有限个参数表示语音信号以压缩存储容量。参数的具体表示,可以根据语音生成模型得到诸如线性预测系统、线谱对参数或共振峰参数等。这些参数比较规范、存储量少。参数合成方法的系统结构较为复杂,并且用参数合成时,由于在提取参数或编码过程中,难免存在逼近误差,用有限个参数很难适应语音的细微变化,所以合成的语音质量以及清晰度也就比波形合成方法要差一些。

就目前的技术水平,仅采用上述的"分析—存储—合成"的思想不可能合成任一语种的无限词汇量的语音。因而国际上很多研究者都在努力开发另一类无限词汇量的语音合成的方法,就是所谓"按语言学规则的从文本到语言"的语音合成法,简称"规则合成方法"。人们期望通过这项研究合成出高自然度的语音,尽管到目前为止还未曾获得这样的效果。

5.3　语音识别的应用案例——语音助手

训练已经构建好的声学模型,并保存模型文件,最后整合声学模型和语言模型,实现中文语音识别。其中,声学模型 GRU-CTC,只需导入路径即可:

```python
from model_speech.gru_ctc import Am, am_hparams
```

实现此案例需要按照如下步骤进行。

【步骤1】　声学模型训练

编辑 train.py 文件完成声学模型的训练,语言模型使用已经训练好的模型文件。

【案例 5-1】　train.py

```python
import keras
import os
import tensorflow as tf
from utils import get_data, data_hparams
from keras.callbacks import ModelCheckpoint


# 0.准备训练所需数据------------------------------


data_args = data_hparams()
data_args.data_type = 'train'
data_args.data_path = '../dataset/'
data_args.thchs30 = True
data_args.aishell = True
data_args.prime = True
data_args.stcmd = True
data_args.batch_size = 4
data_args.data_length = 10
# data_args.data_length = None
data_args.shuffle = True
train_data = get_data(data_args)

# 0.准备验证所需数据------------------------------
data_args = data_hparams()
data_args.data_type = 'dev'
data_args.data_path = '../dataset/'
data_args.thchs30 = True
data_args.aishell = True
```

```python
data_args.prime = False
data_args.stcmd = False
data_args.batch_size = 4
#data_args.data_length = None
data_args.data_length = 10
data_args.shuffle = True
dev_data = get_data(data_args)

#1.声学模型训练-----------------------------------
from model_speech.gru_ctc import Am, am_hparams
am_args = am_hparams()
am_args.vocab_size = len(train_data.am_vocab)
am_args.gpu_nums = 1
am_args.lr = 0.0008
am_args.is_training = True
am = Am(am_args)

if os.path.exists('logs_am/model.h5'):
    print('load acoustic model...')
    am.ctc_model.load_weights('logs_am/model.h5')

epochs = 10
batch_num = len(train_data.wav_lst) // train_data.batch_size

#checkpoint
ckpt = "model_{epoch:02d}-{val_acc:.2f}.hdf5"
checkpoint = ModelCheckpoint(os.path.join('./checkpoint', ckpt), monitor = 'val_loss', save_
weights_only = False, verbose = 1, save_best_only = True)

batch = train_data.get_am_batch()
dev_batch = dev_data.get_am_batch()

am.ctc_model.fit_generator(batch, steps_per_epoch = batch_num, epochs = 10, callbacks =
[checkpoint], workers = 1, use_multiprocessing = False, validation_data = dev_batch,
validation_steps = 200)
am.ctc_model.save_weights('logs_am/model.h5')
```

【步骤2】 模型测试

在 test.py 文件中整合声学模型和语言模型。

【案例5-2】 test.py

本案例中 test.py 文件完整代码如下。

```python
import os
import difflib
import tensorflow as tf
import numpy as np
from utils import decode_ctc, GetEditDistance


#0.准备解码所需字典,参数需和训练一致,也可以将字典保存到本地,直接进行读取
from utils import get_data, data_hparams
data_args = data_hparams()
```

```python
train_data = get_data(data_args)


#1.声学模型----------------------------------
from model_speech.gru_ctc import Am, am_hparams

am_args = am_hparams()
am_args.vocab_size = len(train_data.am_vocab)
am = Am(am_args)
print('loading acoustic model...')
am.ctc_model.load_weights('logs_am/model.h5')

#2.语言模型----------------------------------
from model_language.transformer import Lm, lm_hparams

lm_args = lm_hparams()
lm_args.input_vocab_size = len(train_data.pny_vocab)
lm_args.label_vocab_size = len(train_data.han_vocab)
lm_args.Dropout_rate = 0.
print('loading language model...')
lm = Lm(lm_args)
sess = tf.Session(graph=lm.graph)
with lm.graph.as_default():
    saver = tf.train.Saver()
with sess.as_default():
    latest = tf.train.latest_checkpoint('logs_lm')
    saver.restore(sess, latest)


#3.准备测试所需数据,不必和训练数据一致,通过设置 data_args.data_type 测试,
#此处应设为'test',实际采用了'train',是因为演示模型较小,如果使用'test'看不出效果,
#且会出现未出现的词.
data_args.data_type = 'train'
data_args.shuffle = False
data_args.batch_size = 1
test_data = get_data(data_args)

#4.进行测试------------------------------------
am_batch = test_data.get_am_batch()
word_num = 0
word_error_num = 0
for i in range(10):
    print('\n the ', i, 'th example.')
    #载入训练好的模型并进行识别
    inputs, _ = next(am_batch)
    x = inputs['the_inputs']
    y = test_data.pny_lst[i]
    result = am.model.predict(x, steps=1)
    #将数字结果转化为文本结果
    _, text = decode_ctc(result, train_data.am_vocab)
    text = ' '.join(text)
    print('文本结果:', text)
    print('原文结果:', ' '.join(y))
    with sess.as_default():
```

```
                text = text.strip('\n').split(' ')
                x = np.array([train_data.pny_vocab.index(pny) for pny in text])
                x = x.reshape(1, -1)
                preds = sess.run(lm.preds, {lm.x: x})
                label = test_data.han_lst[i]
                got = ''.join(train_data.han_vocab[idx] for idx in preds[0])
                print('原文汉字:', label)
                print('识别结果:', got)
                word_error_num += min(len(label), GetEditDistance(label, got))
                word_num += len(label)
print('词错误率:', word_error_num / word_num)
sess.close()
```

本章总结

- 语音识别（Automatic Speech Recognition, ASR）是以语音为研究对象，通过语音信号处理和识别技术让机器自动识别和理解人类口述的语言后，将语音信号转变为相应的文本或命令的技术。
- 语音识别的流程分为语音信号的产生和采集、语音信号预处理、语音信号数字化、语音信号分析、声学特征提取、语音识别等。
- 语音合成的主要目的是让机器能说话，使一些以其他方式存储的信息能够转化成语音信号，让人能够简单地通过听觉就可以获得大量的信息。
- 语音合成是一个"分析—存储—合成"的过程。

本章习题

1. 下面关于语音识别的说法正确的是（   ）。
   A. 语音识别汉语的时候，只需要考虑拼音的发音就可以了
   B. 声音的特征提取和图像的特征提取一样，直接提取就可以了
   C. 隐马尔可夫模型是用来建立声学模型的一种技术
   D. 以上说法都是错误的
2. 下列属于语音识别技术应用的是（   ）。
   A. 语音播报   B. 语音识别   C. 音乐分类   D. 音乐检索
3. 简述语音识别的基本流程。
4. 语音信号数字化之前为什么要进行预处理？
5. 语音识别和语音合成技术有什么不同？
6. 请分享一下你在生活中所见到的语音识别的应用。

第 6 章 自然语言处理

CHAPTER 6

本章思维导图

视频讲解

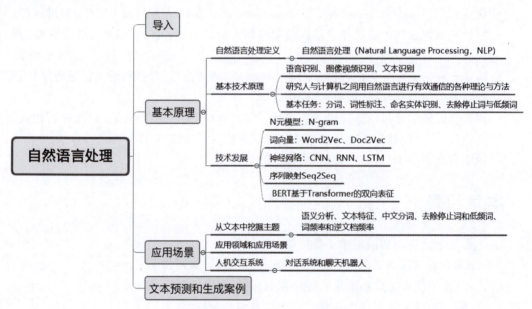

本章目标

- 了解自然语言处理的概念。
- 理解自然语言处理的基本技术原理。
- 掌握自然语言处理的应用场景。

6.1 自然语言处理导入

为了帮助大家更好地理解自然语言处理，先从创造智能的角度进行引入。创造智能的主要发展分为运算能力、感知能力和认知能力 3 个阶段。

第一阶段是运算能力，即快速计算和记忆存储的能力，让机器能存会算，现阶段计算机在运算能力和存储能力上优势较大。1996年,IBM的深蓝计算机战胜了当时的国际象棋冠军卡斯帕罗夫,从此,人类在这样强运算型的比赛方面就不能战胜机器了。第二阶段是感知能力,即视觉、听觉、触觉等感知能力,让机器能听会说、能看会认。人和动物都具备通过各种智能感知与自然界进行交互的能力,而机器在感知世界方面也很有优势,比如自动驾驶汽车通过激光雷达等感知设备和人工智能算法实现感知智能。第三阶段就是认知能力,即解决机器能理解会思考的问题,具有代表性的就是语音理解、知识和推理能力,这是创造智能。

比尔·盖茨说过:"语言理解是人工智能皇冠上的明珠。"可见随着人工智能的快速发展,自然语言处理技术的应用越来越广泛。另外,如何通过计算机科学和统计方法作为手段,研究自然语言理解和生成也是人工智能领域的重要挑战之一。

6.2 自然语言处理的基本原理

通过6.1节的内容,对自然语言处理的重要性就有了初步的认识。所谓"自然语言",大家并不陌生,其实就是在日常生活中使用的语言,例如大家所熟知的英语、法语、韩语等都属于这个范畴。语言是人类认知世界的手段,也是人类认知的成果。通过分析人类的语言,可以在一定程度上了解人类认知的规律。而"自然语言处理"(Natural Language Processing,NLP)就是对自然语言进行数字化处理的一种技术,目的是更好地实现人机交互,其在机器翻译、问答系统、信息检索、情感分析等互联网应用中占有重要地位,在金融智能、商业智能、智慧司法等领域具有极为广阔的应用前景。

6.2.1 自然语言处理的定义

自然语言处理是计算机科学领域与人工智能领域中一个重要的发展方向,研究的是人与计算机之间用自然语言进行有效通信的各种理论与方法,所以这里提到的自然语言处理是一门融语言学、计算机科学、数学于一体的科学。

视频讲解

自然语言处理是计算机以一种聪明而有用的方式分析,理解和从人类语言中获得意义的一种方式。利用自然语言处理,开发者可以组织和构建知识来执行自动摘要、翻译、命名实体识别、关系提取、情感分析、语音识别和话题分割等任务。

自然语言处理在生活中很常见,比如Siri语音助手及Google助手(Google assistant),其主要技术为语音识别、问答系统;机器翻译以及对话生成日常的翻译软件,如常见的有道翻译、百度翻译、Google翻译等,它用到的技术是Seq2Seq和编码解码(Encoder-Decoder)的方式。这里提到的编码解码技术是可以实现一个句子到另一个句子的变换,这个技术经常被用在机器翻译包括对话生成以及问答系统中;评论归纳主要应用于电子商务类的网站,它用到的技术主要包括主题模型和情感分析。这些都是生活中常见的自然语言处理,接下来就来带大家了解一下自然语言处理中的基本技术原理。

6.2.2 自然语言处理的基本技术原理

使用自然语言处理技术去完成工作的时候,经常会用到以下基本任务:分词、词性标注、命名实体识别、去除停止词与低频词。

视频讲解

第一部分是分词,即把句子分割成单词;第二部分是词性标注,分词以后标注每个单词的词性,比如它是主语、谓语、宾语、动词等;第三部分是命名实体识别,在文本中识别出某类词是识别句子中的实体,一般识别这个实体经常会用到语料库,通常用来识别人名、地名、机构名这3类实体;第四部分是去除停止词和低频词,即去掉一些诸如"的""了""也"等词语,这些词语对于区分分档毫无帮助,不携带任何主题信息,低频词是出现次数较低的词语,比如一片采访稿的受访者名字,不能代表某一类主题。

为了帮助大家更好地理解自然语言处理的基本任务,下面以"我爱自然语言处理"为例,如图 6-1 所示,对自然语言处理的基本任务进行讲解。

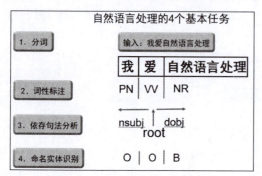

图 6-1 自然语言处理基本任务

第一步进行分词,分词的作用就是帮助计算机去理解文本的含义。当然,简单的英文分词其实是比较方便的,对于中文分词还要依据一些模型和方法。第二步就是词性标注,它负责的就是为每个单词标注词性,比如 PN 代表的是代词,VV 代表的是动词,NR 代表的是专有名词,就把"我爱自然语言处理"这句话进行了一个划分,这是它的词性标注。第三步是句法分析,即预测单词与单词之间的依存关系,利用树状结构来表示整个句子的句法结构,比如这里提到的 root 表示的就是句子中对应依存句法树的根节点,前面表示的是主语,后面为对应的一个宾语,用 dobj 来进行表示。第四步是命名实体的识别,这里采用的是最简单的 OB 模式来进行命名实体的识别。对于序列标注的问题可以定义 y 属于 BO,这里 B 表示把当前字作为一个新词的开始,O 表示当前字与前面的字构成一个词。这是自然语言处理的 4 个最基本任务。

掌握了基本任务以后,接下来介绍自然语言处理过程中经常会用到的技术和工作。

1. 分类任务

分类任务包括的技术主要为文本分类、文本主题和情感分析。

文本分类表示的是计算机将载有信息的一篇文档映射到预先给定的某一类别或者某几个类别的过程。文本主题,即提取出能够体现文本内容主题的一些关键词,给出一段文本,确定出文本内容的主题,比如是新闻、娱乐,还是体育等。情感分析判断的就是文本所要表达的情感,当情感分析的任务涉及的主题比较多时,一般利用自然语言处理技术识别,比如客户评论中正向或者负向的一些情绪,或者是通过语音分析、写作分析得到情绪判别的结果。

2. 判断句子关系

用于判断句子关系最典型的技术是问答系统(Question Answering System,QAS)。问答系统是信息检索系统的一种高级形式,它能用准确、简洁的自然语言回答用户用自然语言提出的问题。其研究兴起的主要原因是人们对快速、准确地获取信息的需求。问答系统是目前人工智能和自然语言处理领域中一个备受关注并具有广泛发展前景的研究方向。对于一些电商网站很有实际价值,比如充当客服角色,有很多基本的问题其实并不需要真的联系人工客服来解决。通过这种智能的问答系统,可以排除大量的用户问题,比如商品的质量投诉,商品的基本信息查询之类的问题。基于问答系统,接下来讲解两个具体应用:问答机器人和自然语言推理。

1）问答机器人

当前，问答机器人主要应用于问答系统。问答机器人的工作步骤：首先针对提出的问题，采用分类的机器学习算法判断这个问题的类型，用于锁定问题的精准范围；接下来针对这个类型的问题提取关键词，基于关键词的搜索既可以直接采用基于 TF-IDF 算法的搜索，也可基于 Word2Vec 转变空间向量使用相似词进行搜索；然后结合文档的主题等信息对候选集的答案进行打分，最终返回得分最高的 TopN 候选答案。

2）自然语言推理

自然语言推理，即根据文本内容推理出合理的信息。文本间的推理关系，又称文本蕴含关系（Textual Entailment），作为一种基本的文本间语义联系，广泛存在于自然语言文本中。简单来说，文本蕴含关系描述的是两个文本之间的推理关系，其中一个文本作为前提（premise），另一个文本作为假设（hypothesis），如果根据前提 P 能推理得出假设 H，那么就说 P 蕴含 H，记作 P→H，这与一阶逻辑中的蕴含关系是类似的。

下面以表 6-1 为例讲解自然语言推理中的相关概念。

表 6-1 自然语言处理案例

Item	ID	sentence	label
Premise		A dog jumping for a Frisbee in the snow.	
Hypothesis	Example 1	An animal is outside in the cold weather, playing with a plastic toy.	entailment
	Example 2	A cat washed his face and whiskers with his front paw.	contradiction
	Example 3	A pet is enjoying a game of fetch with his owner.	neutral

这个例子中给出一个前提 P，它的前提 P 是"A dog jumping for a Frisbee in the snow"，意思是一条狗在雪地中接飞盘玩，同时下面给出这样 3 个假设，第一个表示的是"An animal is outside in the cold weather, playing with a plastic toy"，这句话描述的就是一个动物正在寒冷的室外玩塑料玩具，这个是能够通过前提推理出来的，因此给它的标签是蕴含关系（entailment）。第二个的前面是一个"A cat"，与前提是冲突的，因为这个前提是一条狗，所以与他的关系是冲突的（contradiction）。第三个是"A pet is enjoying a game of fetch with his owner"，与前提既不是蕴含关系也没有冲突，定义是中立的（neutral）。

自然语言推理也叫作文本蕴含的识别，主要目标是对前提和假设进行判断，判断其是否具有蕴含关系，实际上就是一个文本分类的问题。上面的例子其实就是一个多分类，即三分类的问题，定义它的 label，其中有蕴含关系，有冲突关系，也有中立关系，label 分别定义为 entailment、contradiction、neutral。

3. 生成任务

生成任务的应用主要包括机器翻译和文本摘要。

1）机器翻译

生成任务的第一个应用就是机器翻译，机器翻译表示将文本翻译成另一种语言的文本，即利用计算机将一种自然语言转换为另外一种自然语言的过程，它是计算语言学的分支，是人工智能的终极目标之一，具有重要的科学研究价值。

先简单介绍一下机器翻译的发展历程。机器翻译最开始的时候是基于规则的翻译方法，以"how old are you"为例，最开始基于规则的翻译方法，翻译为"怎么老是你"，跟它本身的含义是不一样。与人类类似，这种方法会先分析句子中的词性，将每个词翻译成目标语言，再根据相应的语法规则进行调整，并输出结果，显然这种翻译方法效果并不好，因为语言表达方法是非常灵活的，有限的语法和规则无法覆盖所有的语言现象。

机器翻译的第二种是基于统计的翻译方法（SMT），以"nice to meet you"为例，它会把每个单词涉及的意思全部列举到下面，它们之间就进行一些组合，即根据词或短语找到所有可能的结果，再在庞大的语料库中进行搜索，统计每种结果出现的概率，将概率最高的结果进行输出。规则方法效率有很大提升，不过对语料库的依赖较大。

第三种是基于神经网络的翻译方法（NMT），它是通过学习大量的语料，比如平行语料库让神经网络自己学习语言的一些特征，找到输入和输出的关系，端到端地输出翻译结果，取得了不错的效果。

所以，机器翻译是从基于词到基于短语再到基于句子，从使用大规模的平行语料库，到现在可以使用单语语料库或者是实现现在的零数据翻译。零数据翻译指的就是参数共享，系统可以把翻译知识从一种语言迁移到其他语言，比如系统从来没有学习过日语和韩语的互译，但是它会英语和日语以及英语和韩语的翻译，所以通过在句子前加入一些人工的标记，来明确目标语言，零数据翻译模型将可以通过单一模型来翻译多种语言，而不需要增加新的参数，并且能够进一步提升翻译的质量。

2）文本摘要

生成任务还有一部分就是文本摘要。文本摘要是什么？就是给出一段文本，生成文本的摘要内容，利用计算机自动实现文本分析、内容归纳和摘要自动生成的一门技术，它的应用层面比较广，比如新闻报告的摘要、会议记录的摘要等。

6.2.3 自然语言处理的技术发展

视频讲解

1. N 元模型：N-gram

N-gram 是一种基于统计的语言模型，估计所有单词出现的联合概率，将文本看成 N 元组的集合，对所有元组出现的频数进行统计，构成特征向量。在 $N=1$ 时称为词袋模型，用来进行文本特征的提取。

2. 词向量：Word2Vec、Doc2Vec

它的方式就是将词向量嵌入成密集的向量，词嵌入是将词汇、短语、句子乃至篇章的表达在大规模语料的基础上进行训练，得到一个多维语义空间上的表达，使得词汇、短语、句子乃至篇章之间的语义距离可以计算，整个放在一个多维的语义空间上形成一个向量表达的方式。

3. 神经网络：CNN、RNN、LSTM

随着深度学习、神经网络的出现，这里用到了卷积神经网络（CNN）、循环神经网络（RNN）以及长短期记忆人工神经网络（Long-Short Term Memory，LSTM），包括 Transform。

（1）CNN：可以进行特征提取，N-gram 是采用统计的方式，而 CNN 是用特征提取的方式，通常会将词向量拼接后使用 CNN，在关系提取中有很多应用都采用 CNN。

(2) RNN：擅长处理时间序列，RNN可以对一个不定长的句子进行编码，描述句子的信息。

(3) LSTM：使用了不同的函数去计算隐层的状态。

对于语言模型这部分，采用语言模型预测，它是基于神经网络训练的语言模型，可以更加准确地预测下一个词或者是下一个句子的出现概率。

看一下语言模型的简单例子，如图6-2所示，这是基于神经网络搭建的，分为输入层、隐层和输出层。以一个神经网络作为语言模型去预测，例如现在要预测"I have a pen I have an"的下一个单词应该是什么，如apple、pen、red，通常会采用神经网络训练好的语言模型来进行预测，相当于是一个推理，推理到下一个单词应该是哪个的概率会比较大。

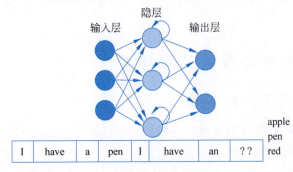

图6-2 语言模型注册

4. 序列映射：Seq2Seq

Seq2Seq即将一个序列映射到另一个序列，以及Encoder-Decoder架构，它本身用于聊天机器人、机器翻译或者是一些问答系统中。Encoder-Decoder表示的是提取特征转换到另一个空间，可以实现一个句子到另一个句子的变换，这个技术就是机器翻译、对话生成、问答、转述的核心技术。

对于Encoder-Decoder架构引入了Attention（注意力模型），这里用一个示意图（见图6-3）帮助大家理解，上面演示的是编码的过程，下面是解码的过程，就是编码解码的整个过程。它是基于句子的机器翻译，最终是将中文翻译成英文。在编码-解码架构的基础上加入了注意力模型Attention，最终翻译出来"knowledge is power"，因为机器翻译本身就是实现多种语言之间的一个翻译，那么这里把中文变为了英文，所以它就是"knowledge is power end"，所以翻译出了"知识就是力量"。这个机制将句中的每个单词与所有其他单词逐一比

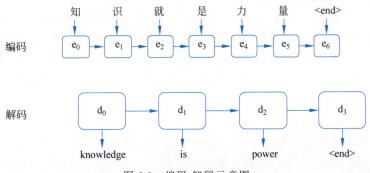

图6-3 编码-解码示意图

对，并为每个单词与其他单词的关联程度逐一打分，这使得一个指代模糊的单词在句子的语境下有了更清晰的具体指代对象。

5．预训练语言模型：BERT

BERT 是 Google 发布的基于双向 Transformer 的大规模预训练语言模型。该预训练模型能高效抽取文本信息并应用于各种 NLP 任务，并刷新了 11 项 NLP 任务的当前最优性能记录。BERT 的全称是基于 Transformer 的双向编码器表征，其中"双向"表示模型在处理某一个词时，它能同时利用前面的词和后面的词两部分信息。BERT 目前比较受关注，也是应用比较广泛的，其涵盖内容比较多，是多种技术的集合，训练时采用双向语言模型，BERT 模型进一步增加词向量模型泛化能力，充分描述了字符级、词级、句子级甚至句间关系特征。

视频讲解

6.3　自然语言处理的应用场景

6.3.1　从文本中挖掘主题

从文本中挖掘潜在主题，也就是语义分析。对于自然语言处理，借助潜在的语义分析技术，计算机就可以从海量的数据中自动发掘出潜在的主题，进而完成对文本的内容概括和提炼。在正式介绍相关技术之前，先来学习一下"从文本中如何挖掘潜在主题"。

1．语义分析

文本数据通常不会包含额外的标注信息。例如，在社交网络上发布了一条信息："我在学校学习了人工智能课程"。这句话是绕"学习"或"人工智能"等主题展开的，但在发布这条信息时，并不会特意将这些主题标记上去，如果希望对该社交网络上的所有消息进行分析，那么能获取到的信息通常只有消息本体，而没有额外的标记。

通过人工标注的方法获得关于文本主题的信息。文本数据的规模通常远大于视频、图像等多媒体信息。新浪微博 2012 年第二季度的公开数据显示，网站每天都会产生 1.17 亿条微博，人工标注的代价过于高昂，这种情况下对数据的分析可以采用无监督算法。在无监督算法中有一种算法叫作 k 均值。在 k 均值算法中，会将一个样本归为特定的类别，而通常一段文本都是围绕多个主题展开，所以采用潜在的语义分析技术，就是针对文本数据"多主题"的特点设计的。这种技术可以通过无监督的方式从文本分析出多个潜在的主题，完成聚类算法不能完成的任务。

接下来看一下怎么样去完成。首先介绍一个定义——海量文本数据。通常将其称作语料库，语料库中独立的文本称为文档，文档的中心思想或者主要内容称为主题。比如一个文档中有教育主题、人工智能主题，还有其他的主题，那么对于文本的特征应该怎么提取呢？其实，划分主题也是一个分类或者多分类的问题。通过 6.2 节的学习了解到，在分类问题之前要进行一个特征的提取，这里对于文本的特征应该怎么提取呢？

2．文本特征

词袋模型是用于描述文本的一个简单的数学模型，也是常用的一种文本特征提取方式，词袋模型将一篇文档看作一个"装有若干词语的袋子"，只考虑在文档中出现的次数，而忽略词语的顺序以及句子的结构。

以"铭铭喜欢打篮球,也喜欢打乒乓球"为例,可以将其表示为由一个形如(词语:出现次数)的二元组组成的集合,这个集合就是这段文本对应的"词袋"。词袋模型对文档进行了很大程度的简化,但一定程度上仍然保留了文档的主题信息。

{(铭铭:1)(喜欢:2)(打:2)(篮球:1)(也:1)(乒乓球:1)}

有了词袋之后,可以构造一个包含若干词语的词典,如表 6-2 所示,并借助这个词典将词袋转换为特征向量。

表 6-2　词典(一)

序号	1	2	3	4	5	6
词语	铭铭	喜欢	打	篮球	也	乒乓球

将每个词语在文档中出现的次数按照词语序号排列起来,就得到这篇文章的词计数向量 $n=(1,2,2,1,1,1)$,可以对词计数向量进行归一,得到词频向量

$$f=\left(\frac{1}{8},\frac{1}{4},\frac{1}{4},\frac{1}{8},\frac{1}{8},\frac{1}{8}\right)$$

通常并不要求词典包含文本中出现过的所有词语,如果文档中的某个词语并没有在词典中出现,将其忽略即可。例如,只使用表 6-3 所示的包含 4 个词语的词典,这篇文档的词计数向量和词频向量就分别为 $n=(1,2,1,1)$ 与 $f=\left(\frac{1}{5},\frac{2}{5},\frac{1}{5},\frac{1}{5}\right)$。

表 6-3　修改后的词典

序号	1	2	3	4
词语	铭铭	喜欢	篮球	乒乓球

在实际应用中,会使用一个公共的词典对语料库中的所有文档进行词频统计。下面以一个包含 3 篇文档的语料库为例具体说明。

文档 1:铭铭喜欢打篮球,也喜欢打乒乓球。
文档 2:铭铭去公园放风筝。
文档 3:铭铭的学校开设了人工智能课程。

首先,从语料库中提取所有出现过的词语,并形成一个词典,如表 6-4 所示。

表 6-4　词典(二)

序号	1	2	3	4
词语	铭铭	喜欢	打	篮球
序号	5	6	7	8
词语	也	乒乓球	去	公园
序号	9	10	11	12
词语	放	风筝	的	学校
序号	13	14	15	16
词语	开设	了	人工智能	课程

接下来,统计每篇文档中每个词语出现的次数,如表 6-5 所示。

表 6-5　词语出现次数统计表

句子	铭铭	喜欢	打	篮球	也	乒乓球	去	公园	放	风筝	的	学校	开设	了	人工智能	课程
铭铭喜欢打篮球,也喜欢打乒乓球	1	2	2	1	1	1	0	0	0	0	0	0	0	0	0	0
铭铭去公园放风筝	1	0	0	0	0	0	1	1	1	1	0	0	0	0	0	0
铭铭的学校开设了人工智能课程	1	0	0	0	0	0	0	0	0	0	1	1	1	1	1	1

统计结果即是 3 篇文档的词计数向量:

$$\boldsymbol{n}_1=(1,2,2,1,1,1,0,0,0,0,0,0,0,0,0,0)$$
$$\boldsymbol{n}_2=(1,0,0,0,0,0,1,1,1,1,0,0,0,0,0,0)$$
$$\boldsymbol{n}_3=(1,0,0,0,0,0,0,0,0,0,1,1,1,1,1,1)$$

词袋模型非常简单,但还需要与一些文本处理计数相搭配才能在应用中取得较好的效果。图 6-4 展示了利用词袋模型构造文本特征的基本流程。

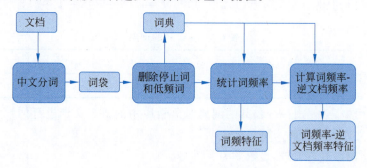

图 6-4　利用词袋模型构造文本特征

3. 中文分词

首先需要将句子中的词语分开,才能构建词袋模型。这个过程对于英语来讲比较容易,但对于中文而言,所有的词语连接在一起,计算机不知道一个字应该与其前后的字连成词语,还是自己形成一个词语,因此需要进行中文分词。中文分词大多基于匹配和统计学方法。

4. 去除停止词和低频词

去除停止词和低频词,即去掉一些诸如"的""了""也"等词语,这些词语对于区分文档毫无帮助,不携带任何主题信息,低频词是出现次数较低的词语,比如一篇采访稿中受访者的名字,不能代表某一类主题。

5. 词频率和逆文档频率

词频率与逆文档频率是反映一个词语对于一篇文档重要性的两个指标。一个词语在一篇文档中出现的频率即为词频率(term frequency),它等于这个词语在这段文本中出现的次数与这段文本词语中的总数的商。记序号为 i 的词语在第 j 篇文档中出现的次数为 n_{ij},那

么第 j 篇文档的词语总数为 $n_j = \sum_{i=1}^{V} n_{ij}$，其中 V 是词典的大小。词语 i 在文档 j 中的词频率可以求得为 $tf_{ij} = n_{ij}/n_j$。例如，第一篇文档中总共有 4 个词语，其中 1 号词"铭铭"在这篇文档中出现了 1 次，那么 1 号词在第一篇文档中的词频就是 1/4。

通常认为一个词语在一篇文档中的概率越高，这个词语对这篇文档的重要性就越大，例如，如果在一段文本中大量出现"铭铭"这个词语，那么"铭铭"就很有可能是这篇文档中的主要内容，但这种假设也有一定不合理之处，例如，停止词在每篇文档中都会大量出现，但这些词语对于一篇文档的重要性是比较低的。

需要借助逆文档词频率来修正词语在每篇文档中的重要性。

定义一个词语的文档频率（document frequency）为语料库中出现过这个词语的文档总数与语料库中所有文本的总数的商，那么第 i 个词语的文档频率即为 $df_i = D_i/D$。而这个词语的逆文档频率即为文档频率的负对数，即 $idf_i = \log(D/D_i)$。逆文档频率同样刻画了词语在文本中的重要性，其值越高，重要性越大。

仍以前面的 3 篇文档为例，在取出"的""也""了"3 个停止词之后，每段文本都可以被表示为一个 10 维的词计数向量：

$$\boldsymbol{n}_1 = (1,2,2,1,1,0,0,0,0,0,0,0,0)$$
$$\boldsymbol{n}_2 = (1,0,0,0,0,1,1,1,1,0,0,0,0)$$
$$\boldsymbol{n}_3 = (1,0,0,0,0,0,0,0,0,1,1,1,1)$$

可以看出，1 号词"铭铭"在 3 篇文档中均有出现，则"铭铭"一次的逆文档频率为 $\log(3/3) = 0$，"篮球"一词只在一篇文档中出现，因此它的逆文档频率为 $\log(3/1)$（约等于 0.47），逆文档的计算值与直观想法相符，也就是"铭铭"一词重要性要低于"篮球"一词。

将一个词语在某篇文章中的词频率与该词的逆文档频率相乘，就可以得到这个词在这篇文章中的词频率-逆文档频率(tf-idf)，词频率-逆文档频率是对词频率的一种修正，可以更好地突出文本中的重要信息，可以将文档的词频向量中的频率值替换为词频率-逆文档频率值，得到这篇文档的词频率-逆文档频率向量，作为文档的特征。

6.3.2 自然语言处理的应用领域和应用场景

1. 自然语言处理的应用领域

自然语言处理有一些应用领域：一是机器翻译，即模拟人脑对自然语言的翻译过程；二是智能人机交互，包括利用自然语言实现人与机器的自然交流，其中一个重要的概念是对话即平台；三是阅读理解，包括让机器自己创作，如创作诗，有一些网站上是让机器创作诗，或者让机器写对联的下联；四是阅读理解，让计算机看一篇文章，并让其回答针对文章提出来的一些问题。

2. 自然语言处理的应用场景

自然语言处理有一些实际应用场景，下面根据所依据的技术差别进行划分，并由浅入深进行介绍。

1) 基于语言处理基础技术

智能对话系统：通过中文分词、专名识别等关键技术，能够准确地从用户输入的内容中识别出意图及需求的关键信息，从而提供相应的内容服务。

视频讲解

相似内容推荐：通过短文本相似度技术，可以准确地为目标文本匹配含义接近的内容，从而完成相似内容的推荐。

搜索结果扩展：通过语义相似度技术，可以寻找搜索相似词进行合理替换，从而提高搜索结果的多样性。

2）基于语言处理应用技术

评论聚合：通过评论观点抽取技术，对特定行业的海量评论内容进行观点抽取和情感分析，从而对产品的口碑、舆论进行有效的监控和分析。

智能舆论监控：通过情感倾向分析技术，可以快速关注到事件、言论、评论的舆论方向，及时处理负面新闻，了解竞品动态，等等。

新闻摘要：通过新闻摘要技术，也就是文本摘要，可以针对待发布的新闻进行摘要，从而提高传统人工提取摘要的效率。

机器创作：包括机器作诗、写对联、谱曲等。

6.3.3 自然语言处理的未来应用——人机交互系统

人机交互系统主要分为对话系统和聊天机器人。

1. 对话系统

对话系统是以完成特定任务为主要目的的人机交互系统，比如预订机票、酒店、查询天气、制定日程。

2. 聊天机器人

聊天机器人主要侧重闲聊，它的工作方式是通过语言、语音或者文字实现人机在任意开放话题上的交流，更倾向情感层面的沟通。

聊天机器人可分为基于规则式的聊天机器人、基于检索式的聊天机器人和基于生成式的聊天机器人。为了帮助大家区分，通过对话例子进行学习。

基于规则式的聊天机器人的对话：你跟它说"Hello"，它说"Hi, How are you"；你说"I am fine"，它说"I am happy to hear that"；你问"吃了点啥"，它说"Ok, Good for you"。

基于检索式的聊天机器人的对话：你问"你最近怎么样"，它说"挺好的，好久不见"；你问"你吃午饭了吗"，它说"我吃了番茄炒西红柿和马铃薯炒土豆丝，味道有点怪"；你问"番茄炒西红柿是什么"，它说"胡萝卜"。

基于生成式的聊天机器人的对话：你问"你最近怎么样"，它说"最近忙着呢"；你问"你吃午饭了吗"，它说"吃完了"；你问"午饭吃的什么"，它说"我不知道"。

3. 自然语言处理未来迭代的技术点

一是预训练神经网络，包括刚才的问答机器人，底层需要很多的语料库来做支持，包括有多种语言的，它们对于语料库的需求是比较大的。预训练神经网络中基于语言模型的预训练模型最适合序列标注的任务，但缺乏问答机制。二是知识和尝试的引入，只有具备一定程度的知识，机器才有可能对字面上的含义做出更深层次的理解，目前的困境是获取尝试很难。三是低资源的 NLP 任务，面对标注数据资源匮乏的问答，譬如小语种的机器翻译、特定领域的对话系统、客服系统、多轮的问答系统等，NLP 尚未有良策，所以它主要通过机器标注更多的训练数据。四是迁移学习和多任务学习，迁移学习是针对本身缺乏充足训练数据的自然语言处理任务，可以去做一些迁移学习；多任务学习就是保证模型能够学到不同任务间的共享的知识和信息。五是多模态学习,构建通用人工智能应该充分考虑自然语言和其他模态之间的互动,并且从中进行学习。

6.4 自然语言处理案例——文本预测和生成

自然语言处理案例——文本预测和生成的步骤如下所示。本案例使用 Jupyter Notebook 工具进行代码编辑和运行调试。

【步骤1】 导入所需的包

将程序所需的包导入。

```
import re
import numpy as np
import pandas as pd
import matplotlib.pyplot as plt
from keras.layers import Dense, LSTM
from keras.utils import to_categorical
from keras.layers.embeddings import Embedding
from keras.preprocessing.text import Tokenizer
from keras.models import Sequential, load_model
from keras.preprocessing.sequence import pad_sequences
```

【步骤2】 制作数据集

从指定的 Excel 文件中读入信息,制作数据集。

```
file_path = '../data/wanglihong.xlsx'
songs = pd.read_excel(file_path)
print(songs.shape)
songs.head()
```

结果如图 6-5 所示。

```
(91, 2)
```

	Title	Lyrics
0	Bridge of Faith	秦时明月汉时关 万里长征人未还 但使龙城飞将在 不教胡马度阴山 狼烟千里乱葬岗 乱世孤魂无人...
1	DO U Love Me	眼睛看我 看看我的眼睛 想问问你 问你一个问题 你你我我 还在演什么 戏 戏如人生 还是人生如...
2	Dragon Dance	原来默罕默德就是杜明汉 杜杜杜杜~汉 额 这就叫作用丹田唱歌 他根本就不会用丹田唱歌 他...
3	FLOW	跟着我Flow 跟着我Flow 这么自由 这么自由 Yi Li A E Yi Li A O ...
4	Happiness x 3 Loneliness x 3	happiness happiness happiness loneliness lonel...

图 6-5 歌词数据

为了看清数据内容,下面的代码用于将前 5 条 Lyrics 列的文本信息打印出来。

```
for i in range(5):
    print(i, '\n', songs['Lyrics'][i])
```

结果如下。

0
秦时明月汉时关 万里长征人未还 但使龙城飞将在 不教胡马度阴山 狼烟千里乱葬岗 乱世孤魂无人访 无言苍天笔墨寒 笔刀春秋以血偿 谈爱恨 不能潦草 战鼓敲啊敲 用信任 立下誓言我来熬 这缘分 像一道桥 旌旗飘啊飘 你想走 就请立马抽刀 爱一笔勾销 谈爱恨 不能潦草 红尘烧啊烧 以生死 无愧证明谁重要 这缘分 像一道桥 故事瞧一瞧 走天涯 你我卸下战袍 梦回长城谣 秦时明月汉时关 万里长征人未还 但使龙城飞将在 不教胡马度阴山 血肉筑城万箭穿 盔甲染血映月光 远方胡笳催断肠 狼嚎骤起震边关 谈爱恨 不能潦草 战鼓敲啊敲 用信任 立下誓言我来熬 这缘分 像一道桥 旌旗飘啊飘 你想走 就请立马抽刀 爱一笔勾销 谈爱恨 不能潦草 红尘烧啊烧 以生死 无愧证明谁重要 这缘分 像一道桥 故事瞧一瞧 走天涯 你我卸下战袍 梦回长城谣 这缘分 像一道桥 故事瞧一瞧 走天涯 你我卸下战袍 梦回长城谣
1
眼睛看我 看看我的眼睛 想问问你 问你一个问题 你你我我 还在演什么戏 戏如人生 还是人生如戏 你爱的人到底是不是我 是否真正的我 是另一个样子 如果你愿意 我卸下我的面具 给你我全部 全部的我都给你 你挑着担 我牵着马 迎来日出 送走晚霞 给我一个反映 喊喊我的名字 美猴王的魅力 推前浪的行着 还在努力找传说中的幸福 一句道白 让你听得清楚 Do U Love Me 说说 你爱我到什么程度 Do U Want Me 说说 你要我到什么地步 让我相信 你的动心 为什么我还是 无法觉得真心 DoDoDoDoDoDoDoDo DoDoDoDo Do U Love Me 眼睛看我 看看我的眼睛 想问问你 问你一个问题 你你我我 还在演什么戏 戏如人生 还是人生如戏 你爱的人到底是不是我 是否真正的我 是另一个样子 如果你愿意 我卸下我的面具 给你我全部 全部的我都给你 你挑着担 我牵着马 迎来日出 送走晚霞 给我一个反应 喊喊我的名字 美猴王的魅力 推前浪的行着 还在努力找传说中的幸福 一句道白 让你听得清楚 Do U Love Me 说说 你爱我到什么程度 Do U Love Me 说说 你要我到什么地步 让我相信 你的动心 为什么我还是 无法觉得真心 DoDoDoDoDoDoDoDo DoDoDoDo Do U Love Me? Do U Love Me 说说 你爱我到什么程度 Do U Want Me 说说 你要我到什么地步 让我相信 你的动心 为什么我还是 无法觉得真心 DoDoDoDoDoDoDoDo DoDoDoDo Do U Love Me
2
原来默罕默德就是杜明汉 杜杜杜杜～汉 额 这就叫作用丹田唱歌 他根本就不会用丹田唱歌 他根本就不会用丹田唱歌 根根本 根根根本 根根本 根根本 根根本 根根本 他根本就不会用丹田唱歌 根根本 根根根本 他根本就不会用丹田唱歌 根根本 根根本 根根本本 根本 不喜欢 根根本本 根本 不喜欢 根本就不会用丹田唱歌 根根本 根根本 根本就不会用丹田唱歌 根根本 根根根本 我真没有想到啊 这明星效应 还真你拉灵 为什么还不回来 根根根本 不回来 为什么还不回来 根根根本 不回来 为什么还不回来 根根根本 为什么还不回来 阿德呀 阿德呀
3
跟着我 Flow 跟着我 Flow 这么自由 这么自由 Yi Li A E Yi Li A O 跟着我 Flow 跟着我 Flow … Flow … Flow I think I'm gonna rock I think I'm gonna roll 一听到 music start 我双脚开始 go 当节奏开始转 是谁都能感受 那音符一起玩 我停不下来 我简直停不下来 从头到脚趾头 没有理由有点儿奇怪 ABC Do re mi fa sol 节奏轻轻地甩 微妙地笑 酷酷地跳 这是新的 style 不如你一起来加入 跟着我 Flow (我手指开始) 跟着我 Flow (我弹指开始) 这么自由   (那韵律开始 hey hey hey) 这么自由   (我们都开始) (我们都开始) 歌声多亲切 灵感开始倾泻 的一种感觉   woo… 感觉多强烈 不需要详解 相同当中总有分别 两种风格的交接 Just Flow … (Just Flow) I think I'm gonna rock I think I'm gonna roll 一听到 music start 我双脚开始 go 当节奏开始转 是谁都能感受 那音符一起玩 我停不下来 我简直停不下来 跟着我 Flow (我手指开始) 跟着我 Flow (我弹指开始) 这么自由   (那韵律开始) 这么自由   (我们都开始) (我们都开始) I think I'm gonna rock I think I'm gonna roll 一听到 music start 我双脚开始 go (我双脚开始 go) 当节奏开始转 是谁都能感受 那音符一起玩 我停不下来 我简直停不下来 I think I'm gonna rock I think I'm gonna roll 一听到 music start 我双脚开始 go 当节奏开始转 是谁都能感受 那音符一起玩 我停不下来 我简直停不下来 跟着我 Flow (跟着我 Flow) 跟着我 Flow (跟着我 Flow) 这么自由   (这么自由) 这么自由   (这么自由) 跟着我 Flow 跟着我 Flow 这么自由 这么自由

4

happiness happiness happiness loneliness loneliness loneliness happiness happiness happiness loneliness loneliness loneliness just can't live just can't die 你似乎看见大楼阴影复活包围过来 自由到不自在期待的色彩都成了黑白 谁是你的朋友谁是你的真爱 究竟你想要证明些什么 woo yeah 你的一切脆弱我心里明白 我只想要立刻带你离开 you can get out get out get out of your nest you don't have to be the one you can get out get out get out of your nest you don't have to be the best happiness happiness happiness loneliness loneliness loneliness happiness happiness happiness loneliness loneliness loneliness just can't live just can't die 自由到不自在一切成了黑白 自由到不自在一切成了黑白 早晨的报纸晚上变成垃圾满街覆盖 一半已经昏迷努力的叫另一半醒来 你想发现什么想知道什么 没有人能够给你答案 woo yeah 你的一切脆弱我心里明白 我只想要立刻带你离开 you can get out get out get out of your nest you don't have to be the one you don't have to be the best you can get out get out get out of your nest happiness happiness happiness loneliness loneliness loneliness happiness happiness happiness loneliness loneliness loneliness just can't live just can't die 没有人能够给你答案你想发现什么

下面的代码去掉 Lyrics 列中第 4 条（下标[3]）文本中的所有字母。

```
song = re.sub(r"[a-zA-Z()''…?.,!!,-]+", '', songs['Lyrics'][3])
song
```

执行后的结果显示如下，这段文本中的所有字母都被去掉了。

'跟着我 跟着我 这么自由 这么自由   跟着我 跟着我   一听到 我双脚开始 当节奏开始转 是谁都能感受 那音符一起玩 我停不下来 我简直停不下来 从头到脚趾头 没有理由有点儿奇怪 节奏轻轻地甩 微妙地笑 酷酷地跳 这是新的 不如你一起来加入 跟着我 我手指开始 跟着我 我弹指开始 这么自由   那韵律开始   这么自由   我们都开始 我们都开始 歌声多亲切 灵感开始倾泻 的一种感觉   感觉多强烈 不需要详解 相同当中总有分别 两种风格的交接   一听到 我双脚开始 当节奏开始转 是谁都能感受 那音符一起玩 我停不下来 我简直停不下来 跟着我 我手指开始 跟着我 我弹指开始 这么自由   那韵律开始 这么自由   我们都开始 我们都开始   一听到 我双脚开始 我双脚开始 当节奏开始转 是谁都能感受 那音符一起玩 我停不下来 我简直停不下来   一听到 我双脚开始 当节奏开始转 是谁都能感受 那音符一起玩 我停不下来 我简直停不下来 跟着我 跟着我 这么自由 这么自由 这么自由   这么自由 跟着我 跟着我 这么自由 这么自由 '

下面的代码去掉文本中的无效空格。

```
re.sub('\s{2,}', '', song)
```

执行结果如下。

'跟着我 跟着我 这么自由 这么自由 跟着我 跟着我 一听到 我双脚开始 当节奏开始转 是谁都能感受 那音符一起玩 我停不下来 我简直停不下来 从头到脚趾头 没有理由有点儿奇怪 节奏轻轻地甩 微妙地笑 酷酷地跳 这是新的 不如你一起来加入 跟着我 我手指开始 跟着我 我弹指开始 这么自由 那韵律开始 这么自由 我们都开始 我们都开始 歌声多亲切 灵感开始倾泻 的一种感觉 感觉多强烈 不需要详解 相同当中总有分别 两种风格的交接 一听到 我双脚开始 当节奏开始转 是谁都能感受 那音符一起玩 我停不下来 我简直停不下来 跟着我 我手指开始 跟着我 我弹指开始 这么自由 那韵律开始 这么自由 我们都开始 我们都开始 一听到 我双脚开始 我双脚开始 当节奏开始转 是谁都能感受 那音符一起玩 我停不下来 我简直停不下来 一听到 我双脚开始 当节奏开始转 是谁都能感受 那音符一起玩 我停不下来 我简直停不下来 跟着我 跟着我 跟着我 这么自由 这么自由 这么自由 这么自由 跟着我 跟着我 这么自由 这么自由 '

下面的代码定义文本函数，对文本进行处理。

```
def regex_func(text):
    text = re.sub(r"[a-zA-Z()''…?.,!!,-]+", '', text)
```

```
    text = re.sub('\s{2,}', '', text)
    return text
new_songs = pd.DataFrame(columns = songs.columns)
new_songs['Title'] = songs['Title']
length = []
for i in range(len(new_songs)):
    new_songs.loc[i]['Lyrics'] = regex_func(songs['Lyrics'][i])
    length.append(len(new_songs['Lyrics'][i]))
new_songs['Length'] = length
new_songs.head()
```

【步骤3】 数据预处理:输入/输出

对文本数据进行预处理,进行输入/输出。

```
#序列化
text = ''
for i in range(len(new_songs)):
    text += new_songs['Lyrics'][i]
print(len(text))
token = Tokenizer()
token.fit_on_texts(text)
token.word_index
```

上面的代码输出结果如下:

```
{'的': 1,
 '我': 2,
 '你': 3,
 '不': 4,
 '是': 5,
 '一': 6,
 '爱': 7,
 '在': 8,
 '心': 9,
 '有': 10,
 '这': 11,
 '了': 12,
 '么': 13,
 '就': 14,
 '人': 15,
 '想': 16,
 '个': 17,
 '来': 18,
 '能': 19,
 ...
```

输入下面的代码,来统计每个字的个数:

```
token.word_counts
```

输出结果如下:

```
OrderedDict([('秦', 2),
        ('时', 93),
        ('明', 62),
```

```
('月', 35),
('汉', 4),
('关', 17),
('万', 27),
('里', 132),
('□', 28),
('征', 3),
('人', 195),
('未', 46),
('还', 106),
('但', 42),
('使', 18),
('□', 31),
('城', 23),
('□', 77),
('将', 26),
...
```

输入下面的代码：

```
sequences = token.texts_to_sequences(text)
#print('"', texts[:10],'"', '分别被映射成了数字:')
print('"{}"{}'.format(text[:10], '分别被映射成了整数:'))
print(sequences[:10])
```

上面的代码输出结果如下：

"秦时明月汉时关万里"分别被映射成了整数:
[[1062], [46], [87], [171], [805], [46], [341], [], [220], [31]]

输入下面的代码：

```
num_words = 400
tokenizer = Tokenizer(num_words = num_words)
tokenizer.fit_on_texts(text)
print('字典的□度:', len(tokenizer.word_index))
```

上面代码输出结果如下：

字典的□度: 1636

输入下面的代码：

```
sequences = tokenizer.texts_to_sequences(text)
print('"{}"{}'.format(text[:10], '分别被映射成了整数:'))
print(sequences[:10])
```

上面的代码输出结果如下：

"秦时明月汉时关 万里"分别被映射成了整数:
[[], [46], [87], [171], [], [46], [341], [], [220], [31]]

输入下面的代码：

```
sequences = pad_sequences(sequences)
print(sequences[:10])
```

上面的代码输出结果如下：

```
[[  0]
 [ 46]
 [ 87]
 [171]
 [  0]
 [ 46]
 [341]
 [  0]
 [220]
 [ 31]]
```

输入下面的代码：

```
star = 0
end = 0
new_songs['Sequences'] = ''
for i in range(len(new_songs)):
    end += new_songs['Length'][i]
    new_songs.loc[i, 'Sequences'] = sequences[star: end]
    star = end
new_songs.head()
```

上面的代码输出结果如图 6-6 所示。

	Title	Lyrics	Length	Sequences
0	Bridge of Faith	秦时明月汉时关 万里长征人未还 但使龙城飞将在 不教胡马度阴山 狼烟千里乱葬岗 乱世孤魂无人…	396	[0, 46, 87, 171, 0, 46, 341, 0, 220, 31, 212, …
1	DO U Love Me	眼睛看我 看看我的眼睛 想问问你 问你一个问题 你你我我 还在演什么戏 戏如人生 还是人生如…	490	[49, 229, 39, 2, 0, 39, 39, 2, 1, 49, 229, 0, …
2	Dragon Dance	原来默罕默德就是杜明汉 杜杜杜杜~汉 额 这就叫作用丹田唱歌 他根本就不会用丹田唱歌 他根本…	271	[263, 18, 389, 0, 389, 0, 14, 5, 0, 87, 0, 0, …
3	FLOW	跟着我 跟着我 这么自由 这么自由 跟着我 跟着我 一听到 我双脚开始 当节奏开始转 是谁都…	458	[150, 33, 2, 0, 150, 33, 2, 0, 11, 13, 26, 139, …
4	Happiness x 3 Loneliness x 3	你似乎看见大楼阴影复活包围过来 自由到不自在期待的色彩都成了黑白 谁是你的朋友谁是你的真爱…	200	[0, 3, 0, 359, 39, 57, 86, 0, 0, 360, 0, 348, …

图 6-6　文本统计运行结果

输入下面的代码：

```
new_songs['Sequences'][0][: 15]
```

上面的代码输出结果如下：

```
[0, 46, 87, 171, 0, 46, 341, 0, 220, 31, 212, 0, 15, 127, 43]
```

输入下面的代码:

```
max_len = 10 # 滑窗长度,也就是输入序列的长度
len_lrc = new_songs['Length'][0] # 每首歌歌词的长度
X = []
y = []
for i in range(len_lrc - (max_len + 1)):
    X.append(sequences[i: i + (max_len + 1)])
    y.append(sequences[i + (max_len + 1)])
# 这里是先将X,y合并成一个大矩阵,那么大矩阵的 shape = (?, 11)
def build_matrix(sequence, max_len = 10):
    max_len += 1
    matrix = []
    length = len(sequence)
    for i in range(length - max_len):
        matrix.append(sequence[i: i + max_len])
    matrix = np.array(matrix)
    X = matrix[:, :-1]
    y = matrix[:, -1]
    return X, y
# n = 91 歌曲数目
X, y = build_matrix(new_songs['Sequences'][0])
for i in range(1, len(new_songs)):
    sequence = new_songs['Sequences'][i]
    XX, yy = build_matrix(sequence)
    X = np.concatenate([X, XX])
    y = np.concatenate([y, yy])
X.shape, y.shape
```

x.shape 和 y.shape 输出结果如下:

```
((32574, 10), (32574,))
```

模型代码如下:

```
model = Sequential()
model.add(Embedding(num_words, 128, input_length = X.shape[1]))
model.add(LSTM(64))
model.add(Dense(64, activation = 'relu'))
model.add(Dense(num_words, activation = 'softmax'))
model.compile(loss = 'categorical_crossentropy', optimizer = 'adam')

model.summary()
```

上面的代码输出结果如图 6-7 所示。
模型加载代码如下:

```
y = to_categorical(y, num_classes = num_words)
# model.fit(X, y, batch_size = 256, epochs = 500, verbose = 0)
# 模型加载使用
model = load_model('../model/lrc_model_0.h5')
```

```
Layer (type)                 Output Shape              Param #
=================================================================
embedding_1 (Embedding)      (None, 10, 128)           51200
_____
lstm_1 (LSTM)                (None, 64)                49408
_____
dense_1 (Dense)              (None, 64)                4160
_____
dense_2 (Dense)              (None, 400)               26000
=================================================================
Total params: 130,768
Trainable params: 130,768
Non-trainable params: 0
_____
```

图 6-7 模型数据概括

【步骤4】 预测

```python
test_lrc = '当节奏开始转'  # 输入歌词开头
test_sequence = tokenizer.texts_to_sequences(test_lrc)        # 序列化
test_sequence = pad_sequences(test_sequence).reshape(1, -1)
test_sequence = pad_sequences(test_sequence, X.shape[1])      # 输入序列长度不足10,故使用
pad_sequences 将其补足
test_sequence
model.predict(test_sequence).argmax()
# 输入一个文本将其转化为序列
def input_sequence(text, max_len = 10):
    sequence = tokenizer.texts_to_sequences(text)             # 序列化
    sequence = pad_sequences(sequence).reshape(1, -1)         # 填充0
    sequence = pad_sequences(sequence, maxlen = max_len)      # 补足或截断
    return sequence
# 得到字典内的汉字
def next_word(y_pred):
    idx = np.argmax(y_pred)                                   # 最大值的下标
    if idx == 0:           # 下标为0时,字典内并不存在,故视为空格
        return ''
    else:
        return tokenizer.index_word[idx]
lrc = '当节奏开始转'
for i in range(200):
    X_sequence = input_sequence(lrc)
    y_pred = model.predict(X_sequence)
    word = next_word(y_pred)
    lrc += word
lrc = re.sub('\s+', '', lrc)                                  # 只需要一个空格
print(lrc)
```

输出结果如下:

```
array([[  0,   0,   0,   0, 149, 374,   0,  38, 148, 131]], dtype = int32)
0
当节奏开始转 是你 的声次甜 让这次大己的 本有些飞 在过去没有 也给欢离开你 听爱情留不一场
这 成 人的总会无 我的手彼悲夜 着 飞 算 人 都是你 心里你爱跟着 此刻会给你 马多的开始 这在风
的世 一 气的 喜欢 你在心说 你回家 开 怀 应你爱的 想给我你一起我哭下有的人 没有人记不能说的
问 太多话我还在我出现在原泪的如没有 前去的 气 这一个梦 我为她流泪从来不相信爱对你的就是
```

定义 generating_lrc()函数，代码如下：

```
def generating_lrc(lrc, length = 200):
    for i in range(200):
        X_sequence = input_sequence(lrc)
        y_pred = model.predict(X_sequence)
        word = next_word(y_pred)
        lrc += word
    lrc = re.sub('\s + ', ' ', lrc)  # 只需要一个空格
    return lrc
generating_lrc('大城小爱')
```

执行 generating_lrc('大城小爱')输出结果如下：

'大城小爱的 我一回 就像飞机带我找到永不相知说 相知钟 这当来看你被 你是我会无 你是过心里 想找你的总会常走天飞在知晚样方方 当一夜不夜夜样一样来我就记一中 楚 的声落 千年爱情 你 是我怀过好中的更 在转 不起感受美美世天的别人陪 出 了满不 自有 还 不停 让你留下你 就再 我爱 自由 没有 期待在这就是一些 比传友 寂寞的 一个 却情全再来 让我们错完没有一个 '

执行下面的代码：

generating_lrc('他根本就不会用丹田唱歌')

该代码的输出结果如下：

'他根本就不会用丹田唱歌 根根本 根根根本 根根本 根根本 根根本本 根本 不喜欢 根本就 不会用丹田唱歌 根根本 根根根本 根根本 根根本 根根本 根根本本 根本 不喜欢 根本就不会用丹 田唱歌 根根本 根根本 根根本 根根本 根根本 根根本本 根本 不喜欢 根本就不会用丹田唱歌 根 本 根根本 根根本 根根本 根根本 根根本本 根本 不喜欢 根本就不会用丹田唱歌 根根本 根根 根本 根根本 根根本 根根'

本章总结

- 自然语言处理(Natural Language Processing，NLP)研究的是人与计算机之间用自然语言进行有效通信的各种理论与方法。
- 自然语言处理的基本任务：分词、词性标注、命名实体识别、去除停止词与低频词。
- 分类任务包括的技术主要为文本分类、文本主题和情感分析。
- 判断句子关系最典型技术是问答系统。
- 生成任务的应用主要包括机器翻译和文本摘要。

本章习题

1. 下列关于自然语言的说法，正确的是（　　）。
   A. 自然语言处理是一门融语言学、计算机科学、数学于一体的科学
   B. 自然语言处理可以让机器去理解人类的语言
   C. 自然语言处理主要依赖于卷积神经网络
   D. 自然语言处理需要 MFCC 来提取特征

2. 识别句子中的人名、地名、机构名属于自然语言处理中的哪个环节？（　　）
   A. 分词
   B. 词性标注
   C. 命名实体识别
   D. 去除停止词与低频词
3. 下面哪个是 N-gram 模型基于的假设？（　　）
   A. 所有词语都相互独立没有关系
   B. 第 n 个词出现，只与前面 $n-1$ 个词相关，而与其他任何词都不相关
   C. 第 n 个词出现，与前面 n 个词都相关
   D. 第 n 个词出现，与前面 n 个词都没有关系
4. 自然语言处理中 CNN 的作用是（　　）。
   A. 用于处理时间序列，可以对一个不定长的句子进行编码，描述句子的信息
   B. 用于计算隐层的状态
   C. 用于特征提取（类似 N-gram），通常将词向量拼接后使用 CNN，在关系提取中有很多应用
   D. 用于预测下一个词或下一个句子的出现概率
5. 简述自然语言处理的基本任务。
6. 自然语言处理的主要应用场景有哪些？

第 7 章 知识图谱及应用

CHAPTER 7

本章思维导图

视频讲解

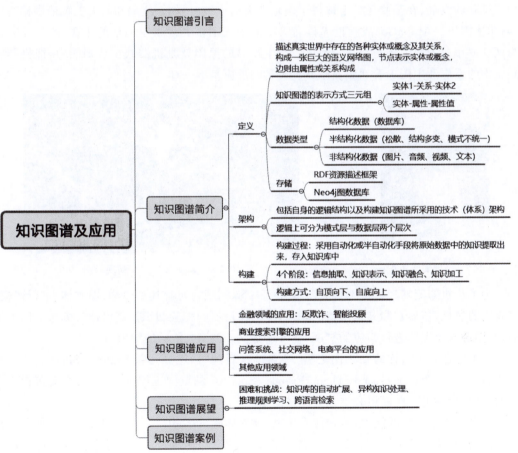

本章目标

- 了解知识图谱的基本概念以及知识架构。
- 理解知识图谱的基本原理。
- 了解知识图谱的表示方式及应用场景。

7.1 知识图谱引言

当看见"Lady Diana Frances Spencer"这一串文本时,估计绝大多数中国人都不明白该文本代表什么含义。借助搜索引擎可以查询到"Lady Diana Frances Spencer"这一串文本对应的中文是"戴安娜·弗兰西斯·斯宾塞小姐",如此就知道这是一个人的姓名了,按照常理,这是个外国人的名字。但是可能还有一部分人不知道这个人具体是谁,如图 7-1 所示是戴安娜王妃的一张图片。

从这张图片中可以得到额外的信息,戴安娜是一位女性。如果对英国皇室不了解,可能还有人依然对戴安娜没有什么印象。那么再看图 7-2,这是发生在 1997 年 8 月 31 日的一场车祸,结合这张照片,可以推测出这是英国已故王妃戴安娜了。之所以举这个例子,是因为计算机一直面临着同样的困境——无法获取网络文本的语义信息。尽管近些年人工智能得到了迅猛的发展,在某些任务上取得了超越人类的成绩,比如众所周知的人工智能围棋程序"阿尔法围棋"(AlphaGo)战胜世界排名第一的中国围棋九段棋手柯洁的比赛,但是计算机与两三岁小孩的智力还是有一段距离。产生距离的原因就是机器缺少认知能力,即机器看到文本的反应和中国人看到戴安娜原英文名的反应基本一样。

图 7-1　戴安娜王妃　　　　　　　　　图 7-2　戴安娜王妃车祸现场图

为了让机器能够理解文本背后所蕴含的内容,需要对可描述的事物(即实体)进行建模,填充它的属性,拓展它和其他事物的联系,即构建机器的先验知识。就以戴安娜这个例子说明,当围绕这个实体进行相应的扩展,就可以得到如图 7-3 所示的知识图。

当机器拥有了这样的知识图之后,等它再次看到"Lady Diana Frances Spencer"时,就会想到"这是一个名字叫 Lady Diana Frances Spencer 的英国王妃"了。这与人类在看到熟悉的事物,会做出一些联想和推理是同样的道理。

为提高搜索引擎的能力,改善搜索质量、搜索体验,Google 于 2012 年 5 月 17 日正式提出知识图谱(Knowledge Graph)的概念。有知识图谱作为辅助,搜索引擎能够洞察用户查询背后的语义信息,返回更为精准、结构化的信息,更大可能地满足用户的查询需求。Google 知识图谱的宣传语"things not strings"给出了知识图谱的精髓,即不要无意义的字符串,而是获取字符串背后隐含的对象或事物。

还是以戴安娜为例,想了解戴安娜的相关信息(很多情况下,用户的搜索意图可能也是不明确的,这里输入的查询为"戴安娜"),在之前的版本,只能得到包含这个字符串的相关网

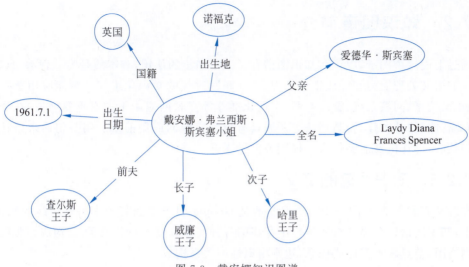

图 7-3 戴安娜知识图谱

页作为返回结果,然后依次打开各个网页去查找感兴趣的信息。现在,除了相关网页,搜索引擎还会返回一个"知识卡片",其中包含了查询对象的基本信息和与其相关的其他对象,如图 7-4 黑色方框中的内容。如果只是想知道戴安娜的国籍、年龄、婚姻状况、子女信息,则不用再做多余的操作。在最短的时间内,通过知识图谱获取了最为简洁、最为准确的信息。

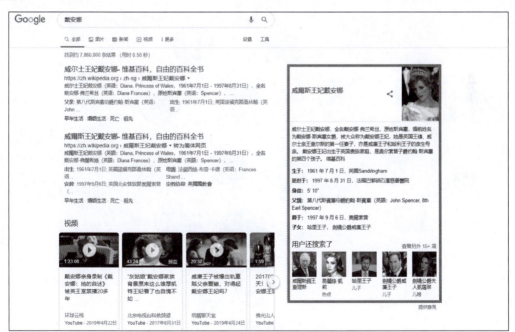

图 7-4 搜索戴安娜

当然,这只是知识图谱在搜索引擎上的一部分应用场景。关于知识图谱的更多应用,会在本章后续内容中进行讲解。

7.2 知识图谱简介

通过上面这个例子,应该对知识图谱有了一个初步的认识,其本质是为了表示知识。以其强大的语义处理能力和开放组织能力,为互联网时代的知识化组织和智能应用奠定了基础,在语义搜索、问答系统、智能客服、个性化推荐等互联网应用中占有重要地位,在金融智能、商业智能、智慧医疗、智慧司法等领域具有极为广阔的应用前景。用一句话来概括知识图谱的核心,即让机器能够像人一样理解世界。

视频讲解

7.2.1 知识图谱的定义

在维基百科的官方词条中:知识图谱是Google用于增强其搜索引擎功能的知识库。本质上,知识图谱旨在描述真实世界中存在的各种实体或概念及其关系,其构成一张巨大的语义网络图,节点表示实体或概念,边则由属性或关系构成。

1. 知识类型的表示

实体指的是具有可区别性且独立存在的某种事物。如某一个人、某一个城市、某一种植物、某一种商品,等等。世界由具体的事物组成,这就是实体。实体是知识图谱中最基本的元素,不同实体之间存在不同的关系。如图7-5中的"中国""美国""日本"等。语义类(概念)指具有同种特性的实体构成的集合,如国家、民族、书籍、计算机等。概念主要指集合、类别、对象类型、事物的种类,例如人物、地理等。

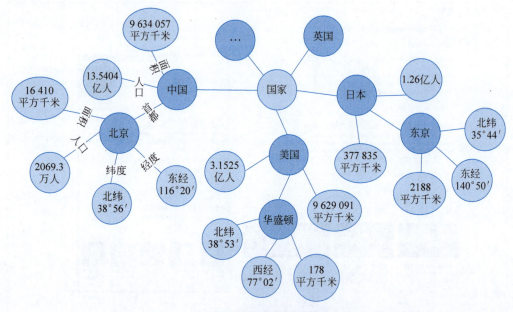

图7-5 国家和首都关系图

内容通常作为实体和语义类的名字、描述、解释等,可以由文本、图像、音视频等来表达。一个实体指向它的属性值。不同属性类型对应于不同类型属性的边。如图7-5中的"面积""人口""首都"是几种不同的属性。属性值主要指对象指定属性的值,例如960万平方千米等。关系是指对应本间的关系,连接了不同类型的实体。例如,美国和华盛顿之间是国家和首都的关系。

2. 知识图谱的表示方式

知识图谱通过对错综复杂的文档的数据进行有效的加工、处理、整合，转化为简单、清晰的"实体，关系，实体"三元组，最后聚合大量知识，从而实现知识的快速响应和推理。

三元组的基本形式主要包括(实体1-关系-实体2)和(实体-属性-属性值)等。每个属性可用来刻画实体的内在特性，而关系用来连接两个实体，刻画实体之间的关联。

在图7-5中，"中国"是一个实体，"北京"是一个实体，"中国-首都-北京"是一个(实体-关系-实体)的三元组样例。"北京"是一个实体，"人口"是一种属性，"2069.3万"是一个属性值。"北京-人口-2069.3万"构成一个(实体-属性-属性值)的三元组样例。

3. 数据类型和存储方式

目前知识大量存在于非结构化的文本数据、大量半结构化的表格和网页以及生产系统的结构化数据中。构建知识图谱的主要目的是获取大量的、让计算机可读的知识。概括来说，知识图谱的原始数据类型分3类，也就是互联网上的3类原始数据：结构化数据、半结构化数据、非结构化数据。

视频讲解

其中结构化数据来自各个企业内部数据库中的私有数据，也可以是网页中的表格数据。这类数据质量普遍比较高，而且长期存在，不易随时间的变化而改变。数据质量可靠度高、置信度高，但是数据规模小，不易获得。网络百科中的信息框是典型的结构化数据，其数据结构化程度很高，而且整个网站中信息框的结构样式统一，可以直接采用模板的方式提取实体相关的属性和属性值。图7-6所示是结构化数据样例，给出了关于实体郎平的属性信息框，其中的数据可以直接提取。除此以外，电商网络和点评网站上的数据也保存了大量领域相关结构化数据并以HTML表格的形式呈现给用户。

中文名	郎平	所属运动队	中国国家女子排球队
外文名	Jane Lang	专业特点	以四号位高点强攻著称
别　名	铁榔头"世界三大扣球手之一"[2]	主要奖项	1983年随中国队获得世界超级女排赛冠军
国　籍	中国		1984年随中国队获得洛杉矶奥运会冠军
民　族	汉族[1]		1985年随中国队获世界杯冠军[20]
出生地	天津		2015年带领中国女排获得女排世界杯冠军
出生日期	1960年12月10日		2016年带领中国女排获得里约奥运冠军
毕业院校	美国新墨西哥大学	重要事件	1995年首次出任中国女排主教练
身　高	184cm		1996年获得国际排联颁发的世界最佳教练
体　重	71kg		2004年以全票入选世界排球名人堂
运动项目	排球		2013年再次出任中国女排主教练
		星　座	射手座

图7-6 结构化数据样例

半结构化数据是指那些不能够通过固定的模板直接获得的结构化数据。相对于结构化数据，半结构化数据较为松散，具有结构多变、模式不统一的特点。图7-7所示是半结构化数据样例，这是百度百科上检索板蓝根的结果，数据具有一定的层次和模式，个性化信息丰富而且形式多样，缺点是样式多变并且含有噪声，很难通过人工编写模板的方式进行抽取。

非结构化数据主要指图片、音频、视频、文本等。常见的非结构化数据主要是文本类的

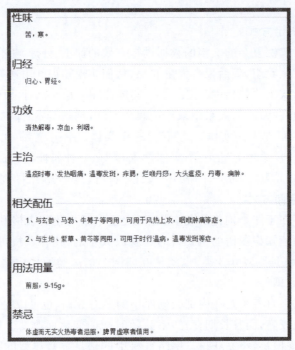

图 7-7 半结构化数据样例

文章,即自然语言数据,例如"姚明 1981 年出生于上海"这句话隐含着两条结构化的知识,即(姚明-出生地-上海)、(姚明-出生年份-1981 年)。当前互联网上大多数信息都是以非结构化数据的形式存在的,非结构化数据的信息抽取能够为知识图谱提供大量较高质量的三元组事实,因此它是构建知识图谱的核心技术。

如何存储上面 3 类数据类型呢?一般有两种选择:一是通过 RDF(资源描述框架)这样的规范存储格式进行存储;二是使用图数据库进行存储,常用的有 Neo4j 等。在知识图谱方面,图数据库比关系数据库灵活得多。在数据少的时候,关系数据库也没有问题,效率也不低。但是随着知识图谱变得复杂,图数据库的优势会明显增加。当涉及多维度的关联查询时,基于图数据库的效率会比基于关系数据库的效率高出几千倍甚至几百万倍。

通过知识图谱,可以实现 Web 从网页链接向概念链接转变,支持用户按主题而不是字符串检索,从而实现真正的语义检索,基于知识图谱的搜索引擎,能够以图形方式向用户反馈结构化的知识,用户不必浏览大量网页,就可以准确定位和深度获取知识。

7.2.2 知识图谱的架构

知识图谱的架构包括自身的逻辑结构以及构建知识图谱所采用的技术(体系)架构。知识图谱在逻辑上可分为模式层与数据层两个层次。数据层主要由一系列的事实组成,而知识将以事实为单位进行存储。如果用(实体 1-关系-实体 2)、(实体-属性-属性值)这样的三元组来表达事实,可选择图数据库作为存储介质。模式层构建在数据层之上,是知识图谱的核心,通常采用本体库来管理知识图谱的模式层。

知识图谱可追溯到语义技术,知识图谱的模式层对应语义网中的本体,数据层对应语义网中的数据,如图 7-8 所示。

视频讲解

视频讲解

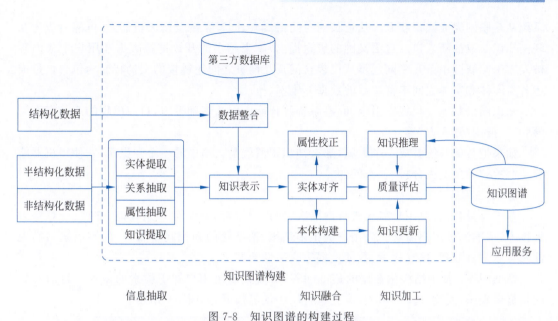

图 7-8　知识图谱的构建过程

图 7-8 虚线框内的部分为知识图谱的构建过程。知识图谱的构建从最原始的数据(包括结构化数据、半结构化数据、非结构化数据)出发,采用一系列自动或者半自动的技术手段,从原始数据库和第三方数据库中提取知识事实,并将其存入知识库的数据层和模式层,这一过程包括信息抽取、知识表示、知识融合、知识加工 4 个过程,每一次更新迭代均包含这 4 个过程。最右边是生成的知识图谱,而且这个技术架构是循环往复、迭代更新的过程。知识图谱的构建不是一次性的,是慢慢积累的过程。

知识图谱主要有自顶向下与自底向上两种构建方式。自顶向下构建是借助百科类网站等结构化数据源,从高质量数据中提取本体和模式信息,加入知识库中;自底向上构建,则是借助一定的技术手段,从公开采集的数据中提取出资源模式,选择其中置信度较高的新模式,经人工审核之后,加入知识库中。

通过知识图谱,不仅可以将互联网的信息表达成更接近人类认知世界的形式,而且提供了一种更好的组织、管理和利用海量信息的方式。目前的知识图谱主要用于智能语义搜索、移动个人助理(Siri)以及深度问答系统(Watson),支撑这些应用技术的核心技术正是知识图谱技术。

7.3　知识图谱应用

7.3.1　问答系统

人对于互联网的核心诉求之一是知识获取,实现真正的语义检索。

1. 搜索引擎和问答系统

搜索引擎是现阶段最重要的互联网入口,也缔造了 Google、百度等巨头企业。然而,基于关键字的搜索方式,缺乏语义理解,存在着与人的自然需求表达的隔阂,同时其返回的结果需要人消耗大量时间剔除无意义的信息。

随着人工智能、自然语言理解技术的进步,当问答系统足够智能时,人就可以通过问答系统从互联网完成知识获取。从更长的时间窗口看，问答系统及聊天机器人，可能会成为互联网知识获取的新入口。自语义网的概念提出，越来越多的开放链接数据和用户生成内容被发布于互联网中。互联网逐步从仅包含网页与网页之间超链接的文档转变为包含大量描述各类实体和实体之间丰富关系的数据万维网。

知识图谱是下一代搜索引擎、问答系统等智能应用的基础设施，目前出现的产品有百度"贴心"、搜狗"知立方"等。

如果把智能系统看成一个大脑，那么知识图谱就是大脑中的一个知识库，它使得机器能够从"关系"的角度去分析、思考问题。

2. 知识问答

基于海量数据，对用户需求进行深层次、知识化理解，并结合知识查询、推理、计算等多种技术，精准满足用户需求。为用户提供多领域、精细化的知识问答服务，问答系统的实现涉及自然语言处理、信息检索、数据挖掘等交叉性领域。

精准问答：基于结构化数据的精准问答，可直接满足用户知识检索的需求。目前常见的是提供娱乐、人物、教育、影视、综艺、动漫、小说等数据，如图 7-9 所示。

图 7-9　精准问答

推理运算：基于对知识图谱丰富的实体属性和边关系特征的计算、推理，获得检索答案。目前有日期历法、年龄差、身高差、时区差等分类，如图 7-10 所示。

图 7-10　推理运算

通用问答：基于深度学习的全领域通用事实性问答，通过 Query 解析、自由文本知识抽取和文本的深度理解技术，满足用户复杂问答需求，如图 7-11 所示。

图 7-11　通用问答

3. 知识图谱在问答系统上的数据优势

问答系统有多种可能的数据来源。传统的数据来源包括网页文档、搜索引擎、百科描述、问答社区等。无一例外，这些数据来源都是非结构化的纯文本数据。有大量的基于信息检索的方法用于研究从纯文本数据中进行知识抽取和回答。近年来，基于知识图谱的问答系统成为学术界和工业界的研究和应用热点方向。相较于纯文本，知识图谱在问答系统中具有很多优势。

（1）数据关联度：语义理解智能化程度高。语义理解程度是问答系统的核心指标。对于纯文本数据，语义理解往往建立在与文本句子的相似度计算的基础上，然而语义理解和知识的本质在于关联，这种一对一的相似度计算忽视了数据关联。在知识图谱中，所有知识被具有语义信息的边所关联。在从问句到知识图谱的知识点的匹配关联过程中，可以用到大量相关节点的关联信息。这种关联信息无疑为智能化的语义理解提供了条件。

（2）数据精度：回答准确率高。知识图谱的知识来自专业人士的标注，或者专业数据库的格式化抓取，这保证了数据的高准确率。在纯文本中，由于同类知识容易在文本中多次提及，会导致数据不一致的现象，降低了准确率。

（3）数据结构化：检索效率高。知识图谱的结构化组织形式，为计算机的快速知识检索提供了格式支持。计算机可以用结构化语言如 SQL、SPARQL 等进行精确知识定位。对于纯文本的知识定位，则包含了倒排表等数据结构，需要用到多个关键词的倒排表的综合排名，效率较低。

7.3.2　行业应用

目前，随着人工智能的不断发展，知识图谱已经在搜索引擎、聊天机器人、问答系统、临床决策支持等方面有了一些应用，如图 7-12 所示。为了应对大数据应用的不同挑战，借助知识图谱，满足了不同的业务需求，如图 7-13 所示。

1. 金融领域的应用——反欺诈、智能投顾

通过融合来自不同数据源的信息构成知识图谱，同时引入领域专家建立业务专家规则。

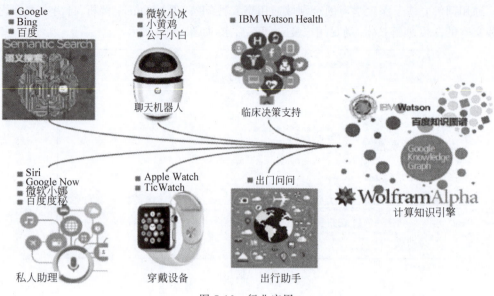

图 7-12 行业应用

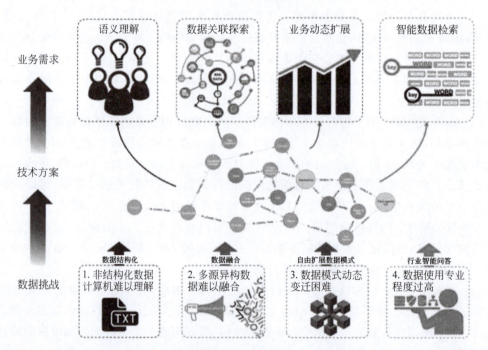

图 7-13 业务需求

通过数据不一致规则,利用绘制出的知识图谱可以识别潜在的欺诈风险。比如借款人 User C 和借款人 User A 填写信息为同事,但是两个人填写的公司名称却不一样,以及同一个电话号码属于两个借款人,这些不一致性表示很可能有欺诈行为。

通过知识图谱相关技术从招股书、年报、公司公告、券商研究报告、新闻等半结构化表格和非结构化文本数据中批量自动抽取公司的股东、子公司、供应商、客户、合作伙伴、竞争对手等信息,构建出公司的知识图谱,在某个宏观经济事件或者企业相关事件发生的时候,券商分析师、交易员、基金公司基金经理等投资研究人员可以通过此图谱做更深层次的分析和更好的投资决策。

2. 商业搜索引擎的应用

商业搜索引擎的应用让人们更便于查询理解知识。搜索引擎借助知识图谱来识别查询中涉及的实体(概念)及其属性等,并根据实体的重要性展现相应的知识卡片。

搜索引擎并非展现实体的全部属性,而是根据当前输入的查询自动选择最相关的属性及属性值来显示。此外,搜索引擎仅当知识卡片所涉及的知识的正确性很高(通常超过85%,甚至达到99%)时,才会展现实体。当要展现的实体被选中之后,利用相关实体挖掘来推荐其他用户可能感兴趣的实体供进一步浏览。

3. 问答系统、社交网络、电商平台的应用

苹果的 Siri:自动问答目前也是一个非常热门的方向,这可能是面向应用最直接的方式,目前不管是学术界还是工业界都在做相关的研究。

社交网络应用 FB:社交网站 Facebook 于 2013 年推出了 GraphSearch 产品,其核心技术就是通过知识图谱将人、地点、事件等联系在一起,并以直观的方式支持精确的自然语言查询。

电商平台应用淘宝:电商平台的主要目的之一就是通过对商品的文字描述、图片展示、相关信息罗列等可视化的知识展现,为消费者提供最满意的购物服务与体验。通过知识图谱,可以提升电商平台的技术性、易用性、交互性等影响用户的体验。

当用户输入关键词查看商品时,知识图谱会为用户提供此次购物方面最相关的信息,包括整合后分类罗列的商品结果、使用建议、搭配等。

4. 其他应用领域

如教育科研、生物医疗以及需要进行大数据分析的一些行业。这些行业对整合性和关联性的资源需求迫切,知识图谱可以为其提供更加精确规范的行业数据以及丰富的表达,帮助用户更加便捷地获取行业知识。

7.4　知识图谱展望

知识图谱是知识工程的一个分支,以知识工程中语义网络作为理论基础,并且结合了机器学习、自然语言处理以及知识表示和推理的最新成果,在大数据的推动下受到了业界和学术界的广泛关注。

知识图谱对于解决大数据中文本分析和图像理解问题发挥了重要作用。

当前知识图谱发展还处于初级阶段,面临众多挑战和难题,如知识库的自动扩展、异构知识处理、推理规则学习、跨语言检索等。

知识图谱的构建是多学科的结合,需要知识库、自然语言理解、机器学习和数据挖掘等多方面知识的融合。有很多开放性问题需要学术界和业界一起解决。

7.5　知识图谱案例

下述内容使用知识图谱和深度学习进行数据分析,该案例需要使用 pip 工具安装以下第三方库:

```
pip install networkx
pip install node2vec
pip install jieba
pip install pypinyin
pip install scikit-learn
```

【步骤1】 导入所需的包

```
import pandas as pd
import numpy as np
import networkx as nx
import jieba
import matplotlib.pyplot as plt
% matplotlib inline
import pypinyin as pypy
from node2vec import Node2Vec
from scipy.spatial.distance import cosine
```

【步骤2】 准备 data.txt 文件

今天美国众议院金融服务委员会针对 Facebook Libra 举行听证会,针对所担心的问题向 Facebook Libra 项目负责人大卫·马库斯(David Marcus)发问.这也是 Libra 面临的第二场听证会。

美国众议院金融服务委员会议员询问,第三方 Libra 钱包是否可以整合入 WhatsApp 和 Facebook Messenger 中,马库斯没有正面回应这一问题。综合昨日马库斯与美国参议院的听证会证词,第三方 Libra 钱包可能无法整合入 WhatsApp 和 Facebook Messenger。

读取后的 full_data 变量如下:

```
{
    "libra": [
        ['今天', '美国', '众议院', '金融', '服务' …],
        ['美国', '众议院', '金融', '服务' …],
    ]
}
```

【步骤3】 编写代码

下面的代码从 data.txt 文件读取若干段文本,构建文本中出现的单词的上下文图(以 networkx 库中的有向图表示)。

首先用 jieba 分词将每行文本转为单词序列,将单词作为节点加入上下文图,计算两个单词作为相邻单词出现的次数,并将次数作为节点之间连线的权重;然后调用 PageRank 算法计算节点的 PageRank 值;最后构建出每个节点的上下文关系数据集。

```
context1    {节点: 父节点 || 子节点}
context2    {节点: 父节点的父节点 || 子节点的子节点}
```

参考代码如下:

```
with open("data.txt","r") as f:
    data = f.readlines()
full_data = {}
title = None
for l in data:
    if l.startswith("#"):
```

```
                title = l.strip("#").strip("\n").strip()
                full_data[title] = []
        else:
            if l!="\n":
                full_data[title].append(jieba.lcut(l.strip("\n")))
data = full_data["libra"]
G = nx.DiGraph()
for s in data:
    G.add_nodes_from(s)
    for i,w in enumerate(s[1:]):
        if (s[i],w) not in G.edges:
            G.add_edge(s[i],w,weight = 1)
        else:
            G[s[i]][w]["weight"] += 1
plt.figure(figsize = (20,20))
nx.draw(G,with_label = True,font_weight = "bold")
pd.Series(nx.pagerank(G)).sort_values(ascending = False)
left1 = {n:set() for n in G.nodes}
left2 = {n:set() for n in G.nodes}
right1 = {n:set() for n in G.nodes}
right2 = {n:set() for n in G.nodes}
for n in G.nodes:
    for l1 in G.predecessors(n):
        left1[n]|= set([l1])
        left2[n]|= set([l1])
        for l2 in G.predecessors(l1):
            left2[n]|= set([l2])
    for r1 in G.successors(n):
        right1[n]|= set([r1])
        right2[n]|= set([r1])
        for r2 in G.successors(r1):
            right2[n]|= set([r2])
context1 = {n:set() for n in G.nodes}
context2 = {n:set() for n in G.nodes}
for w in context1.keys():
    context1[w] = left1[w]|right1[w]
    context2[w] = left2[w]|right2[w]
```

执行代码,所展示的单词节点上下文图如图 7-14 所示。

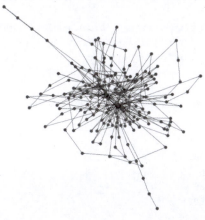

图 7-14　单词节点上下文图

在目标单词上下文中用 jiacobian 距离计算单词的相似性,这意味着与目标单词紧挨着的两个词。

下面一部分代码基于上一步得到的 context1 和 context2 计算任意两个节点之间的相似性。基于 context1 计算相似性:节点 a 与节点 b 的相似性等于 a 的所有父子节点与 b 的所有父子节点的并集除以交集。输出相似性大于 0.5 的组合。基于 context2 计算相似性的方法与此类似。

```
similarity_matrix = pd.DataFrame(data = np.zeros((len(context1.keys()),len(context1.keys()))),index = list(context1.keys()),columns = list(context1.keys()))
for row in similarity_matrix.index:
    for col in similarity_matrix.columns:
        if row!= col:
            similarity_matrix.loc[row,col] = len(context1[row]&context1[col])/len(context1[row]|context1[col])
print("below are the found similar words with window size 1, left1 and right1")
for i,row in enumerate(similarity_matrix.index):
    for j,col in enumerate(similarity_matrix.columns):
        if i > j:
            if similarity_matrix.loc[row,col]> 0.5:
                print(row,col,similarity_matrix.loc[row,col])
```

单词相似性:

管制 数字 1.0
上线 都 1.0
事实 提问 1.0
阻止 要求 1.0
瑞士 日内瓦 1.0
称 表示 1.0

参考代码如下:

```
similarity_matrix = pd.DataFrame(data = np.zeros((len(context2.keys()),len(context2.keys()))),index = list(context2.keys()),columns = list(context2.keys()))
for row in similarity_matrix.index:
    for col in similarity_matrix.columns:
        if row!= col:
            similarity_matrix.loc[row,col] = len(context2[row]&context2[col])/len(context2[row]|context2[col])
print("below are the found similar words with window size 2, left2 and right2")
for i,row in enumerate(similarity_matrix.index):
    for j,col in enumerate(similarity_matrix.columns):
        if i > j:
            if similarity_matrix.loc[row,col]> 0.9:
                print(row,col,similarity_matrix.loc[row,col])
```

单词相似性:

需要 但 0.9166666666666666
需要 现在 0.9166666666666666
据 需要 0.9166666666666666
上线 强调 0.9090909090909091
事实 提问 1.0

```
那么 需要 0.9166666666666666
今天 需要 0.9166666666666666
对 需要 0.9166666666666666
透露 手续费 0.9090909090909091
透露 中 0.9090909090909091
透露 强调 0.9523809523809523
透露 上线 0.9523809523809523
透露 报道 0.9090909090909091
透露 日讯 0.9090909090909091
瑞士 日内瓦 1.0
称 表示 1.0
具体 需要 0.9166666666666666
时 透露 0.9090909090909091
```

node2vec 和 word2vec 是等价图。不同的是，在对如上所示的同样的单词上下文图运行了不同的算法。

```
node2vec = Node2Vec(G, dimensions = 32, walk_length = 30, num_walks = 200, workers = 4)
model = node2vec.fit(window = 10, min_count = 1, batch_words = 4)
G.nodes
NodeView(('成为', '具有', '微信', '加密', '工具', '希望', '多少', '国家', '。', '提问', '众议院', '美元', '篮子', '综合', '手续费', '这', '但', '主权', '中', '货币', 'WhatsApp', '"', '现在', '委员会', '担心', '服务', '向', 'Messenger', '支付', 'Libra', '没有', '证词', '有', '面临', '方法', '为', '和', '数字', '一种', '需要', '不同', '它', '非常', '成', '事实', '马库斯', '显然', '如何', '为时过早', '你们', '更', '与', '行使主权', '据', 'Calibra', '项目', '将', '强调', '出现', '上线', '新浪', '监管', '日内瓦', '要求', '金融', '金融服务', '都', '表示', '可能', '、', '正面', '整合', 'PingWest', '地区', '报道', '那么', '试图', '兑换', '日讯', '竞争', '或', '了', '并', 'David', '(', '美国财政部', '月', '听证会', '默认', '称', '挂钩', '针对', '再次', '遵守', 'Facebook', '品玩', '是', '不会', '询问', '/', '网络', '今天', '对', 'Marcus', '回应', '?', ',', '将会', '18', '要', '可以', '所', '阻止', '许多', '第三方', '在', '人', '有人', '·', '科技', '如果', '支付宝', '讨论', ')', '央行', '这一', '第二场', '大卫', '为了', '同时', '把', '为何', '美国参议院', '交易所', '高质量', '取决于', '来说', '议员', '对于', '职责', '7', '不是', '其他', '无论', '我们', '产生', '银行', '证券', '这个', '制裁', '透露', '商品', '瑞士', '逃避', '发展', '举行', '管制', '运行', '具体', '什么样', '美国', '无法', 'ETF', '注册', '是否', '钱包', '美国众议院', '的', '少量', '合作', '也', '昨日', '时', '一', 'Blaine', '负责人', '适合', '问题', '"', '会', '', '愿意', '发问'))
def compare_words(w1, w2, model = model):
    return cosine(model.wv.get_vector(w1), model.wv.get_vector(w2))
def get_top_similar_words(w, words, k = 5, model = model):
    distances = []
    for tw in words:
        if tw!= w:
            distances.append([tw, compare_words(w, tw)])
    results = pd.DataFrame(data = distances, columns = ["top_{}_words".format(k), "scores"])
    return results.sort_values(["scores"])[:k]
```

正如所见，两个单词出现时彼此位置很近。

```
compare_words("日内瓦","瑞士")
0.0016219019889831543
```

为"表示"而选出的最相近的前 5 个单词也是有意义的，如表 7-1 所示。

```
get_top_similar_words('表示', list(G.nodes))
```

表 7-1　单词相似性

	top_5_words	scores
88	称	0.015 109
45	马库斯	0.474 427
176	问题	0.554 136
8		0.566 211
149	透露	0.567 476

本章总结

- 知识图谱旨在描述真实世界中存在的各种实体或概念及其关系。其构成一张巨大的语义网络图，节点表示实体或概念，边则由属性或关系构成。
- 三元组的基本形式主要包括(实体1-关系-实体2)和(实体-属性-属性值)等。
- 知识图谱在逻辑上可分为模式层与数据层两个层次。数据层主要由一系列的事实组成，而知识将以事实为单位进行存储。
- 随着人工智能的发展，知识图谱已经在搜索引擎、聊天机器人、问答系统、临床决策支持等方面有了一些应用。
- 知识图谱构建过程分4个阶段：信息抽取、知识表示、知识融合、知识加工。

本章习题

1. 下面哪项符合知识图谱定义的3种实体和3种关系？（　　）
   A. 实体[人类,城市,商品]，关系[小明居住在上海,小明买了一箱可口可乐,小明经常喝碳酸饮料]
   B. 实体[苹果,水果,橘子]，关系[苹果属于水果,苹果比橘子好吃]
   C. 实体[学生,学校,学习]，关系[小王在北大上学,小王去了图书馆学习]
   D. 实体[小明,飞机,看电影]，关系[小明在飞机上看电影]
2. 以下哪些是知识图谱可以存储的数据？（　　）
   A. MySQL 数据　　B. 图片　　C. JSON 数据　　D. Mongo 数据
3. 下面哪些属于知识图谱的应用？（　　）
   A. Siri 系统　　B. 淘宝　　C. 百度　　D. Google
4. 如何理解知识图谱的概念？
5. 简述知识图谱的表示方式。
6. 知识图谱的主要应用场景有哪些？

第 8 章 人工智能行业解决方案

CHAPTER 8

本章思维导图

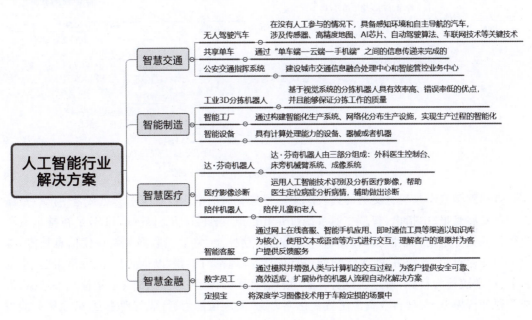

视频讲解

本章目标

- 了解人工智能相关企业及产业发展现状。
- 了解行业解决方案和技术需求。
- 熟悉人工智能相关技术行业的具体落地应用。

工智能技术对各领域的渗透形成"人工智能+"的行业应用终端、系统及配套软件,能切入各种场景,为用户提供个性化、精准化、智能化服务,深度赋能医疗、交通、金融、零售、教育、家居、农业、制造、网络安全、人力资源、安防等领域。本章选取智慧交通、智能制造、智慧医疗、智慧金融 4 个领域的部分案例介绍人工智能商业化落地及解决方案。

8.1 智慧交通

2018年3月30日出版的《自动化学报》中指出,历经百年来,交通系统大致经历了无控制时期、标识标线控制时期、单点定时交通信号控制时期、智能交通控制时期、车路协同时期和自动驾驶时期等几个阶段。图8-1展示了地面交通控制从20世纪初期至今的百年发展。

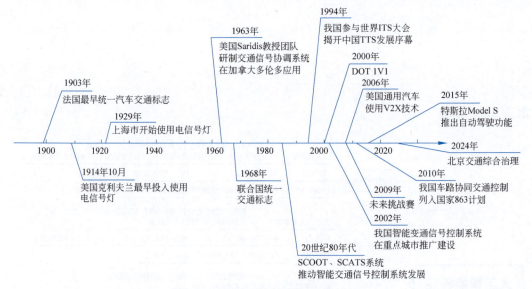

图 8-1 地面交通控制百年发展时间轴

自动驾驶汽车是智慧交通的代表应用。智慧交通的概念没有统一的定义,《中国智慧城市产业发展月报》中指出,智慧交通系统(Intelligent Transport System,ITS)是在整个交通运输领域充分运用物联网、云计算、人工智能、自动控制、移动互联网等新一代信息技术,综合运用交通科学、系统方法、人工智能、知识挖掘等理论与工具,以全面感知、深度融合、主动服务、科学决策为目标,通过建设实时的动态信息服务体系,深度挖掘交通运输相关数据,形成问题分析模型,实现行业资源配置优化能力、公共决策能力、行业管理能力、公众服务能力的提升,推动交通运输更安全、更高效、更便捷、更经济、更环保、更舒适地运行和发展,带动交通运输相关产业转型、升级。

本节优选无人驾驶汽车、共享单车、公安交通系统3个典型智慧交通商业化落地案例进行介绍。

8.1.1 无人驾驶汽车

无人驾驶汽车(Driverless car)也叫自动驾驶汽车(Automatic car),作为人工智能和汽车工业结合的产物,毫无疑问是当今的热门话题。无人驾驶汽车指在没有人工参与的情况下,具备感知环境和自主导航的汽车,涉及传感器、高精度地图、AI芯片、自动驾驶算法、车联网技术等关键技术。

第一辆无人驾驶汽车是美国斯坦福大学在1961年开发的Stanford Cart。这辆车可以利用摄像头和早期人工智能系统绕过障碍物,但它的行驶速度非常慢,1小时仅仅能够移动

3米,这导致其在实际应用中受到极大限制,因此并未在当时引起人们广泛关注。尽管如此,Stanford Cart 在自动驾驶技术的发展史上仍占有重要地位。Stanford Cart 的出现标志着自动驾驶技术的初步探索,在自动驾驶技术发展中起到重要奠基作用,并为后续的自动驾驶汽车研发提供了宝贵的经验和启示。

真正让无人驾驶汽车引起人们广泛关注的,源于美国国防部高级研究计划局(DARPA)在 2003 年发起的机器人挑战大赛。该挑战赛的目标是开发出能够在越野地形上自动行驶的机器人。2004 年第一届 DARPA 无人驾驶汽车挑战赛,赛事路线总长 240 千米,穿越莫哈维沙漠,对参赛车辆的自动驾驶能力提出了极高要求。有 15 支车队参赛,但最终没有一支车队能够完成整场比赛。走得最远的是卡内基-梅隆大学的 Sandstorm,行驶了约 11.9 千米,没能够完成全部路程的 5%。2005 年第二届 DARPA 无人驾驶汽车挑战赛,斯坦福大学的 Stanley 在比赛中夺冠,行驶了 160 多千米,成为首辆成功穿越沙漠回到起点的无人驾驶汽车。塞巴斯蒂安·特龙作为斯坦福团队的核心成员,后来加入 Google 公司,他主持的 Google 街景项目(GoogleStreetView Project)为无人驾驶的实现奠定了重要基础。2010 年 10 月 10 日,《纽约时报》第一次全面报道了 Google 无人驾驶汽车的研制与测试进展,自此无人驾驶汽车走入公众视野。

2016 年 12 月,Google 的无人驾驶汽车项目——Waymo 汽车从 Google X 实验室中剥离,成为一家无人驾驶汽车公司,作为 Alphabet 的第 12 个独立子公司运营,这被视为 Google 无人车走向商业化的重要一步。Waymo 成立后推出了克莱斯勒 Pacifica 无人驾驶汽车,如图 8-2 所示。

图 8-2　Pacifica 无人驾驶汽车

国内无人驾驶汽车的发展以百度为代表。从 2017 年 4 月百度自动驾驶解决方案——Apollo 开放计划宣布至今,Apollo 已经发布了多个版本,并持续在多维度进行创新。Apollo 自动驾驶开发路线图如图 8-3 所示。

图 8-3　Apollo 自动驾驶开发路线图

2019年4月,北京市科技计划重点项目——全天候多车型自动驾驶技术开发及首钢园区功能示范在清华大学召开了项目启动会。项目负责人宣布百度作为专项自动驾驶高精地图唯一承担单位,负责科技冬奥专项高精地图服务、无人MINI客车自动驾驶功能开发与仿真平台开发。2019年8月,百度自动驾驶出租车Robotaxi-红旗EV在长沙展开测试。Robotaxi是百度与中国一汽红旗共同打造的自动驾驶出租车,也是国内首批量产L4级自动驾驶出租车。2021年8月,百度正式推出自动驾驶出行服务平台"萝卜快跑",该平台旨在通过百度多年积累的自动驾驶技术,为公众提供常态化的出行服务,加速全民无人化出行时代的到来。2022年,百度获得全国首批自动驾驶全无人化示范运营资格,覆盖多个城市。截至2024年底,"萝卜快跑"平台已在北京、上海、广州、深圳、重庆、武汉、成都、长沙、合肥、阳泉、乌镇等多个城市开放运营,为乘客提供了便捷、安全的自动驾驶出行体验。随着技术的不断进步和市场的逐步拓展,"萝卜快跑"正逐步成为自动驾驶出行领域的佼佼者,成为全球最大的自动驾驶出行服务商之一。

8.1.2 共享单车

随着环境污染、城市拥堵问题的日益加重,政府、资本以及用户对出行环境改善的需求也愈发强烈。中国共享单车市场已经历了4个发展阶段。2008—2010年为第一阶段,由国外兴起的公共单车模式开始引进国内,由政府主导分城市管理,多为有桩单车。2010—2014年为第二阶段,专门经营单车市场的企业开始出现,但公共单车仍以有桩单车为主。2014—2018年为第三阶段,随着移动互联网的快速发展,以摩拜为首的互联网共享单车应运而生,更加便捷的无桩单车开始取代有桩单车。2018年至今为第四阶段,共享单车泡沫被戳破,行业经历洗牌,部分企业因资金链断裂退出,市场向头部集中,形成了美团、滴滴、哈啰三足鼎立的局面。2024年,共享单车市场规模持续增长,预计用户将突破5亿人,市场规模达到新高度,成为城市交通体系的重要组成部分。

共享单车应用,其实就是通过"单车端-云端-手机端"之间的信息传递来完成的,其中的关键是解闭智能锁的过程。目前,"GPS定位+蓝牙"解锁和还车模式比较普遍。其次,单车企业还需要利用人工智能和大数据解决运营问题。例如,基于骑行停放热点分布数据、城市骑行需求数据、数据可视化分析技术、精准定位算法等来解决共享单车停放问题,提升单车的使用频率;虚拟"电子围栏",规范用户必须将车辆停在指定区域内,否则无法锁车结束行程,从而实时掌握停车区域内单车的数量、状态、位置及各区间的流量情况等信息,为车辆投放、调度和运维提供智能指引等。

人工智能在共享单车中的应用主要体现在智能调度、精准定位、用户行为分析与服务优化等方面,其主要应用场景如下。

- 基于深度神经网络的供需平衡预测。把空间划分为若干网格,把每个网格中的车辆数、历史的订单量和天气预报信息结合起来,利用深度学习来训练,得到未来某个时刻的骑行量预测值,为调度工作提供数据基础。摩拜大数据人工智能平台又名"魔方",核心应用之一是对共享单车全天候供需做出精准预测,为车辆投放、调度和运维提供智慧指引。"魔方"的整体架构主要参照主流互联网公司架构,以Hadoop作为基础文件存储,由Spark、Storm、Flink做流式计算,由TensorFlow做机器学习的模型训练和预测。
- 利用图片识别等技术辅助客服提高工作效率。针对客服每天收到的成千上万张用户上传不文明用车图片，使用深度学习技术对图片进行识别，判断图片中是否有违停在小区的自行车。大概只有不到1％的图片因为机器难以判别需要人工干预，剩下99％完全可以用机器来识别，从而大大降低了客服的工作量。

8.1.3 公安交通指挥系统

城市公安交通指挥系统以交通物联网感知、视频智能分析、大数据分析、云服务、移动互联为技术手段，全面物联、充分整合，协同运作人、车、路、环境多方面资源，建设城市交通信息融合处理中心和智能管控业务中心，强化交通信息汇集、融合、处理和服务功能，构建交通实时感知、资源充分整合、系统协同运作、信息全面服务、交通管控智能疏导的智能交通管控和服务体系。

2019年8月，北京旷视科技有限公司提出建设城市公安交通指挥系统整体解决方案，借助布设于关键路段路口节点的感知控制设备和穿行于路网的移动智能终端，构建交通物联网，采集、汇聚、融合各种动静态交通信息资源；采用大数据分析引擎，驱动交通信息资源云中心，形成数据挖掘和信息研判能力，支撑面向交通管理者、交通参与者及运维管理者的业务综合系统。旷视科技凭借深度学习、计算机视觉等AI技术，为城市公安交通指挥系统提供智能化解决方案。近年来，旷视科技在交通领域持续深耕，其城市公安交通指挥系统整体解决方案不断升级，为城市交通管理带来了显著变革。截至2024年，旷视科技依托AIoT算法和技术优势，助力海淀等地区建成智慧城市治理平台，深度挖掘交通数据，实现交通运行状态的全量实时精准感知。旷视科技通过科技赋能，助力交管部门优化交通组织，如公交专用道的调整、学校"通学车"和"通学路"的推行，以及医院周边交通的综合治理，显著地提升了交通管理效率和公众出行体验。

旷视科技提出"151N"建设理念，如图8-4所示。"1"是一个智能交通指挥中心，"5"是五个核心业务平台，"1"是一个交通信息资源云中心，"N"是多个基础应用及支撑系统。

"151N"系统关键技术主要包括以下6部分。

(1) 交通大数据处理及应用技术。针对海量图片和非结构化数据存储需求，分布式存储系统采用Hadoop存储解决方案，实现图片和文本历史数据统一存储和高效管理；针对系统的多用户、高并发、大数据、高性能的特点和要求，系统采用大量的分布式计算技术Spark；针对磁盘数据库访问低速的问题，系统采用基于内存的数据库，将数据库的全部或部分事务存取的数据存放在内存；针对网络服务器提供大量并发访问能力的需求，采用Nginx集群和负载均衡技术；针对交通数据应用特性，采用了数据分级存储的机制。

(2) 图像智能分析应用技术。利用智能神经网络技术，对视频图像进行分层处理，分离出对系统有用的人或物体。基于图像二次识别技术，实现过车数据二次识别车牌号码、车辆品牌、型号和车身颜色；同时可实现以图搜图功能，通过截取车辆特征实现对车辆的查找。

(3) 多源载体应用技术。为实现扁平化指挥精细化管理的目标，建立以指挥中心为核

图 8-4 "151N"系统建设理念

心,并前移至分中心、路面民警的立体化多级指挥作战体系,系统覆盖 PC、PAD、手机以及超分大屏,各产品形态之间实现业务的无缝对接、多屏互动。

(4) 多源数据交通管理应用技术。以公安网为基础,以警用电子地图为核心,以地理信息技术为支撑,对空间地理数据进行可视化展现及空间数据分析,为五大核心业务平台提供基础支撑。

(5) 多源交通数据融合技术。是城市公安交通指挥系统的核心技术。通过对异构(不同传感器)多源数据的综合处理,得到比任何从单个数据源更全面、准确的交通流状况的信息。

(6) 多源视频集成应用技术。针对现有的交通视频监控系统技术体系不一、标准各异的问题,采用多源视频集成应用技术,构筑一个兼容来自不同设备、不同网络、不同格式的多种视频资源,把多个视频监控系统集成为一个统一的系统。

8.2 智能制造

视频讲解

工业在国民经济中占有极其重要的地位。一个国家的工业发展水平直接决定着这个国家的技术水平和经济发展水平。回溯历史,如图 8-5 所示,工业发展经历了四个阶段。

(1) 工业 1.0:是机械制造时代,以蒸汽机为标志,开创了以机器代替人工的工业浪潮,用蒸汽动力驱动机器取代人力,从此,手工业从农业分离出来,正式进化为工业。

(2) 工业 2.0:电气化与自动化时代,得益于内燃机和发电机的发明,以电力的广泛应

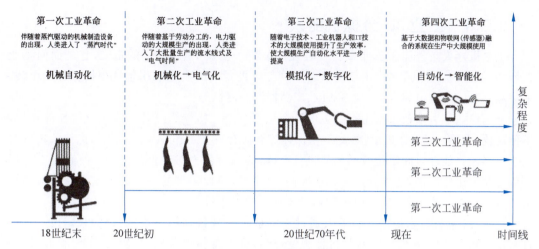

图 8-5　工业革命四个阶段

用为标志。即在劳动分工基础上采用电力驱动机器取代蒸汽动力，工业产品实现大规模生产。

（3）工业 3.0：电子信息化时代，以 PLC 和 PC 的应用为标志。即广泛应用电子与信息技术，使制造过程自动化控制程度进一步大幅度提高。

（4）工业 4.0：最初由德国在 2011 年的汉诺威工业博览会中提出，并被德国纳入重点发展项目。与此对应，我国在 2015 年提出了"中国制造 2025"，作为中国实施制造强国的第一个十年行动纲领。美国叫"工业互联网"。这三者本质内容是一致的，都指向一个核心，就是智能制造。

"中国制造 2025"自提出以来，已取得显著进展，涵盖的 10 个关键领域超 200 个目标中，已实现超过 86%，尤其在电动汽车和可再生能源生产方面超出预期。制造业正逐步迈向高端科技和高端制造，如国产大飞机 C919、新能源汽车及 5G 技术等均取得突破性发展。整体来看，中国制造 2025 已接近完成，为中国制造业的转型升级和持续发展奠定了坚实基础。

2021 年 12 月，由工业和信息化部、国家发展改革委、教育部、科技部、财政部、人力资源社会保障部、国家市场监督管理总局、国务院国有资产监督管理委员会等 8 个部门联合发布《"十四五"智能制造发展规划》。该规划明确了我国智能制造的发展目标、主要任务和保障措施，旨在推动我国制造业的数字化、网络化、智能化进程，为建成制造强国奠定坚实基础。

智能制造旨在实现整个制造业价值链的智能化和创新，促进信息化与工业化深度融合的进一步提升。智能制造融合了信息技术、先进制造技术、自动化技术和人工智能技术。智能制造包括：开发智能产品；应用智能装备；自底向上建立智能产线，构建智能车间，打造智能工厂；践行智能研发；形成智能物流和供应链体系；开展智能管理；推进智能服务；最终实现智能决策。

本节优选工业 3D 分拣机器人、智能工厂、智能设备 3 个典型智能制造商业化落地案例进行介绍。

8.2.1 工业 3D 分拣机器人

工业机器人是智能制造业最具代表性的装备。按照 ISO-8383 的定义,它是面向工业领域的多关节机械手或多自由度的机器人。工业机器人的典型应用包括焊接、刷漆、组装、采集和放置(例如,包装、码垛和 SMT)、产品检测和测试等。

分拣作业是大多数流水生产线上的一个重要环节。机器人分拣与人工分拣作业相比,不但高效、准确,而且在质量保障、卫生保障等方面有着人工作业无法替代的优势。传统的工业机器人只能针对固定位置的物体进行抓取,分拣机器人对工件的初始和终止姿态及摆放位置要求比较严格,这种分拣方式速度慢、效率低,只要工件的摆放位置发生变化就会导致机器人无法抓取零件,从而严重影响生产过程的工作效率。

基于 3D 分拣技术应用的机器人通过视觉系统实现目标物的检测、识别和定位。百度百科定义机器视觉系统是指通过机器视觉产品(即图像摄取装置,分为 CMOS 和 CCD 两种)将被摄取目标转换成图像信号,传送给专用的图像处理系统,根据像素分布和亮度、颜色等信息,转变成数字化信号;图像智能识别系统软件等通过分析这些信号进行各种运算来抽取目标的特征,进而根据判别的结果来控制现场的设备。

工业 3D 分拣机器人针对散乱无序堆放的工件,通过对工件 3D 数据扫描,获取工件数据,进行 3D 建模,并对建模特征进行智能分析,以判断出工件当前的姿态位置,从而引导机械手准确抓取定位工件。基于视觉系统的分拣机器人具有效率高、错误率低的优点,并且能够保证分拣工作的质量。

图 8-6 Mech-Eye PRO S 分拣机器人

我国工业 3D 分拣机器人领域的企业众多,其中具有代表性的有梅卡曼德、星猿哲、辰视智能、埃斯顿、博众精工、利元亨智能装备、新松机器人等,这些企业共同推动了我国工业 3D 分拣机器人技术的发展与应用。图 8-6 为梅卡曼德的 Mech-Eye PRO S 分拣机器人,搭配全新升级的 3D 视觉传感器及机器视觉软件,能够对体积较小、结构复杂的金属三通阀高质量成像,其先进 AI 算法可精准识别深筐乱序堆叠、姿态各异、边界不清晰的小型金属工件,从而大幅提高复杂场景下的识别成功率和深筐抓取清筐率。

8.2.2 智能工厂

工业 4.0 一直在推动工厂向前发展。智能工厂是实现智能制造的重要载体,主要通过构建智能化生产系统、网络化分布生产设施,实现生产过程的智能化。由于各个行业生产流程不同,加上各个行业智能化情况不同,智能工厂有以下几个不同的建设模式。

第一种模式是从生产过程数字化到智能工厂。在石化、钢铁、冶金、建材、纺织、造纸、医药、食品等流程制造领域,企业发展智能制造的内在动力在于产品品质可控,侧重从生产数字化建设起步,基于品控需求从产品末端控制向全流程控制转变。

第二种模式是从智能制造生产单元(装备和产品)到智能工厂。在机械、汽车、航空、船舶、轻工、家用电器和电子信息等离散制造领域,企业发展智能制造的核心目的是拓展产品价值空间，侧重从单台设备自动化和产品智能化入手，基于生产效率和产品效能的提升实现价值增长。

第三种模式是从个性化定制到互联工厂。在家电、服装、家居等距离用户最近的消费品制造领域，企业发展智能制造的重点在于在充分满足消费者多元化需求的同时实现规模经济生产，侧重于通过互联网平台开展大规模个性定制模式创新。

近年来，全球各主要经济体都在大力推进制造业的复兴。在工业 4.0、工业互联网、物联网、云计算等热潮下，全球众多优秀制造企业都开展了智能工厂建设实践。例如，西门子安贝格电子工厂实现了多品种工控机的混线生产。

2013 年 9 月，西门子工业自动化产品成都生产及研发基地（简称"西门子成都工厂"，SEWC）正式投运，如图 8-7 所示。该工厂是西门子在中国设立的首家数字化工厂，是德国安贝格数字化工厂的姊妹工厂。2022 年，西门子成都工厂前三期项目已实现工业总产值 74.36 亿元。2023 年，西门子新增 11 亿元人民币固定投资，用于成都数字化工厂的四期扩建，扩建后的工厂进一步提升西门子在自动化、数字化领域的研发与制造能力，更及时高效地响应中国乃至全球客户的需求。目前，西门子在中国拥有多个智能工厂，分布于北京、苏州、无锡、成都、南京和沈阳等城市，且这些工厂在各自领域内均实现了较高的智能化水平。截至 2024 年，西门子已有 11 家工厂被评为国家级绿色工厂，这些工厂在绿色制造和智能化方面取得了显著成就。

图 8-7　西门子工业自动化产品成都生产及研发基地

西门子以"数字化双胞胎"（Digital Twin）为核心的数字化企业解决方案入选"世界智能制造十大科技进展"。在工业 4.0 的愿景中，现实世界将与虚拟世界融合在一起。来自西门子的产品生命周期管理（Siemens PLM）软件就是实现这种融合的典型技术之一。

西门子"数字化双胞胎"理念可覆盖从产品设计、生产规划、生产工程、生产执行，直到服务的全价值链的整合及数字化转型，在虚拟环境下完整真实地构建整个企业的数字虚体模型，在产品研发设计和生产制造执行环节之间形成双向数据流，实现协同制造和柔性生产。简单地讲，就是在产品实际生产之前，采用 Siemens PLM 软件对产品进行虚拟开发和仿真测试，同时，利用制造执行系统 SIMATIC IT 和全集成自动化解决方案（TIA），能够将产品及生产全生命周期进行集成,将产品上市时间缩短50%。

在2024年中国家用电器技术大会上,西门子展示了其数字化仿真、测试等解决方案在家电行业的成功应用,助力家电企业实现敏捷开发、技术创新和品质提升。西门子在"数字化双胞胎"领域的持续投入和创新能力,在推动制造业数字化转型方面处于领先地位。

据CNET科技资讯网介绍,西门子成都工厂利用仿真、3D、分析等工具集成的Siemens PLM系统完成数字化制造,其整个IT系统架构包括ERP(企业资源计划系统)、PLM(产品全生命周期管理系统)、MES(制造执行系统)、控制系统和供应链管理。其中,专门针对企业层领域,ERP和PLM共建了整个系统的顶层结构,NX和Teamcenter是PLM的核心软件。

NX支持产品开发中从设计到工程到制造的方方面面,集成了多学科仿真,研发部门的工程师既可通过NX软件进行仿真设计,也可在设计过程中仿真组装。由此而实现的数字化方案可大大缩短产品从设计到分析的迭代周期,减少了90%的编程时间,缩短了产品的开发周期;与此同时,在NX软件中完成设计的产品,都会载有自己的数据信息,这些数据一方面通过CAM系统向生产线上传递,为接下来的制造过程做准备;另一方面也被同时读取到Teamcenter软件中,供质量、采购和物流等部门共享,形成各部门之间的联系数据,从而取得省时、高效的优势。整个过程可将产品的上市时间缩短50%,完全实现了研发自动化。

研发完成后,由MES系统生成一份电子任务单,显示在工作人员的计算机上,并实时刷新最新数据,相较于传统式人工抄写任务单,省去了不同产线交流的复杂环节。生产订单由MES系统统一下达,并与ERP系统相集成,完成数据的实时传送。待装配的产品被固定在一个个小车上,通过整个集成轨道行驶到每个工作人员手中,这时候,工作人员通过该产品显示在计算机上的任务单,以完成装配。这样,整个生产流程确保了生产环节的灵活、高效,产品的一次通过率达99%。

生产包装好的产品同样经过计算机数据的读取,在集成轨道上的传感器到达指定的仓库位置,这一过程是不需要人工干预的。西门子成都工厂的仓库共有近3万个物料存放盒,物料的存取通过"堆取料机"用数字定位的模式抓取,节约了时间和空间。

西门子成都工厂这种完全数字化的生产模式,加上全生命周期的自动化控制和管理方式,来自Siemens PLM软件所提供的PLM数字化制造软件和解决方案,实现了产品的高效、快速、柔性输出,同时输出的还有该工厂可复制的数字化生产模式。

目前,我国制造企业面临着巨大的转型压力。一方面,劳动力成本迅速攀升、产能过剩、竞争激烈、客户个性化需求日益增长,制造企业面临着招工难,以及缺乏专业技师的巨大压力,必须实现减员增效,迫切需要推进智能工厂建设;另一方面,物联网、协作机器人、增材制造(3D打印)、预测性维护、机器视觉等新兴技术迅速兴起,为制造企业推进智能工厂建设提供了良好的技术支撑。再加上国家和地方政府的大力扶持,使各行业越来越多的大中型企业开启了智能工厂建设的征程。

某石化公司在近几年智能工厂配套项目建设中,结合炼化企业实际,不断寻找新技术应用场景,取得了较好的应用效果。下面选取几个人工智能应用场景给予介绍。

生产调度的预测分析场景如图8-8所示。利用预测规则及预测算法,构建预测模型和预测算法库,对当前及历史生产运行情况进行对比和分析,对未来一定周期的生产状况进行测算及推演,提前预知未来生产运行状况,便于生产人员对工厂生产进行预调控,提升生产效率。

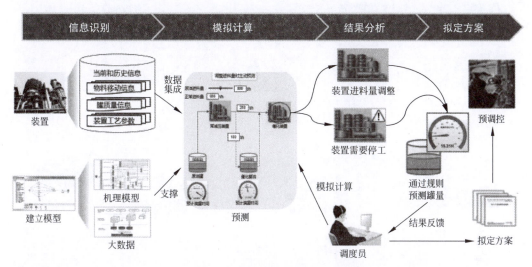

图 8-8　生产调度的预测分析场景

生产运行监控场景如图 8-9 所示。通过对生产数据的全面感知,实时掌控当前生产动态;基于生产数据识别模型及规则,对感知的生产运行实时信息进行实时运算,实现对进出厂、罐区、装置运行、公用工程、物料平衡五大类业务的多维度综合监控,为预测分析、生产预警、异常处置提供数据支撑。

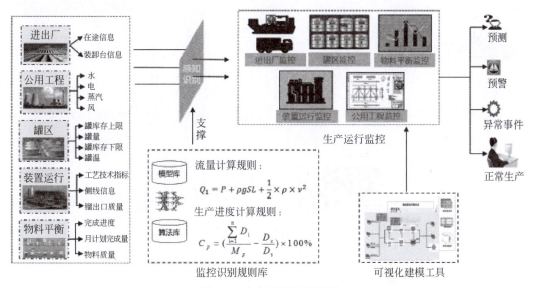

图 8-9　生产运行监控场景

生产预警场景如图 8-10 所示。通过搭建调度预警模型,实现对生产运行异常状况的实时捕获;对可能发生或即将发生的异常事件进行预警,主动推送信息至相关管理人员及岗位,将事后应急、事中发现的传统管控模式向事前预测、主动应对的智能模式转变。

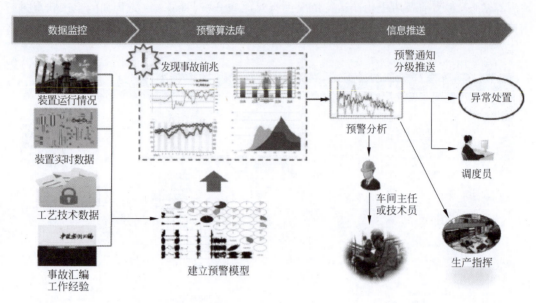

图 8-10　生产预警场景

生产报警场景如图 8-11 所示。建立生产报警判别模型，自动侦测监控范围内的异常信号；通过监控识别报警信息，自动进行报警推送，提示操作人员和管理人员发生警报的位置，并分级推送给相应管理人员；报警信息自动推送至智能处置模块生成解决方案。

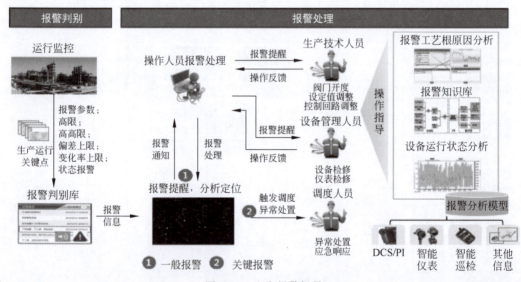

图 8-11　生产报警场景

生产调度智能处置场景如图 8-12 所示。通过调度智能处置经验模型的搭建，对生产现场异常检测识别的预警事件、报警事件、突发事件进行解析分析，自动形成处置方案，主动推送解决建议，供生产指挥人员参考，辅助生产指挥人员进行处理，并生成异常事件报告。同时，对该次异常处置事件进行根源分析，进一步完善智能处置经验模型库。工作流程如图 8-12 所示。

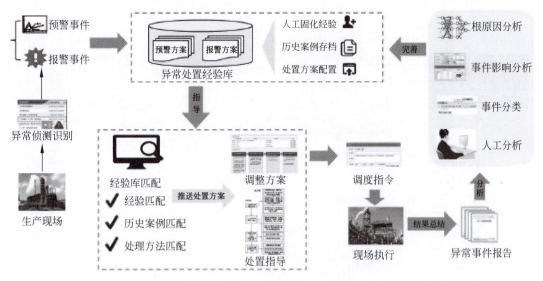

图 8-12 生产调度智能处置场景

设备运行管理与预警场景如图 8-13 所示。整合企业离散的设备状态监测系统，建立智能工厂设备监控预警平台，对生产设备的工艺运行参数、设备状态参数、化验分析参数等进行数据集成和综合监控，对设备的报警信息进行分级推送，支持企业对设备的异动状态实现快速反应。

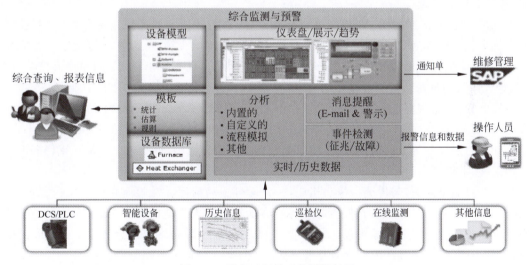

图 8-13 设备运行管理与预警场景

设备故障诊断与预警场景如图 8-14 所示。建立旋转机械故障诊断模型与知识库，通过获取设备实时状态数据，利用基于案例、基于规则和基于经验的故障诊断方法对设备的故障和潜在故障进行自动化的诊断，并给出故障类别、原因、部位和处理措施等信息，对其发展趋势进行预测。

8.2.3 智能设备

智能设备（Intelligent Device）是指任何一种具有计算处理能力的设备、器械或者机器。

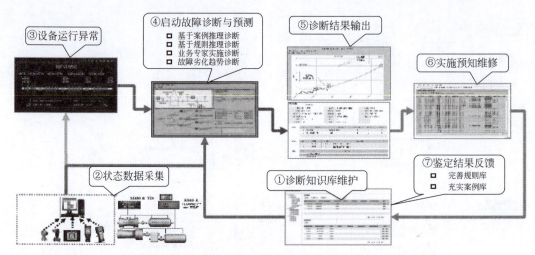

图 8-14　设备故障诊断与预警场景

常见的智能设备有以下 3 类。

一是智能可穿戴设备，即可以直接穿在身上，或是整合到用户的衣服或配件中的一种便携式设备。目前，可穿戴设备的产品形态主要有智能手表、智能手环、智能眼镜、智能服装、耳戴设备等，通过采用感知、识别、无线通信、大数据、AI 等技术实现用户能够感知和检测自身生理状况与周边环境状况，其功能覆盖健康管理运动测量、社交互动、休闲娱乐、定位导航、移动支付等领域。

二是智能音箱，也称为 AI 智能语音终端设备，作为智能家居的组成部分之一，其独特的人机交互功能成为智能家居领域的入口终端。相比传统音箱，可以实现传统家电智能控制、人工智能语音对话，同时还支持多种生活服务应用。现有阿里巴巴旗下的"天猫精灵"X1、科大讯飞与京东合资企业推出的"叮咚音箱"A1、喜马拉雅 FM 推出的"小雅 AI 音箱"、联想推出的"联想智能音箱"、小米推出的"小米 AI 音箱"、Rokid 推出的"Pebble 月石"智能音箱、百度"小度在家"等。在激烈竞争中，表现最为突出的就是百度，凭借其在智能技术、产品设计和用户体验等方面的优势，小度系列智能音箱脱颖而出，近 5 年出货量一直稳居国内市场第一、世界第二。

三是智能摄像头，与传统摄像头相比，一方面可主动捕捉异常画面并自动发送警报，大大降低了用户精力的投入，方便、简单；另一方面也具有人工智能语音对话，支持多种生活服务应用的功能。智能摄像头包含了云端-手机端-摄像头设备端 3 部分。除了传统安防企业，包括小米、360、康佳在内的众多互联网、家电企业都发布了智能摄像头产品。从市场占有率来看，2024 年小米在销量和销售额上均遥遥领先，稳居国内市场第一；萤石、乔安和海康威视通常位列销量和销售额的前四名，市场份额相对稳定；普联、警视卫、影腾、海雀、360 和纽曼等品牌也进入过销量前十名；而家电品牌如海尔、TCL、奥克斯及母婴看护专业品牌海马爸比等也在积极进军摄像头市场，表现出色。整体来看，智能摄像头市场竞争激烈，小米作为领头羊，其地位稳固，而其他品牌也在不断创新和拓展市场，共同推动行业发展。

8.3 智慧医疗

国内公共医疗管理系统不完善,医疗成本高、渠道少、覆盖面窄等问题困扰着大众民生。尤其以"效率较低的医疗体系、质量欠佳的医疗服务、看病难且贵的就医现状"为代表的医疗问题为社会关注的焦点。

智慧医疗是数字医疗工程技术和医学信息学综合发展的产物,其实质是通过将传感器技术、RFID 技术、无线通信技术、大数据、云计算、GPS 技术、人工智能等综合应用于整个医疗管理体系中进行信息交换和通信,以实现智能化识别、定位、追踪、监控和管理,从而建立起实时、准确、高效的医疗控制和管理系统。按照医疗服务的区域,智慧医疗可以划分为 3 部分:智慧医院系统、区域卫生系统以及家庭健康系统。

人工智能在医疗行业的各环节均有应用。诊前,可用于个体或群体性疾病的预测,并给出健康建议。诊中,人工智能可以辅助诊断、辅助治疗,降低误诊率。诊后,能通过计算机视觉、图像识别和视频分析等渠道保证患者服药的真实性,辅助医生实现患者药物依从性的监督。其他环节,完成保险机构费用智能控制,以及人工智能参与到药物研发等。

《5G 智慧医疗健康白皮书》作为 5G 技术在医疗健康行业应用的重要指南,其发布标志着 5G 技术在医疗健康领域的应用迈出了关键的一步。白皮书不仅总结了 5G 医疗健康的应用现状、产业价值和技术架构,还展望了其技术发展趋势和特点,为 5G 医疗健康产业的未来发展提供了重要的参考和借鉴。白皮书提出了 5G 医疗健康,是指以第五代移动通信技术为依托,充分利用有限的医疗人力和设备资源,同时发挥大医院的医疗技术优势,在疾病诊断、监护和治疗等方面提供信息化、移动化和远程化医疗服务,创新智慧医疗业务应用,节省医院运营成本,促进医疗资源共享下沉,提升医疗效率和诊断水平,缓解患者看病难的问题,协助推进偏远地区的精准扶贫。

《5G 智慧医疗健康白皮书》将 5G 医疗健康分为远程医疗场景、院内应用场景两部分共十大典型应用场景。

其中,远程医疗场景方面分为 6 种:远程会诊,提升诊断准确率和指导效率;远程超声,保障下级医院超声工作的规范性和合理性;远程手术,跨地市远程精准手术操控和指导;应急救援,实现院前急救与院内救治的无缝对接;远程视教,受教者的沉浸感更强;远程监护,做出及时的病情判断和处理。

院内应用场景方面分为 4 种:智能导诊,减少医患矛盾纠纷,提高到诊效率;移动医护,提高查房和护理服务的质量和效率;智慧园区管理,提升医院管理效率和患者就医体验;AI 辅助诊疗,为医生提供决策支持,提升医疗效率和质量。

国内智慧医疗公司众多,包括阿里健康、平安健康、医渡科技、百度灵医智惠等,这些企业在智慧医疗领域各有建树,推动了国内智慧医疗的发展。其中,5G 远程医疗云平台有中国移动 OneHealth 智慧医疗云平台、优得护 5G 远程医疗移动平台等,这些平台借助 5G、人工智能、云计算技术,为医生提供远程实时会诊、应急救援指导等服务,同时让患者可通过便携式 5G 医疗终端与云端医疗服务器沟通,享受医疗服务。5G 远程医疗云平台如图 8-15 所示。

本节选取达·芬奇机器人、医疗影像诊断、陪伴机器人 3 个典型智能制造商业化落地案例进行介绍。

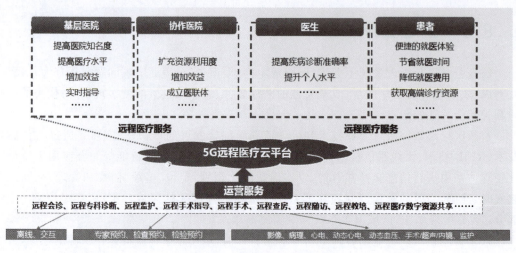

图 8-15　5G 远程医疗云平台

8.3.1　达·芬奇机器人

达·芬奇外科手术系统(da Vinci Surgical System)是一种高级机器人平台，2000 年美国食品药品监督管理局(FDA)官方获批用于成人和儿童的外科手术。其设计的理念是通过使用微创的方法，实施复杂的外科手术。达·芬奇机器人由 3 部分组成：外科医生控制台、床旁机械臂系统、成像系统，其外形如图 8-16 所示。

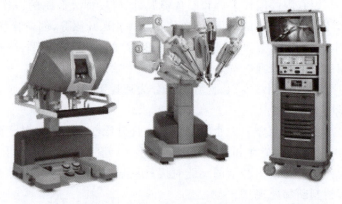

图 8-16　达·芬奇外科手术系统

达·芬奇手术系统是由外科医生 100%控制机器人辅助进行手术。该系统将手术医生的手部动作转换为更小、更精准的微小器械在患者体内进行。传统的大手术至少要在身体上留下一条 20cm 的伤疤，而机器人则突破了微创的极限，可以进入人体内部的特殊镜头使得术者直接看到想看的视野，甚至放大 10～15 倍，直视三维立体高清图像，保证了治疗的准确性。同时，它还可以在手术部位切开几个非常小的切口，动刀快而准，病人的痛苦明显减少，流血也减少，恢复时间缩短，术后并发症少。

达·芬奇手术机器人是目前全球最成功及应用最广泛的手术机器人，广泛适用于普外科、泌尿科、心血管外科、胸外科、妇科、五官科、小儿外科等。截至 2024 年，达·芬奇手术机器人全球手术量已经超过 1600 万例，展现了其在全球医疗领域的广泛应用和显著影响。

达·芬奇手术机器人在中国的装机量已超400台,并累计服务了超过60万名患者,为众多患者带来了先进的手术治疗方案。随着医疗技术的不断进步和手术机器人市场的持续增长,达·芬奇手术机器人的全球手术量预计将继续攀升,为更多患者提供安全、高效的手术治疗服务。达·芬奇手术机器人以其卓越的性能和广泛的应用领域,在全球手术机器人市场中占据了重要地位,为医疗行业的创新发展做出了积极贡献。

8.3.2 医疗影像诊断

智能影像诊断是"人工智能+医疗"较快落地的应用领域。医疗影像诊断是指运用人工智能技术识别及分析医疗影像,帮助医生定位病症、分析病情、辅助做出诊断。医疗影像行业的人工智能实现流程大致为:第一步,人工智能的线下训练,包括影像数据的预处理,模型搭建及训练调试,大规模数据的训练,验证得到深度学习网络模型;第二步,用生成的模型进行线上预测或辅助判断。

目前医疗数据中有超过90%来自医疗影像,这些数据大多要进行人工分析。人工分析的缺点很明显,第一是不精确,只能凭借经验去判断,很容易误判;第二是缺口大,按照动脉网蛋壳研究院的数据,目前我国医学影像数据的年增长率约为30%,而放射科医师数量的年增长率约为4.1%,放射科医师数量增长远不及影像数据增长。2019年1月发布的《中国人工智能医疗白皮书》指出,一家三甲医院平均每天接待200名肺结节筛查患者,每位患者平均产生200~300张CT影像,放射科医生平均每天需要阅读的CT影像总量为40 000~60 000张。

在国内医疗影像行业中,多家公司表现出色,在行业内具有显著影响力和知名度的公司有联影医疗、迈瑞医疗、东软集团、万东医疗、科大讯飞、派克等。这些公司在医疗影像技术方面有着不俗的表现和贡献,共同推动了国内医疗影像行业的快速发展。联影医疗通过建立深度学习神经元数学模型,让计算机学习和模仿医生阅片、诊断技术,分析图像特征,找出疑似恶性的结节,过滤无结节的CT,对结节特征进行描述,辅助医生提高对肺结节的早期检出率,帮助医生从复杂的工作中解脱出来。其提供的医学影像智能诊断解决方案包括:

- 结节初筛。将输入其中的影像图片逐层判读,标出疑似结节,过滤无结节的层,影像医生再对存在疑似结节的层进行仔细判读。这样可以提高工作效率,节省医生的时间,解放人力,使医生将更多精力投入疑难杂症的判读上。
- 双重检查。系统的诊断结果与医生的判断结果对比,有差异的层再由专业影像医生仔细判读,实现双重检查,实现AI的辅助作用,成为医生最得力的助手。
- 癌症早诊。基于海量的影像数据,利用图像与图形学、深度学习、强化学习等前沿技术,精准定位肉眼难以识别的病变细节,实现癌症早期发现。
- 良恶性鉴别。拥有大量影像科专家标注的胸部CT,并且可以关联结构化病历获得病理学诊断金标准。利用前沿的图像处理和机器学习方法,对结节的影像组学特征进行提取,鉴别结节的良恶性,给出恶性的风险,指导临床治疗决策。
- 辅助医生撰写报告。利用图像处理和深度学习技术,对结节影像组学特征进行提取;通过智能语义分析技术,对海量历史影像诊断报告进行结构化、标准化处理,学习和模仿医生写报告;以结构化报告形式对影像所见(病灶位置、大小、性质等)进行描述,提高医生的诊断效率和诊断报告的规范化。

截至2024年,中国医学影像设备市场规模达到1360亿元,同比增长9%。这一增长主要得益于医疗技术的不断进步、人们对健康的日益重视以及医疗需求的持续增长。

8.3.3 陪伴机器人

随着人工智能技术的快速发展,使得机器人走出工厂,逐渐走入千家万户。在机器人的家庭中,陪伴机器人的数量几乎占到了整个机器人市场的1/3。陪伴机器人的主要陪伴对象有两个:一个是儿童,另一个是老人。

据预测,到 2050 年,我国老年人群体会达到 4.8 亿人;2040—2050 年,老年人消费占 GDP 比例将从 8% 提高到 33%,如此庞大的人口基数与消费市场,目前却仍是依靠人力来提供服务。

目前老人陪伴机器人主要分为以下三大类。

第一类是面向养老机构、医院提供的辅助机器人,这类机器人的功能主要以辅助为主,让老人的生活更加方便。

第二类是宠物机器人,其形状会类似于常见的宠物,通过模仿宠物的形态、声音为老人带来欢乐。

第三类是以陪伴为主的机器人,能够提供跟随、远程连接等功能,同时这一类机器人还具有一定的辅助功能,如搬运、监测和呼救功能。例如,软银 Pepper,由日本软银集团和法国 Aldebaran Robotics 研发的一款人形机器人,如图 8-17 所示。这是一个在日本开售 1 分钟就卖光 1000 台的人形机器人。Pepper 外观友善,身高 120cm,拥有同人一样的五指及灵活的关节,拟人化的设计与肢体语言让 Pepper 具有出色的情感交互能力,能识别人类情绪,陪老人聊天、给孩子讲故事。

RoBoHoN 是一款由夏普公司推出的机器人,如图 8-18 所示,这款机器人外形很小巧,和一部智能手机差不多大小。除了能打电话,它的头部的"第三只眼"是摄像头,能用来拍照,还用来支持面部识别;两只眼睛是投影仪,能投射照片和电影;身后的显示屏上能够收发邮件,因为没有实体键,它支持语音输入;作为一个机器人,它还能走、能坐、能跳舞,甚至能陪伴小幼儿学习走路。摆放在老人们的床头柜上,它在夜晚还可以起到监控意外发生的作用,通过自主收发邮件,及时提醒护理人员发现情况。

图 8-17　Pepper 机器人

图 8-18　RoBoHoN 机器人

PARO是一款由日本机器人研究所研发的模拟海豹外形的疗愈机器人,主要用于为老年人和患有认知障碍的患者提供情感支持和疗愈效果。PARO机器人看上去就像普通的毛绒玩具,如图8-19所示,但它配备了多个传感器,能够对外部刺激做出反应,并通过学习做出动作。

公子小白陪伴机器人是国内狗尾草智能科技有限公司推出的创新产品,定位于教育益智、娱乐陪伴,具备语音交互、智能对话、家电控制等多种功能,适合家庭使用,为用户提供陪伴和学习服务,如图8-20所示。

图8-19　PARO机器人

图8-20　公子小白陪伴机器人

Lovot头上的温度感应摄像头用于跟踪用户的动作和肢体语言,内置了触摸传感器,还拥有极具表现力的眼睛,甚至还可以扩大瞳孔。Lovot可通过轮子四处移动,摆动着可爱的小手臂。Lovot一次充电可以运行45min,当它感觉自己电量不足时,会自己找充电器充电。而且,Lovot还有一个特殊的小技能——吃醋!如果有一个机器人得到了主人的爱抚,另一个机器人看见了,也会上前要求"亲亲抱抱举举高高"。

Lovot头顶上的摄像头可以当作监视设备或婴儿监视器使用,也可以跟踪用户的睡眠时间。这款机器人不需要时刻保持互联网连接,要进行软件更新、应用程序链接和数据备份时连上网络即可。

8.4　智慧金融

随着人工智能、机器学习、数据挖掘、智能识别等信息技术与传统金融服务融合创新,催生出智慧银行、智能投顾、智慧保险等多种智慧金融业态,引领传统金融向智能化、智慧化转型升级。

大家都了解,互联网金融具有交易量大、个性化服务多、交易实时处理、可用性要求高等特点,银行拥有着大量的交易监控数据。然而,使用传统运维监控方法进行流量监控时,经常出现准确率低、误告警率高,需要大量人工干预的情况。传统运维监控一般使用固定阈值法,对各关键业务的不同状态进行分别计算,根据本次统计周期和上次统计周期指标的业务量差额,是否超过固定阈值,判断是否进行告警。存在着维护成本高、容易报错、容易漏报,以及故障率无法降低的问题。只做故障告警,不做原因分析,问题根源无法定位,需要大量人工分析。发生告警时,故障已经发生,无法做到事前预测,只能事后补救。针对以上问题,工商银行互联网金融实验室运用大数据及人工智能技术,提供了一整套"互联网金融智能运维AIOps解决方案"。该方案自2019年推出以来,已在企业网银等系统中成功上线并稳定运行,显著提升了运维效率与服务质量。2023年,工商银行凭借该方案在智能化运维领域的突出表现,通过了"智能化运维(AIOps)能力成熟度"评估,并获得业界最高等级评级,成为金融行业中首家获此殊荣的企业。

AIOps解决方案不依赖人为制定规则,由算法主动从海量运维数据中不断学习,不断提炼总结规则,通过预防预测、个性化和动态分析,直接和间接增强IT业务的相关技术能力,实现所维护产品或服务的高质量、合理成本及高校自支撑。AIOps解决方案的智能化体现在以下几个方面。

- 智能异常检测。无须设定固定阈值,通过AI算法,自动、实时、准确地从监控数据中发现异常,通过机器学习算法结合人工标注结果,实现自动学习阈值、自动调整阈值,提升告警准确率,降低误告率。大幅降低人工配置成本。
- 智能故障诊断。在故障告警基础上,从多维度进行异常分析和监测,辅助人定位给出最可能的问题根源,节省人工成本。针对不同应用场景,使用多种方案进行故障定位和诊断,包括周期变化业务指标突变的诊断,以及多层监控下的故障诊断。
- 智能故障预测。使用机器学习/深度学习算法进行指标预测,提前诊断故障,及时处置,避免服务受损。常用于接口、页面集群访问故障预测;智能容量预警;智能硬件预警、内存泄漏预警等场景。

本节从用户角度,优选智能客服、数字员工、定损宝3个典型智慧金融商业化落地案例进行介绍。

8.4.1 智能客服

客服作为连接企业和客户的桥梁,其重要性不言而喻。但是,随着社会的发展,客户群体数据量大,咨询频率高,人工客服成本高等问题,使得劳动力密集型的传统客服已经不能适应市场需求。

智能客服通过网上在线客服、智能手机应用、即时通信工具等渠道,以知识库为核心,使用文本或语音等方式进行交互,理解客户的意愿并为客户提供反馈服务。其优势是可以7×24小时在线服务,解答客户的问题。客户最常问的问题,重复的问题都可以交给机器人来自动回复,省去很多重复的输入及复制粘贴。机器人可以辅助人工客服,在人工服务的时候,推荐回复内容,并学习人工客服的回复内容。机器学习到的人工回复内容,也可以作为机器人的知识库使用。

智能客服正在从传统智能客服向深度学习等AI算法技术驱动的智能客服升级。但智能客服的技术现在仍处于弱人工智能的阶段,只是比较浅层的应用。机器人+人工客服为最佳服务模式。

国内智能客服厂商众多,各具特色,表现比较突出的厂商有以下几家。

- 合力亿捷:较早应用大模型,支持多渠道对接,业务无缝连接,能自助引导问题高效解决,并由AI自动生成小结。
- 腾讯企点:基于腾讯生态,全渠道融合,利用腾讯自研大模型技术,能精准识别客户问题和情绪变化。
- 容联七陌:深度融合AI技术,实现从智能接待到智能分析的全链条智能化,支持多渠道整合与工单系统。

- 网易七鱼：一站式客户服务解决方案，全渠道接入，智能路由，构建客户画像，提供个性化服务。

这些厂商的智能客服系统都具备高效、智能化的特点，能够为企业提供全方位的客户服务解决方案，助力企业提升服务效率和客户满意度。

国内智能客服市场正快速发展，市场前景广阔，发展潜力巨大，规模不断扩大，应用日益广泛。截至2024年，智能客服行业市场规模突破95亿元，同比增长9.32%，显示出强劲的增长势头。到2027年，智能客服行业市场规模更是有望增长至181.3亿元。

8.4.2 数字员工

流程自动化机器人（Robotic Process Automation，RAP）也称为数字员工（Digital Employee），是一种智能化软件，通过模拟并增强人类与计算机的交互过程，为客户提供安全可靠、高效适应、扩展协作的机器人流程自动化解决方案。

由AI和RPA等新技术驱动的数字劳动力风潮正席卷全球。企业利用软件机器人填补人力短缺的趋势也日益明显。RAP可以完成重复性高且频率高、低价值的操作，节约人力成本；有固定规则，无须人工进行复杂判断；在多个异构系统间进行交互，降低人为出错率。目前，以RPA机器人为代表的数字员工，已普遍活跃在银行、保险、制造、零售、医疗、物流、电商甚至政府、公共机构等在内的众多行业中，为其业务流程优化提供了良好的解决思路与方案。

人民银行分支机构对银行为企业开立基本存款账户由核准制调整为备案制，不再核发基本存款账户开户许可证，要求试点地区银行完成基本存款账户开立后，应当及时将开户信息通过账户管理系统向人民银行当地分支机构备案，并在2个工作日内将开户资料复印件或影印件报送人民银行当地分支机构。

工商银行上海分行采用RPA技术开发柜面分行特色交易，可以实现获取开户待报备清单；登录人民银行系统录入备案信息，完成开户备案；生成虚拟打印文件；银行获取报备结果，自动邮件反馈网点备案结果的全业务流程闭环处理，网点可以便捷地打印开户文件。投产当日即成功完成自动备案，备案成功率100%，备案操作时间缩短90%以上，效率提升30倍。

8.4.3 定损宝

在交通事故发生后，传统的车险理赔流程：用户打电话给保险公司，后者派查勘员现场查勘并拍照；然后，定损员根据照片评估损伤情况及赔偿金额。在这样的流程中，保险公司收到事故照片后，需要核赔、核价，最快半小时后才能确定理赔金额，最慢可能需要几周的时间才能完成整个流程。

定损宝是蚂蚁金服2017年推出的一款基于AI技术的车险定损工具，利用深度学习图像识别技术，模拟人工作业流程，快速识别事故照片，给出准确的定损结果，包括受损部件、维修方案、价格及来年保费影响。定损宝的推出，标志着AI技术在车险领域的商业应用，对保险行业的数字化转型具有重要意义。定损宝使用的具体流程包括：第一步，打开定损宝，拍摄一张带车牌的全景照片；第二步，拍摄受损部位及细节；第三步，等待大约5s后，定损宝就会给出定损金额明细，以及周围维修厂和4S店的位置，同时还能预测如果理赔则来年保费的变化情况。

在发布会上,蚂蚁金服副总裁、保险事业群总裁尹铭表示,"定损宝"准确率为80%左右,相当于行业10年以上经验的定损专家,而且能够同时处理万级的案件量,不受时间和空间的限制。业内约有10万人从事查勘定损的工作。保险公司应用"定损宝"后,预计可减少查勘定损人员50%的工作量,今后在简单案件处理上无须再配置太多人力。

定损宝这项简单的项目背后隐含了所有经典的计算机视觉问题。从数字处理、物体监测和识别,到场景理解和智能决策,背后涉及目标识别、车辆损失的程度判定,多模态与其他数据的结合,貌似简单的背后其实是不简单的工具。

定损宝的技术难点:

第一是识别图片,首先要认识不同的车型以及分辨车上不同部位的名称。机器一开始并不认识这些,前期需要"喂"给模型大量的有标记图片供其学习,才能使其认出图片中哪里是前机盖、左前大灯、保险杠、格栅等。面对千万级的车险定损历史图片,首先要对这些杂乱无章的图片进行结构化规整、数据整理、清洗以及必要的标注。这个庞大图像数据库的照片数量以及标签的复杂程度对比ImageNet都要高出一个数量级。

第二是受损程度判定。这是整个定损中的核心环节。在真实环境中,照片拍摄的车体损伤非常容易受到反光、阴影、污渍、车体流线型干扰以及拍摄角度的影响,从而造成误判,即使是人眼通过照片观察,也很难区分。定损宝技术团队在分析了多个会对损伤判定造成干扰的因素之后,针对不同的车型、颜色和光照条件进行模型迭代学习,融合多个模型的经验,产出了现在的定损宝解决方案。该技术能够输出针对各种程度的刮擦、变形、部件的开裂和脱落等损伤的定损结论。

第三是确定维修方案及定价。当受损程度判定完成后,需要提供相应的维修方案,这时定损宝需要匹配保险行业在车辆维修过程中的一些规则。比如,轻度的剐蹭对应的维修方案为喷漆,中度对应为钣金,重度损伤为更换。除此之外,还有一个重要的环节,那就是定价。在汽车制造业中,生产厂商为了方便对零部件进行管理,对每种车型的每个零部件都采用不同的编号来区别分类,这个编号就是OE码。维修方案判定出来后,结合承保时的车型,整体传输到配件的数据库读取它们的OE码,然后再传输到保险公司,保险公司形成相应的价格,从而形成一整套解决方案。

目前,定损宝凭借其高效、准确的定损能力,已赢得多家保险公司的合作与认可,覆盖约60%的私家车保险索赔案中的纯外观损伤案件,这一比例相当可观,显示出其在市场中的重要地位。定损宝的准确率为98%以上,相当于行业10年以上经验的定损专家,这保证了其定损结果的可靠性和权威性。定损宝能大幅缩短定损时间,减少查勘定损人员的工作量,每年为行业节约案件处理成本20亿元,同时减少查勘定损人员50%的工作量,在简单案件处理上无须再配置太多人力。定损宝有助于提升用户体验,降低欺诈风险。

本章总结

- 智慧交通系统(Intelligent Transport System,ITS)是在整个交通运输领域充分运用物联网、云计算、互联网、人工智能、自动控制、移动互联网等新一代信息技术。
- 智能制造旨在实现整个制造业价值链的智能化和创新,促进信息化与工业化深度融合的进一步提升。
- 智能制造融合了信息技术、先进制造技术、自动化技术和人工智能技术。
- 智慧医疗(Wise Information Technology of 120,WIT120)是数字医疗工程技术和医学信息学综合发展的产物,实质是通过将传感器技术、RFID 技术、无线通信技术、大数据、云计算、GPS 技术、人工智能等综合应用于整个医疗管理体系。
- "互联网金融智能运维 AIOPs 解决方案"不依赖于认为制定规则,由算法主动地从海量运维数据中不断学习,不断提炼总结规则,通过预防预测、个性化和动态分析,直接和间接增强 IT 业务的相关技术能力,提升所维护产品或服务的质量。

本章习题

1. 下面哪些是智慧医疗未来发展的方向?(　　)
   A. 研发医生专家系统　　　　　B. 研发健康智能硬件
   C. 助力药物挖掘效率　　　　　D. 研发远程医疗
2. AI+制造的发展会带来哪些好处?(　　)
   A. 提高生产效率　　　　　　　B. 增加就业市场
   C. 降低生产成本　　　　　　　D. 提高服务质量
3. 智慧金融的应用非常广泛,具有代表性的是哪些?(　　)
   A. 网银转账　　　　　　　　　B. 移动支付
   C. 分期还款　　　　　　　　　D. 汽车高速过路无感支付
4. 智能交通可能会带来哪些好处?(　　)
   A. 缓解拥堵　　　　　　　　　B. 降低事故
   C. 节能环保　　　　　　　　　D. 提高速度
5. 简述国内外无人驾驶汽车的发展历史。
6. 简单介绍你所了解的智能设备。
7. 简述医疗影像行业实现人工智能的大致流程。

附录 A 搜索算法
APPENDIX A

搜索算法是利用计算机来穷举一个问题解空间的部分或所有的可能情况，从而求出问题的解的一种方法。搜索算法是人工智能的基本求解技术之一，在人工智能各领域中被广泛应用。常用的搜索算法如表 A-1 所示。

表 A-1 搜索算法

搜索种类	描述	搜索算法名	搜索算法特点
盲目搜索（也称非启发式搜索）	一种无信息搜索（uninformed search），一般适用于求解比较简单的问题	宽度优先搜索（breadth-first search）	逐层搜索，在对下一层的任一节点进行搜索前，必须搜索完本层所有节点，即优先搜索并测试同一深度的节点
		深度优先搜索（depth-first search）	尽可能深地搜索树，即优先搜索并测试深度增加的节点
		分支有界搜索（branch-and-bound）	也是一种深度优先搜索，但每个分支都规定一个统一的搜索深度，当搜索到这个深度后，如果没找到，自动退回上一层
		迭代加深搜索（iterative deepening）	同时兼顾宽度和深度的搜索方法，在限定的深度内，保证了对宽度节点的搜索，如果没找到，再加深深度
启发式搜索	利用节点的特征信息（启发式信息）引导搜索过程，即选择最佳的一个或几个分支往下搜索	最好优先搜索（best-first search）	在广度优先搜索的基础上，用启发估价函数对将要被遍历到的点进行估价，然后选择代价小的进行遍历，直到找到目标节点或者遍历完所有点，算法结束
		贪婪最好优先搜索（greedy best-first search）	在判断是否优先扩展一个节点 n 时，仅以 n 的启发值 $h(n)$ 为依据，$h(n)$ 值越小表明 n 到目标节点的代价越小，沿着 n 所在的分支搜索
		A 算法和 A* 算法	在最好优先搜索算法中，若对每个状态 n 都设定估价函数 $f(n)=g(n)+h(n)$，并且每次从开启列表中选节点进行扩展时，都选取 f 值最小的节点，则称 A 算法

续表

搜索种类	描述	搜索算法名	搜索算法特点
随机搜索	当问题空间很大，而可行解较多，并且对解的精度要求不高时，使用随机搜索是有效的解决方式	模拟退火算法（simulated annealing）	基于 Monte Carlo 迭代求解策略的一种随机寻优算法，其出发点是基于物理退火过程与组合优化之间的相似性
		遗传算法（genetic algorithm）	基于达尔文的进化论，模拟生物进化的自然选择和遗传机制的一种随机搜索算法，适用于复杂的非线性问题
		人工免疫算法（artificial immune）	模拟人体的免疫细胞的工作机制，与遗传算法基本相似，但处理效率要好
		蚁群算法（ant colony optimization）	由 Marco Dorigo 提出，其灵感来源于蚂蚁在寻找食物过程中发现路径的行为，通过信息素的追踪来找到从巢穴到食物之间的最短路径
		粒子群算法（particle swarm optimization）	由 Eberhart 博士和 Kennedy 博士发明，是通过模拟鸟群觅食行为而发展起来的一种基于群体协作的随机搜索算法

附录 B 人工智能平台环境搭建
APPENDIX B

1. 环境背景
- 系统环境：Windows 64 位操作系统。
- Python 版本：Python 3.13.0。
- Anaconda 版本：Anaconda3-2024.06。

2. Python 环境搭建

本书以 Python 在 Windows 64 位操作系统下的环境搭建为范例，讲解整个 Python 开发环境的安装及配置过程。

1）下载 Python 安装文件

Python 下载界面如图 B-1 所示。

图 B-1　Python 下载界面

在版本列表中选择 Python 3.13.0 版本，如图 B-2 所示。

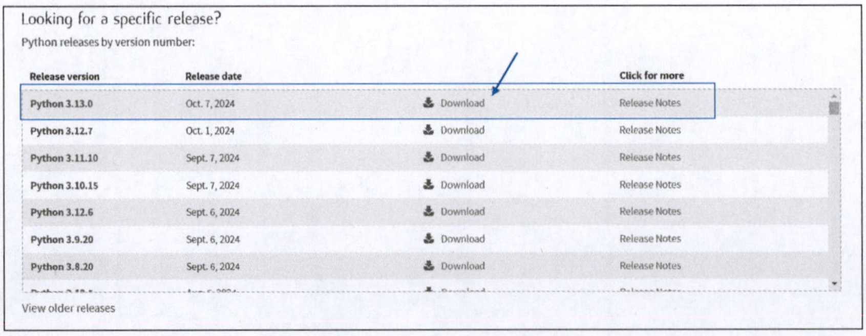

图 B-2　Python 版本

在下载列表中选择与自己操作系统匹配的安装文件，如图 B-3 所示，单击 Windows installer(64-bit)链接进行下载。

Files

Version	Operating System	Description	MD5 Sum	File Size	GPG	Sigstore	SBOM
Gzipped source tarball	Source release		c29f37220520ec6075fc37d4c62e178b	27.8 MB	SIG	.sigstore	SPDX
XZ compressed source tarball	Source release		726e5b829fcf352326874c1ae599abaa	21.5 MB	SIG	.sigstore	SPDX
macOS 64-bit universal2 installer	macOS	for macOS 10.13 and later	170c20233ddb620f277dc0cb1240d767	67.0 MB	SIG	.sigstore	
Windows installer (64-bit)	Windows	Recommended	f5e5d48ba86586d4bef67bcb3790d339	26.9 MB	SIG	.sigstore	SPDX
Windows installer (32-bit)	Windows		8e96d6243623ff7acc61c9dc7cd3638f	25.6 MB	SIG	.sigstore	SPDX
Windows installer (ARM64)	Windows	Experimental	291f811b17b4943de92cffdce6f2014f	26.1 MB	SIG	.sigstore	SPDX
Windows embeddable package (64-bit)	Windows		9d2a0301c2bba8df05c8815c954a2fc0	11.9 MB	SIG	.sigstore	SPDX
Windows embeddable package (32-bit)	Windows		65fbed4b562d77ae5e3b4fc9395bffda	10.4 MB	SIG	.sigstore	SPDX
Windows embeddable package (ARM64)	Windows		85bd800fc3b0808193c5e1e622a48ad2	11.0 MB	SIG	.sigstore	SPDX

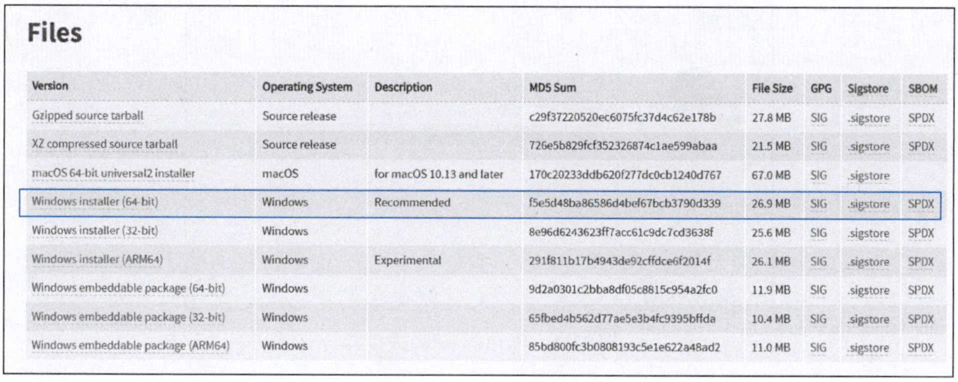

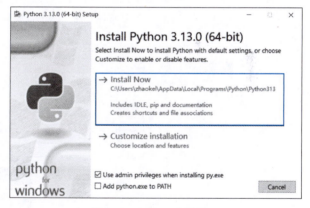

图 B-3　Python 下载列表

下载后的 Python 安装文件名为 python-3.13.0-amd64.exe，如图 B-4 所示。

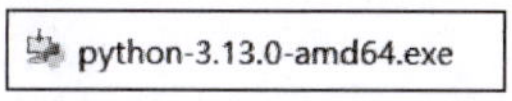

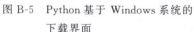

图 B-4　Python 安装文件

要下载 Python 基于 Windows 操作系统下的安装文件，也可以直接访问 https://www.python.org/downloads/windows/，找到对应版本的链接即可，如图 B-5 所示。

2）安装 Python

双击 python-3.13.0-amd64.exe 运行安装文件，选择 Install Now 选项进行安装，如图 B-6 所示。

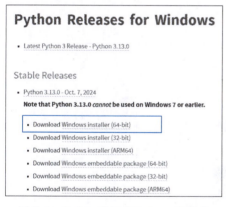

图 B-5　Python 基于 Windows 系统的下载界面

图 B-6　Python 安装窗口

安装过程会出现进度条提示，如图 B-7 所示。

Python 成功安装完成后，单击 Close 按钮关闭窗口，如图 B-8 所示。

3）配置 Python 环境变量

Python 安装完成后，找到软件安装目录，如图 B-9 所示。

将 Python 3.13.0 的安装根目录和 Scripts 文件夹目录添加到系统环境变量 Path 中，让操作系统能够找到指定的 Python 工具程序。

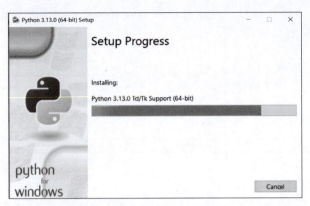

图 B-7　Python 安装进度条

图 B-8　Python 安装成功

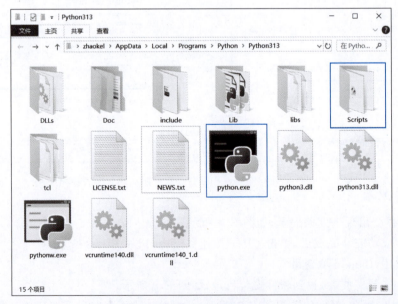

图 B-9　Python 安装目录

```
C:\Users\zhaokel\AppData\Local\Programs\Python\Python313
C:\Users\zhaokel\AppData\Local\Programs\Python\Python313\Scripts
```

右击"我的电脑",选择"属性"选项,如图 B-10 所示。在出现的窗口中,选择左侧的"高级系统设置"选项,在"系统属性"对话框中单击"环境变量"按钮,如图 B-11 所示。

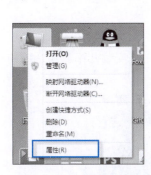
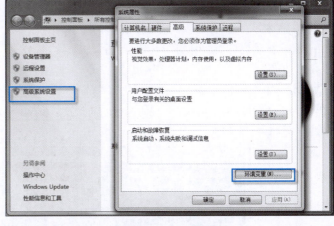

图 B-10 "属性"选项　　　　　图 B-11 系统属性

选中系统变量 Path,单击"编辑"按钮,将 Python 3.13.0 的安装根目录和 Scripts 目录添加进去,中间使用英文的";"进行间隔,如图 B-12 所示。

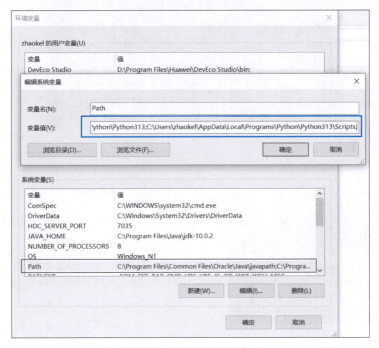

图 B-12 编辑系统变量 Path

4)测试 Python 环境

在 Windows 的 DOS 命令窗口输入 python 命令,进入 Python 交互环境">>>",则 Python 环境安装成功,如图 B-13 所示。

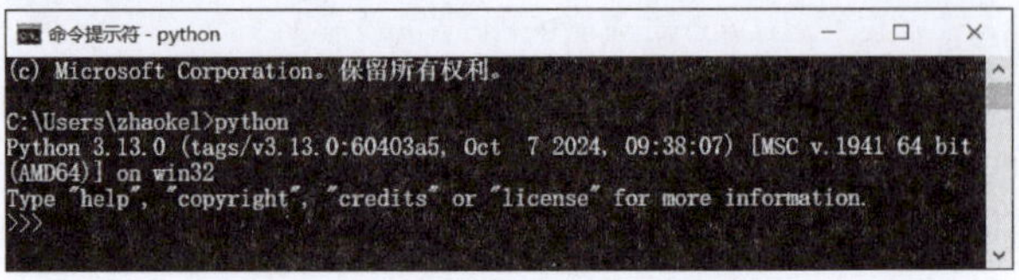

图 B-13　Python 交互环境

3. pip 命令

pip 是一个现代的、通用的 Python 包管理工具，提供了对 Python 包的查找、下载、安装、卸载的功能。

1）测试 pip

在 Windows 的 DOS 命令窗口输入 pip 命令，测试 pip 工具是否安装并添加到系统的环境变量中，如图 B-14 所示。

图 B-14　测试 pip 命令

pip 常用的命令有以下几种。

- install——安装 Python 包；
- download——下载 Python 包；
- uninstall——卸载 Python 包；
- list——列出已经安装的 Python 包；
- help——帮助命令。

图 B-15 所示为使用 pip list 命令查看已安装的 Python 包。

2）pip install 命令

使用 pip install 命令直接进行在线安装的

图 B-15　pip list 命令

语法格式如下：

```
pip install <包名>
```

或

```
pip install -r requirements.txt
```

注意：通过使用==、>=、<=、><来指定版本，若不写则安装最新版。

requirements.txt 内容格式示例如下：

```
APScheduler == 2.1.2
Django == 1.5.4
MySQL-Connector-Python == 2.0.1
MySQL-python == 1.2.3
PIL == 1.1.7
South == 1.0.2
django-grappelli == 2.6.3
django-pagination == 1.0.7
```

使用 pip install 命令安装本地安装包的语法格式如下：

```
pip install <目录>/<文件名>
```

或

```
pip install --use-wheel --no-index --find-links=wheelhouse/ <包名>
```

3）安装科学记数法模块

在 Windows 的 DOS 命令窗口中安装科学记数法模块（numpy）的 pip 命令如下：

```
pip install numpy
```

numpy 安装及成功界面如图 B-16 所示。

图 B-16　安装 numpy

4）安装数据可视化模块

在 Windows 的 DOS 命令窗口中安装数据可视化模块（matplotlib）的 pip 命令如下：

```
pip install matplotlib
```

matplotlib 安装及成功界面如图 B-17 和图 B-18 所示。

图 B-17　安装 matplotlib

5）安装机器学习模块

在 Windows 的 DOS 命令窗口中安装机器学习模块（sklearn）的 pip 命令如下：

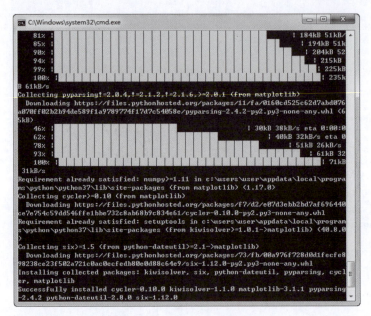

图 B-18 matplotlib 安装成功

```
pip install sklearn
```

sklearn 安装及成功界面如图 B-19 和图 B-20 所示。

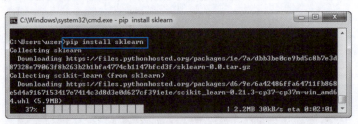

图 B-19 安装 sklearn

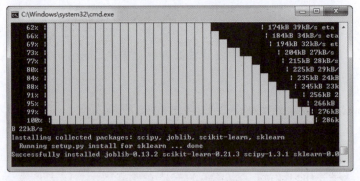

图 B-20 sklearn 安装成功

6）安装自然语言处理工具包

在 Windows 的 DOS 命令窗口中安装自然语言处理工具包（nltk）的 pip 命令如下：

```
pip install nltk
```

nltk 安装及成功界面如图 B-21 和图 B-22 所示。

图 B-21　安装 nltk

图 B-22　nltk 安装成功

nltk 库安装成功后，还需要下载并安装 nltk 所有的数据，如语料库、词典等，总共约 428MB。进入 Python 交互 Shell 环境，导入 nltk，并执行 nltk.download() 下载安装，如图 B-23 所示。

```
python
>>> import nltk
>>> nltk.download()
```

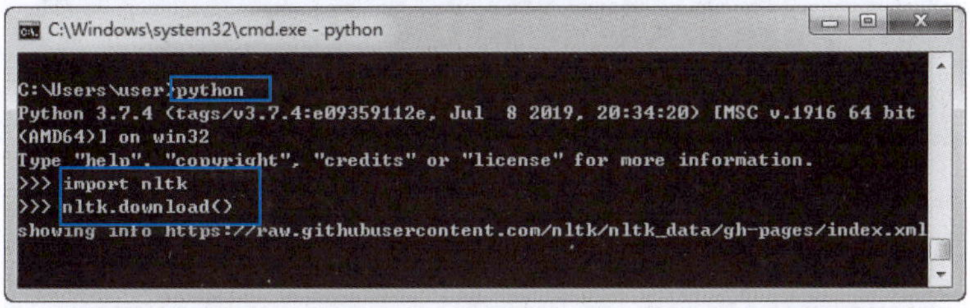

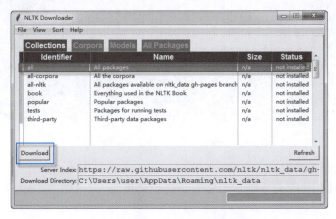

图 B-23　导入 nltk

在 NLTK Downloader 窗口中选择 all 选项，单击 Download 按钮，如图 B-24 所示。

图 B-24　NLTK Downloader 窗口

nltk 数据下载成功,如图 B-25 所示。

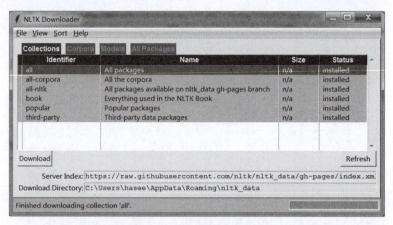

图 B-25　nltk 数据下载成功

7) 安装自然语言中处理主题分析模块

在 Windows 的 DOS 命令窗口中安装自然语言中处理主题分析模块(gensim)的 pip 命令如下:

```
pip install gensim
```

gensim 安装及成功界面如图 B-26 和图 B-27 所示。

图 B-26　安装 gensim

图 B-27　gensim 安装成功

8) 安装语音识别模块

在 Windows 的 DOS 命令窗口中安装语音识别模块(python_speech_features)的 pip 命令如下:

```
pip install python_speech_features
```

python_speech_features 安装及成功界面如图 B-28 所示。

图 B-28　安装 python_speech_features

9）安装隐马尔可夫模型

在 Windows 的 DOS 命令窗口中安装隐马尔可夫模型（hmmlearn）的 pip 命令如下：

```
pip install hmmlearn
```

hmmlearn 安装及成功界面如图 B-29 所示。

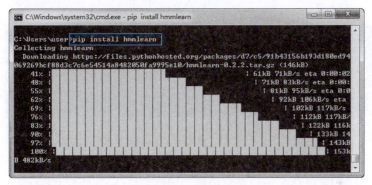

图 B-29　安装 hmmlearn

10）安装神经网络模块依赖包

在 Windows 的 DOS 命令窗口中安装神经网络模块依赖包（cvxopt）的 pip 命令如下：

```
pip install cvxopt
```

cvxopt 安装及成功界面如图 B-30 所示。

图 B-30　安装 cvxopt

11) 安装神经网络模块依赖包

在 Windows 的 DOS 命令窗口中安装神经网络模块依赖包(pystruct)的 pip 命令如下：

pip install pystruct

pystruct 安装及成功界面分别如图 B-31 和图 B-32 所示。

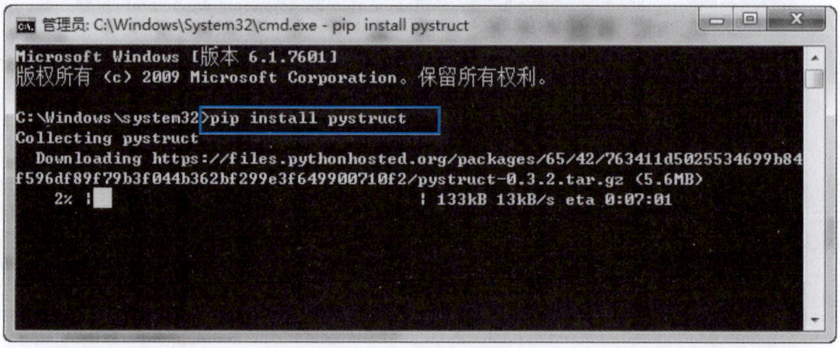

图 B-31　安装 pystruct

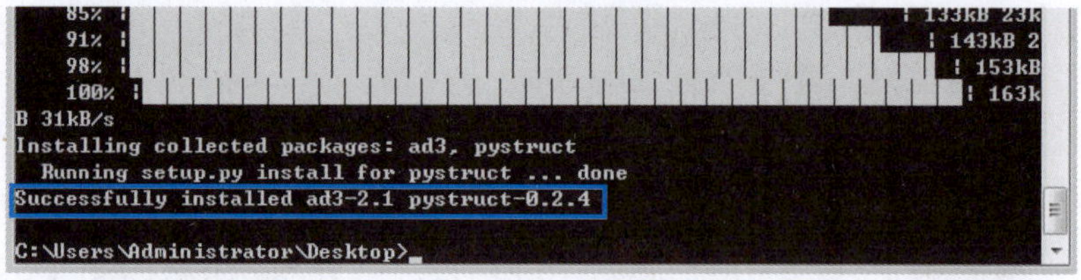

图 B-32　pystruct 安装成功

12) 安装神经网络模块

在 Windows 的 DOS 命令窗口中安装神经网络模块(neurolab)的 pip 命令如下：

python －m pip install neurolab

neurolab 安装及成功界面分别如图 B-33 和图 B-34 所示。

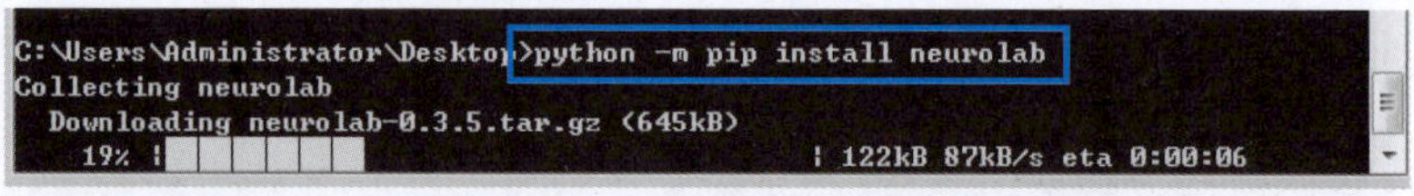

图 B-33　安装 neurolab

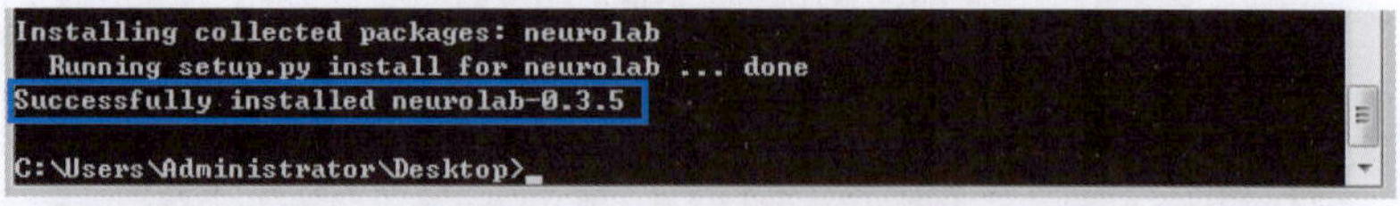

图 B-34　neurolab 安装成功

13) 安装机器视觉模块

在 Windows 的 DOS 命令窗口中安装机器视觉模块(opencv)的 pip 命令如下：

pip install opencv－python

注意：pip install 的名称不是 cv2 或者 Opencv，而是 opencv-python。

opencv 安装及成功界面分别如图 B-35 和图 B-36 所示。

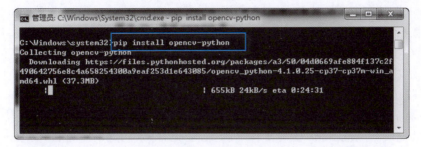

图 B-35　安装 opencv

图 B-36　opencv 安装成功

14）安装图像处理库

在 Windows 的 DOS 命令窗口中安装图像处理库（Pillow）的 pip 命令如下：

pip install Pillow

Pillow 安装及成功界面分别如图 B-37 和图 B-38 所示。

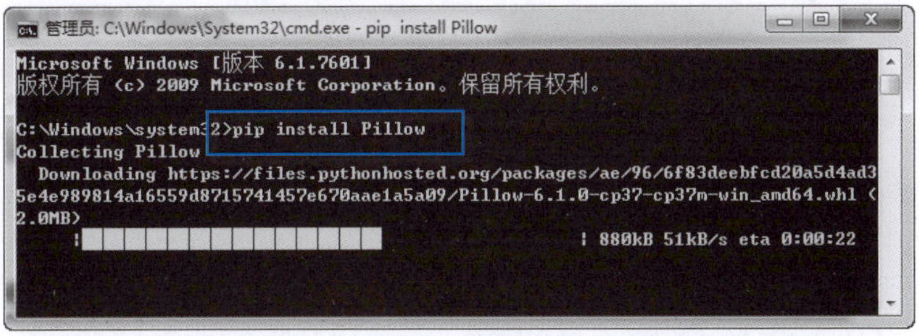

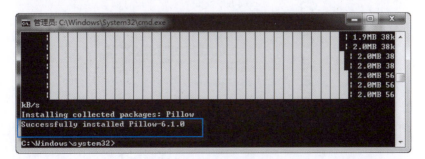

图 B-37　安装 Pillow

图 B-38　Pillow 安装成功

4. Anaconda 环境搭建

Anaconda 是一个开源的 Python 包管理器，其包含了 Conda、Python 等 180 多个科学包及其依赖项，例如 Numpy、Pandas 等。Anaconda 通过管理工具包、开发环境、Python 版本，大大简化了工作流程。使用 Anaconda 不仅可以方便地安装、更新、卸载工具包，而且安装时能自动安装相应的依赖包，同时还能使用不同的虚拟环境隔离不同要求的项目。

1) 下载 Anaconda 安装文件

在 Anaconda 官方下载界面单击与自己操作系统对应的最新版本的下载链接，如图 B-39 所示。下载完成后 Anaconda 安装文件名为 Anaconda3-2024.06-1-Windows-x86_64.exe，如图 B-40 所示。

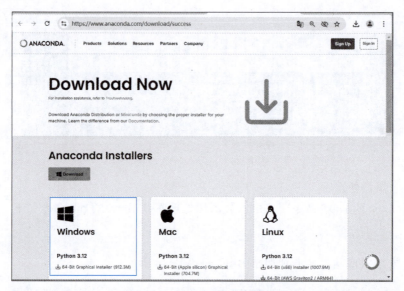

图 B-39　Anaconda 下载界面

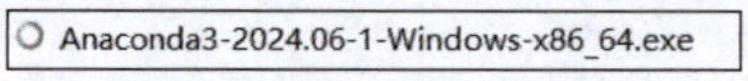

图 B-40　Anaconda 安装文件

2) 安装 Anaconda

双击 Anaconda3-2024.06-1-Windows-x86_64.exe 运行安装文件，如图 B-41 所示。

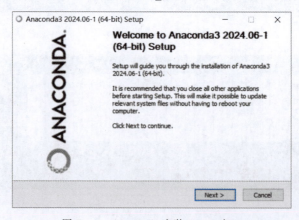

图 B-41　Anaconda 安装 Setup 窗口

单击 Next 按钮,在权限窗口单击 I Agree 按钮,如图 B-42 所示。

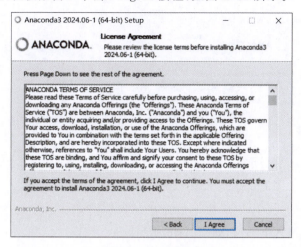

图 B-42　权限窗口

设置 Anaconda 的安装目录,此处采用默认路径,再单击 Next 按钮,如图 B-43 所示。单击 Install 按钮,开始安装 Anaconda,如图 B-44 所示。

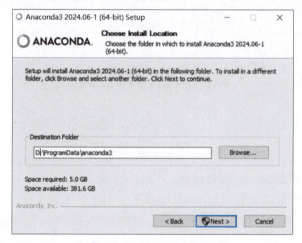

图 B-43　Anaconda 安装路径

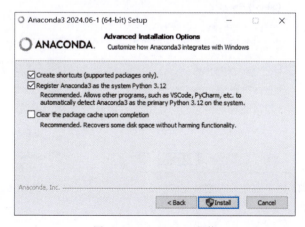

图 B-44　Anaconda 安装

安装过程中会出现进度条提示，如图 B-45 所示。

图 B-45　Anaconda 安装进度条

单击 Next 按钮进入下一项，如图 B-46 所示。

图 B-46　Anaconda 安装提示

直至安装完成，单击 Finish 按钮结束，如图 B-47 所示。

单击"开始"菜单，可以看到 Anaconda 提供了多个平台工具菜单，如图 B-48 所示。

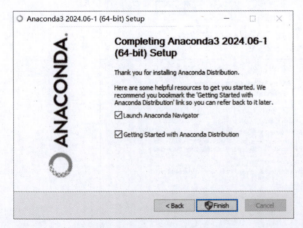

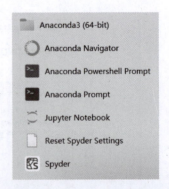

图 B-47　Anaconda 安装完成　　　　图 B-48　Anaconda 菜单选项

3）Anaconda Prompt 工具

Anaconda 安装成功后，会提供一个 Anaconda Prompt 工具，如图 B-49 所示。该工具类似于 Window 命令提示窗口，可以在 Anaconda 环境下进行安装、更新、卸载工具包。

在"开始"菜单中选择 Anaconda Prompt（Anaconda3），运行 Anaconda Prompt 工具，如图 B-50 所示。

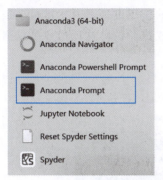

图 B-49　Anaconda Prompt 工具菜单　　　　图 B-50　Anaconda Prompt 命令提示窗口

输入 pip list 命令，可以查看 Anaconda 已经安装好的 Python 库。Anaconda 已经安装的 Python 库及版本如图 B-51 所示。

因屏幕大小有限，不能将所有的库全截取出来，读者可以滚动查看 Anaconda 已安装的所有库及版本。其中，Anaconda 包含了 Conda、Python 等 180 多个科学包及其依赖包，如常用的 Numpy、Pandas 库都已安装，开发者可以轻松地使用，无须使用 pip 命令再次安装，大大简化了工作流程。

因此搭建人工智能平台环境可以使用以下两种方式。
- 在纯 DOS 环境下，使用 pip 命令逐个安装所需的 Python 库；
- 直接使用 Anaconda 工具即可，个别库再单独安装。

4）Jupyter Notebook 工具

Anaconda 安装成功后，还提供了一个 Jupyter Notebook 工具，其菜单选项如图 B-52 所示。

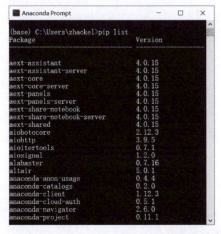

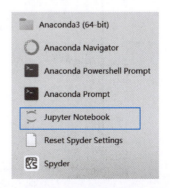

图 B-51　Anaconda 已经安装的库及版本　　　图 B-52　Jupyter Notebook 工具菜单

Jupyter Notebook 是数据科学/机器学习社区内一款非常流行的工具，可用于创建和共享代码与文档。Jupyter 提供了一个环境，用户无须离开这个环境，就可以在其中编写代码、运行代码、查看输出、可视化数据并查看结果。因此，这是一款可执行端到端的数据科学工作流程的便捷工具，其中包括数据清理、统计建模、构建和训练机器学习模型、可视化数据等。

当程序还处于原型开发阶段时，Jupyter Notebook 的作用更是引人注目。这是因为程序代码是按独立单元的形式编写的，而且这些单元是独立执行的。这让用户可以测试一个项目中的特定代码块，而无须从项目开始处执行代码。

在开始菜单中选择 Jupyter Notebook（Anaconda3），启动 Jupyter Notebook，会自动弹出 Jupyter Notebook 服务器端控制台窗口，启动信息如图 B-53 所示。

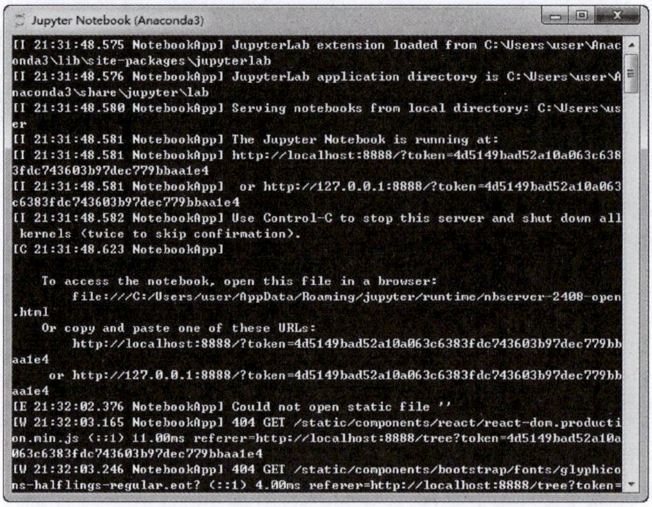

图 B-53　Jupyter Notebook 服务器端

Jupyter Notebook 的主界面会在浏览器中自动打开，如图 B-54 所示。

图 B-54　Jupyter Notebook 主界面

Jupyter Notebook 在浏览器中的默认地址为 http://localhost:8888，其中：
- localhost 指本机，而不是网络中的其他计算机；
- 8888 是连接的端口。

只要 Jupyter Notebook 服务器端是在运行状态，用户就可以在浏览器中访问 http://localhost:8888。

5）Spyder 工具

Anaconda 安装成功后，还提供了一个 Spyder 工具，其菜单选项如图 B-55 所示。

Spyder 是 Python 的一个简单的集成开发环境，与其他的 Python 开发环境相比，其最大的优点就是模仿 MATLAB 的"工作空间"的功能，利用该功能，可以很方便地观察和修改数组的值。Spyder 的界面由许多窗格构成，用户可以根据自己的喜好调整这些窗格的位置和大小。

在开始菜单中选择 Spyder(Anaconda3)，运行 Spyder 工具，如图 B-56 所示。

因 Jupyter Notebook 和 Spyder 是人工智能开发常用的两个工具，所以可以在桌面创建快捷方式，如图 B-57 所示，以便直接启动。

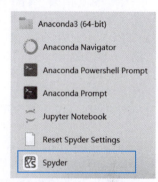

图 B-55　Spyder 工具菜单

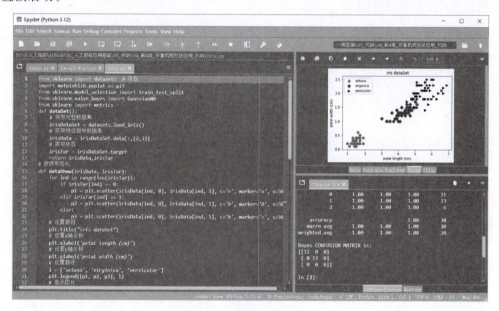

图 B-56　Spyder 工具窗口

图 B-57　创建桌面快捷方式

参 考 文 献

[1] 郑南宁.人工智能本科专业知识体系与课程设置[M].北京：清华大学出版社,2019.

[2] 周志华.机器学习[M].北京：清华大学出版社,2016.

[3] 赵军.知识图谱[M].北京：高等教育出版社,2018.

[4] 韩纪庆,张磊,郑铁然.语音信号处理[M].3版.北京：清华大学出版社,2019.

[5] 汤晓鸥,陈玉琨.人工智能基础(高中版)[M].上海：华东师范大学出版社,2018.

[6] 朱福喜.人工智能[M].3版.北京：清华大学出版社,2015.

[7] GERON A.机器学习实战：基于Scikit-Learn、Keras和TensorFlow[M].宋能辉,李娴,译.2版.北京：机械工业出版社,2020.

[8] CHOLLET F.Python深度学习[M].张亮,译.2版.北京：人民邮电出版社,2022.

[9] 周苏,杨武剑.人工智能通识教程[M].2版.北京：清华大学出版社,2024.

[10] GOODFELLOW I,BENGIO Y,COURVILLE A.深度学习[M].赵申剑,黎彧君,符天凡,等译.北京：人民邮电出版社,2021.

[11] 王树义.ChatGPT与AIGC生产力工具实践智慧共生[M].北京：人民邮电出版社,2023.

[12] SEBASTIEN B,VARUN C,RONEN E.Sparks of Artificial General Intelligence：Early Experiments with GPT-4[EB/OJ].https://arxiv.org/pdf/2303.12712,2023.

[13] DANNY D,FEI Xia,MEHDI S.M.PaLM-E：An Embodied Multimodal Language Model[EB/OJ].https://arxiv.org/abs/2303.03378,2023.

[14] META A.Llama 2：Open Foundation and Fine-Tuned Chat Models[EB/OJ].https://ai.meta.com/research/publications/llama-2-open-foundation-and-fine-tuned-chat-models/,2023.

[15] CHEN L,YOSHIHIRO Y.GxVAEs：Two Joint VAEs Generate Hit Molecules from Gene Expression Profiles[EB/OJ].https://ojs.aaai.org/index.php/AAAI/article/view/29248,2024.